Der deutsche Student

Von

Prof. Dr. Theobald Ziegler

Elfte und zwölfte, umgearbeitete Auflage

Berlin und Leipzig
G. J. Göschen'sche Verlagshandlung G. m. b. H.
1912

Druck der Spamerschen Buchdruckerei in Leipzig.

Der Straßburger Studentenschaft

Vorwort zur ersten Auflage.

Ich habe ursprünglich nicht die Absicht gehabt, diese im Winter 1894/95 an der hiesigen Hochschule vor einer zahlreichen und dankbaren Zuhörerschaft gehaltenen Vorlesungen schon jetzt drucken zu lassen. Ich wollte sie vor Ende des Jahrhunderts noch einmal halten und dann erst, nach gründlicher Überarbeitung, dem Auditorium maximum der Öffentlichkeit übergeben. Denn ein solcher erster Wurf bedeutet meist nicht viel mehr als ein erster Entwurf. Immerhin besitzt er vielleicht auch die Vorzüge, wie sie ein erster Wurf vor jeder späteren Fassung vorauszuhaben pflegt.

Aber nicht diese Erwägung ist es gewesen, die mich nun doch zu alsbaldiger Veröffentlichung bestimmt hat. Ohne mein Zutun und gegen meinen Wunsch sind Berichte über diese Vorlesungen in die Tagespresse gekommen, die es mir wünschenswert erscheinen lassen, allgemein bekannt zu geben, was ich wirklich gesagt und alles, was ich gesagt habe.

Vor allem aber — die Beratungen über die sogenannte Umsturzvorlage im Plenum und in der Kommission des Reichstags haben gezeigt, daß es dabei von seiten der ultramontanen und der konservativen Partei in der Tat auf den Umsturz aller Geistesfreiheit auch innerhalb unserer Wissenschaft und unserer Universitäten abgesehen ist. Und im Zusammenhang damit sind hinsichtlich der Beteiligung der Studentenschaft an der sozialen Bewegung in unseren eigenen Reihen zwiespältige Auffassungen zutage getreten und scharfe Worte gewechselt worden.

Zu allem dem habe ich in diesen Vorlesungen direkt und indirekt Stellung genommen. Da will es mir, ganz abgesehen davon, daß von einem Redner des Zentrums im Reichstag unter anderen deutschen Professoren auch ich persönlich angegriffen worden bin, scheinen, daß mich das ganz von selbst über die engen Grenzen auch des größten Hörsaales hinausweise und zu rascher Veröffentlichung dränge. Jedenfalls entspricht das meinem Temperament und meiner Art, auch auf weitere Kreise zu wirken und mich am öffentlichen Leben unseres Volkes zu beteiligen.

Das Hereinspielen solcher polemischer Seitenbeziehungen hat auch die Gestaltung der späteren Partien einigermaßen beeinflußt und ist teilweise schuld an kleinen Wiederholungen, die sich ja für den Druck leicht hätten beseitigen lassen. Allein ich wollte den Vorlesungen ihr ursprüngliches Kolorit durchaus erhalten, und so habe ich am mündlichen Vortrag nur das Allernotwendigste geändert. Dahin rechne ich neben kleinen Zusätzen auch die Verteilung des Stoffs auf die einzelnen Vorlesungen.

Und so wende ich mich denn nun mit diesen meinen Gedanken über die Stellung des deutschen Studenten am Ende des neunzehnten Jahrhunderts an die ganze akademische Jugend Deutschlands und an alle diejenigen, die sich für unsere Hochschulen und für den Geist unserer Hochschulen interessieren. Für diesen Geist kämpfe ich, so wie ich ihn verstehe, als für einen freien und sittlichen, als für einen Geist wahrer Wissenschaftlichkeit und wahrer Bildung. Dabei werde ich mir freilich, angesichts der eigentümlichen Verschiebung unserer Parteiverhältnisse, von rechts und von links her allerlei Kritik gefallen lassen müssen. Vielleicht paßt es zum ganzen Ton dieser Vorlesungen, wenn ich sage: daran bin ich gewöhnt. Da ich keiner politischen Partei und keiner wissenschaftlichen Schule und keiner gelehrten Clique angehöre, werde ich von der deutschen Parteikritik vielfach so unfreundlich behandelt, ich mag schreiben, was und wie ich will, daß mir diese Kritik nachgerade recht gleichgültig geworden ist; gelesen werden meine Bücher deshalb doch. Ob man dieses Wort für ein Zeichen von Stolz und Übermut oder für einen Stoßseufzer aus gepreßtem Herzen nehmen will, das muß ich der Stimmung meiner Leser und — meiner Kritiker überlassen.

Straßburg i. E., an Ostern 1895.

Vorwort zur siebenten Auflage.

Bei dieser ersten Auflage im neuen Jahrhundert hatte ich zu überlegen, ob ich aus dem deutschen Studenten am Ende des neunzehnten nicht einen solchen vom Anfang des zwanzigsten Jahrhunderts zu machen habe. Ich habe vorgezogen, leichte Änderungen im einzelnen abgerechnet, das Büchlein zu lassen, wie es ist und ihm seinen spezifischen fin de siècle-Charakter zu erhalten. Aber ich habe dann allerdings, als eine Art Nachwort, eine neue achtzehnte — natürlich nicht gehaltene — Vorlesung hinzugefügt, in der ich die Überleitung aus dem neunzehnten in das zwanzigste Jahrhundert für die künftigen Leser vollzogen und etliches inzwischen neu in die Erscheinung Getretene besprochen oder früher Besprochenes schärfer akzentuiert und gewissermaßen nachträglich unterstrichen habe. Ob ich diese Vorlesungen später noch einmal wirklich halten und dann die Verschmelzung zweier Zeiten definitiv vornehmen werde, vermag ich heute noch nicht zu sagen.

Straßburg i. E., an Ostern 1901.

Vorwort zur elften und zwölften Auflage.

Habent sua fata libelli!

Natürlich sind auch diesem Büchlein neben den erfreulichen allerlei andersgeartete Schicksale nicht erspart geblieben. Zum Beispiel, daß ihm, noch ehe es das Licht der Welt erblickt hat, ein inzwischen längst verstorbener Kollege das Lebenslicht ausblasen wollte, indem er verlangte, die angekündigte Vorlesung über den deutschen Studenten solle mir verboten werden, weil sie der Würde der Universität widerspreche; oder daß alsbald nach seinem Erscheinen ein Anonymus durch einen offenen Brief mir und den Lesern des Buches die Freude daran verekeln wollte; oder daß der deutsche Kronprinz, dem ich es während seiner Studienzeit in Bonn zuschickte, ohne Angabe von Gründen die Annahme der Sendung verweigerte; oder daß ihm der Heidelberger Dr. Ruge öffentlich seine Wertlosigkeit attestierte und — es war nach dem Erscheinen der neunten Auflage — es deshalb seinerseits gänzlich ignorieren zu müssen und ignorieren zu wollen erklärte.

Allein ich wäre undankbar, wenn ich solche Unfreundlichkeiten voranstellen wollte: sie waren wirklich nur ganz vereinzelte Ausnahmen. Das Büchlein vom deutschen Studenten hat mir viel Freude gebracht und viele Freunde gewonnen und hat — ich weiß es — vielen Kommilitonen genützt und geholfen und innerlich wohlgetan. Daher freue ich mich, daß es wieder in einer neuen, einer Doppelauflage erscheinen soll. Diese wird nun aber nicht mehr ganz das alte Buch sein, vielmehr in ihrer größeren ersten Hälfte der Abdruck meiner Vorlesungen über den deutschen Studenten so, wie ich sie ein zweites Mal im Winter 1905 auf 1906 in Straßburg gehalten habe. Daher nimmt sie auf die Vorgänge jener lebhaften Bewegung in der deutschen Studentenschaft, die sich im Namen des „Hochschulstreits" zusammenfaßt, und auf die Probleme, die ihr in jener erregten Zeit gestellt worden sind, besondere Rücksicht. Und im Druck ist dann noch einmal manches aus der Zeit nachher hinzugefügt worden, was in Beziehung steht zu inzwischen Geschehenem und inzwischen aufgetauchten Fragen des deutschen Studentenlebens. Dagegen ist das akademische Studium stabiler als das akademische Leben, und so gab es in dem letzten Abschnitt, der sich mit jenem beschäftigt, weniger zu ändern, zumal da ich einige bedeutsame Neuerungen auf diesem Gebiete in der vierzehnten Vorlesung zusammengenommen und diesem letzten Teil vorangestellt habe.

Für die Wiederholungen, an denen es auch jetzt wieder nicht fehlt, bitte ich um Indemnität: sie gehören nun einmal zu akademischen Vorlesungen, in denen wir Wichtiges mehrmals zu sagen uns nicht scheuen; und ich denke, das Wiederholte wird in anderer Umgebung jedesmal doch ein anderes und anders Nuanciertes sein.

Daß das Buch auch in dieser modern und aktuell gewordenen Fassung und Gestalt Segen stifte und mir neben den alten auch wieder viele neue Freunde zuführe, wie bei seinen früheren Ausfahrten, das ist der Wunsch, den ich ihm mitgeben möchte und ohne Anmaßung wohl auch mitgeben darf.

Daß ich als emeritierter Straßburger Professor diese neue Auflage der Straßburger Studentenschaft widme, ist für mich ein Selbstverständliches. Ihr waren ja diese Vorträge von Anfang an bestimmt, auf sie und ihre besonderen Verhältnisse nehmen sie da und dort speziell Beziehung, und ein besonders guter Freund bin ich ihr ohnedies immer gewesen. Es ist aber zugleich auch ein Zeichen meines Dankes für alle die Ehrungen und für alle Freundlichkeit und Anhänglichkeit, die sie mir bei meinem Abgang vom akademischen Lehramt und bei meinem Scheiden von der mir zur lieben Heimat gewordenen Stadt Straßburg noch einmal in so reichem Maße und in einer mich hoch beglückenden Form erwiesen hat.

Frankfurt a. M., am 9. Februar 1912.

Theobald Ziegler.

Inhaltsübersicht.

Seite

Vorwort . . . . 5—10

Erste Vorlesung.
Einleitung . . . . 13—30

I. Von der akademischen Freiheit.

Zweite Vorlesung.
Akademische Gerichtsbarkeit. Lehrfreiheit . . 31—50

Dritte Vorlesung.
Lernfreiheit . . . . 51—61

Vierte Vorlesung.
Lebensfreiheit . . . . 62—72

Fünfte Vorlesung.
Komment und Trinksitten . . . . 73—84

II. Von den studentischen Organisationen.

Sechste Vorlesung.
Geschichtliches. Wissenschaft und Vaterland. Die Ausländerfrage . . . . 85—99

Siebente Vorlesung.
Sittlichkeit und Ehre . . . . 100—127

Achte Vorlesung.
Konfessionelle Verbindungen . . . . 128—143

Neunte Vorlesung.
Gesamtvertretung. Freistudentenschaft . . . 144—161

III. Verhältnis des Studenten zur Politik und zur sozialen Frage.

Zehnte Vorlesung.
Politik. Das Einjährig-Freiwilligen-Jahr . 162—175

Elfte Vorlesung.
Studentenarmut und Stipendienreform. Individualismus und Sozialismus . . 176—188

Zwölfte Vorlesung.
Soziale Betätigung und gesellige Beziehungen des Studenten . . . . Seite 189—205

IV. Die Universitätsferien.

Dreizehnte Vorlesung.
Zur Reform der Ferienordnung . . . . . . 206—214

V. Das akademische Studium.

Vierzehnte Vorlesung.
Allerlei Neuerungen . . . . 215—225
Fünfzehnte Vorlesung.
Motive des Studierens . . . . 226—234
Sechzehnte Vorlesung.
Aufgabe der Universitäten: Wissenschaft und Beruf. Allgemeine Bildung . . . . 235—244
Siebzehnte Vorlesung.
Studentische Weltanschauung: Verhältnis zu Religion und Kirche, zu Literatur und Kunst. Studentischer Idealismus . . 245—259
Achtzehnte Vorlesung.
Student und Professor. Kollegienhonorar. Vorlesungen und Übungen. Schriftliche Arbeiten . . . . 260—279
Neunzehnte Vorlesung.
Promotion und Staatsprüfung. — Schluß . 280—293

Erste Vorlesung.

Meine Herren!

Als ich für das Wintersemester 1894/95 zum erstenmal diese Vorlesung über den deutschen Studenten ankündigte, da galt dies vielen als eine unerhörte und mehr unerwünschte als glückliche Neuerung. Sie wußten nämlich nicht, daß ganz andere Männer als ich schon längst dasselbe getan, ich also eine Reihe berühmter Vorgänger in diesem Unterfangen habe. Ich nenne nur Christian Thomasius, der am Ende des siebzehnten Jahrhunderts auf der neugegründeten und damals ganz besonders modernen Universität Halle eine Vorlesung „vom elenden Zustand der Studenten" hielt, die diese nicht eben in rosigem Lichte erscheinen läßt: nur daß sie diese Straf- und Schandpredigt geduldig hingenommen haben, könnte vermuten lassen, daß sie am Ende doch besser waren, als Thomasius sie schildert. Am Anfang des neunzehnten Jahrhunderts sprach dann Fichte „über das Wesen des Gelehrten und seine Erscheinungen im Gebiete der Freiheit", wozu später noch seine Rektoratsrede „über die einzig mögliche Störung der akademischen Freiheit" hinzukam; noch vorher hat Schelling als Professor in Jena seine „Vorlesungen über die Methode des akademischen Studiums" gehalten; und schließlich stammt ja auch der Unterschied zwischen dem Brotgelehrten und dem philosophischen Kopf aus einer akademischen Vorlesung, aus Schillers Antrittsrede in Jena. In der Mitte des vorigen Jahrhunderts hat sodann J. Ed. Erdmann, wiederum in Halle, seine auch im Druck erschienenen Vorlesungen über „akademisches Leben und Studium" gehalten; und noch 1890 ist auf der Berliner Schulkonferenz das Verlangen nach einer „Hodegetik" für Studenten ausgesprochen und daran erinnert worden, daß solche Vorlesungen früher häufiger gewesen seien als jetzt.

Wer mich also um meines Themas willen anfocht, der bewies nur, daß er von diesen bekannten und berühmten Dingen nichts wisse. Weil aber auch um ihres Inhalts willen diese Vorlesungen mancherlei Anfechtungen von außen her erfahren haben, habe ich sie — als einen Akt der Notwehr zuerst, dann freilich auch, um sie dem weiteren Kreis der Kommilitonen außerhalb des Straßburger Hörsaals bekannt zu machen — gleich darauf im Druck erscheinen lassen, und damit sind ja nun die Gegner zum Schweigen gebracht. Daß eine solche Vorlesung sich wohl einfügt in den Rahmen eines akademischen Lektionskatalogs und allerlei Gutes stiften kann, ist allmählich zugestanden und allgemein anerkannt worden. Die unerhörte Neuerung ist also salonfähig geworden; was ich das erstemal nur unter allerlei leiser und lauter Opposition habe tun können, das ist heute klang- und sanglos und ohne allen Widerspruch hingenommen worden.

Damit, daß sie gedruckt waren, fiel zunächst die Notwendigkeit und Möglichkeit für mich weg, diese Vorlesungen zu wiederholen; was man im Zusammenhang eines Buches lesen kann, braucht man nicht in der zerhackten Form von sechzehn oder achtzehn einstündigen Vorträgen zu hören. Höchstens hatte ich im Sinn, noch einmal über den deutschen Studenten zu deutschen Studenten zu reden — in meinem letzten Semester, ehe ich mein akademisches Lehramt niederlege: da, so dachte ich mir, könne ich so etwas wie mein akademisches Testament geben und mit aller Rückhaltlosigkeit sagen, was mir noch zu sagen am Herzen liege. Allein, ob er ein solches letztes Semester, das freiwillige Abgehen vom Katheder und Amt erlebt, weiß keiner. Und dann — und dies ist der Hauptgrund, warum ich von dieser Absicht abgewichen bin —, das Büchlein ist in mancher Beziehung veraltet, es sind nicht mehr dieselben Verhältnisse und Voraussetzungen heute wie im Jahre 1894, unter den Wandlungen der Zeit hat sich auch der Student und des Studenten Art und Leben gewandelt. Der deutsche Student im ersten Jahrzehnt des zwanzigsten Jahrhunderts ist nicht mehr genau derselbe, der er am Ende des neunzehnten Jahrhunderts gewesen ist: vieles ist neu geworden und mancherlei Neues ist hinzugekommen, Bewegungen sind in der deutschen Studentenschaft zutage getreten, Fragen und Probleme haben sich erhoben, die nicht ohne Bedeutung und nicht ohne Gefahr sind für akademisches Leben und akademisches Studium. Da ich nun einmal durch jene erste Vorlesung und durch mein daraus hervorgegangenes Büchlein über den deutschen Studenten einer der Wortführer in diesen Fragen geworden bin, so halte ich es für meine Pflicht, in einer Zeit, wo so viel Neues sich regt und auch uns allerlei Gefahren und Stürme drohen, wieder auf dem Plane zu stehen, wenn Sie wollen: wieder zur geistigen Mensur anzutreten und zu diesen Fragen meinerseits Stellung zu nehmen und auch mein Wort in die Wagschale zu werfen. Das Problem der akademischen Freiheit vor allem ist akut geworden, da gilt es als Hüter derselben sich über Wesen, Grenzen und mögliche Störungen dieser Freiheit zu besinnen.

Dieses Neue, das in die Erscheinung getreten ist, hängt mit einem Allgemeinen zusammen. 1894 habe ich der Vorlesung den Titel gegeben: „Der deutsche Student am Ende des neunzehnten Jahrhunderts". Der deutsche Student bleibt: wir sind hier in Straßburg auf einer deutschen Hochschule; uns interessieren darum nicht das Quartier latin in Paris oder die Colleges in Oxford und Cambridge oder die Harvard-University in Boston. Und natürlich rede ich auch jetzt wieder vom Studenten der Gegenwart. Auch eine Geschichte des Studenten, der mit Stolz auf eine 800-jährige Vergangenheit zurückblicken kann, hätte ja ihren Reiz und ließe sich pikant und hübsch, kulturhistorisch interessant und psychologisch fein gestalten, mehr als dies den beiden Verfassern des fleißigen Buches über „Das deutsche Studententum von den ältesten Zeiten bis zur Gegenwart" (1910) gelungen ist. Allein, wenn ich es auch nicht verschwören will, daß ich nicht da und dort in diese Vergangenheit zurückgreife, so liegt mir doch die lebendige Gegenwart weit mehr als alle stolzen und beschämenden historischen Reminiszenzen, liegen Sie, meine Herren, mir am Herzen nach dem Schillerschen Wort:

Wir, wir leben! Unser sind die Stunden
Und der Lebende hat recht.

Dies gilt von der Jugend in erster Linie und gilt jedenfalls ihr selbst als unwidersprechliche Wahrheit. Für den ersten Entwurf zum „Deutschen Studenten" war diese Gegenwart das Ende des neunzehnten Jahrhunderts, und so schwebte — ich will es nicht leugnen — eine gewisse fin de siècle-Stimmung über dem Ganzen; das wollte auch der Titel von damals besagen. Diesmal habe ich den Zusatz der zeitlichen Bestimmung weggelassen, nicht bloß weil wir inzwischen die Schwelle eines neuen Jahrhunderts überschritten haben, sondern weil damit auch jene Stimmung verschwunden ist und einer andern zeitlich und inhaltlich weniger prononcierten Platz gemacht hat. Damals konnte ich sagen: „Wir leben in einer Übergangszeit. Vielleicht niemals ist das am Ende einer Periode der in ihr lebenden Generation so klar gewesen, wie uns heute, daß das neue Jahrhundert einen ganz anderen Charakter tragen werde, tragen müsse, als das eben zu Ende gehende. Und so leben wir nicht nur in einem Übergangszeitalter, sondern wir fühlen uns auch als Menschen des Übergangs. Übergangszeit aber ist böse Zeit, vor allem, weil in ihr unsere Gedanken und Gefühle zwiespältig geworden sind. Zwiespältig gegenüber von Staat und Politik: auf der einen Seite eine Anspannung des nationalen Gedankens, der sich wie Chauvinismus ausnimmt und es vielfach auch ist, und auf der andern Seite ein Wiederaufleben humanitärer und sozialer Strebungen, die vielen in jeder Form als anti- und international verdächtig sind; ein Heroenkultus hier, der da, wo der Heros fehlt, zum Byzantinismus wird oder zur Ahlwardtbegeisterung herabsinkt, und eine Demokratisierung der Gesellschaft dort, die auch die alten unhistorischen Gedanken von absoluter menschlicher Gleichheit wieder aufleben läßt. Zwiespältig sind wir weiter gegen Kirche und Religion: ein neuerwachendes Interesse für religiöses Leben macht sich spürbar, und daneben immer noch das alte sich Abkehren von allem Kirchentum und Christentum. Zwiespältig in Sitte und Sittlichkeit: der soziale Geist, der von allen die gleiche Hingabe an das Wohl des Ganzen verlangt, erobert mehr und mehr Herzen und Köpfe, und daneben findet die Nietzschesche Individualitätslehre, die das schrankenlose Recht des sich Auslebens für die geniale — und nicht-geniale — Persönlichkeit in Anspruch nimmt und zu dem Zweck die Selbstsucht heilig und selig spricht und überhaupt alle sittlichen Werte umwertet, begeisterte Anhänger. Zwiespältig sind wir auf dem Gebiet der Kunst und Poesie: das Klassische wird immer noch als Bildungsmittel benützt und verehrt oder doch historisch respektiert, und daneben die Abwendung vom klassischen Ideal als einem innerlich Unwahren und der realistische Werdedrang einer die Wahrheit auf Kosten der Schönheit pflegenden Kunstweise. Und zwiespältig endlich gegen die Grundlagen unserer Gesellschaft und der sie durchdringenden Kultur überhaupt: ein Festhalten und sich Anklammern an das Bestehende, als wäre es durchweg ein Vernünftiges und bleibend Wertvolles, und auf der andern Seite ein Anstürmen gegen dieses Bestehende, als wäre es bereits von allen guten Geistern der Vernunft und der Sittlichkeit verlassen und könnte nicht eilig genug bis zum letzten Baustein abgetragen und in Trümmer geschlagen werden. So gärt und brodelt es rings um uns her und reißt uns alle in seinen Strudel mit hinein; und schwerer als je ist es darum für den einzelnen, in diesem Chaos, wo alles fließt, einen festen Fuß und Halt zu fassen, schwer auch für den guten Menschen, in seinem dunkeln Drange sich des rechten Weges wohl bewußt zu bleiben; schwer vor allem für den Werdenden zu wissen, was er werden soll, und zu werden, was er werden will. Selten aber war es in der Welt schon je so schwer wie heute, ein Charakter zu werden und ein charaktervoller Mensch zu sein und zu bleiben."

Ob wir heute viel weniger zwiespältig sind, als wir es fin de siècle waren, weiß ich nicht, ich glaube es kaum: so schnell läßt sich die innere Einheit nicht zurückgewinnen. Aber wir haben uns, möchte ich sagen, mit dieser Zwiespältigkeit inzwischen ausgesöhnt und vertragen, wir haben sie ertragen gelernt. Nicht mehr in fieberhafter Erregung und schwer bedrückt durch diesen peinigenden Zustand leben wir dahin und warten darauf, ob etwas komme, uns erlöse und von dem Zwiespalt freimache. Wir sind gelassener und sicherer geworden, wir sehen der Zwiespältigkeit unseres inneren und äußeren Lebens objektiver zu und nehmen sie als eine Notwendigkeit hin, und wir ahnen damit auch schon, daß dieses Zwiespältige vielleicht nur zwei Seiten und Richtungen unseres darum doch einheitlichen Bewußtseins darstellt, die die Einheit nicht aufheben, sondern unser Leben nur wertvoller und reicher machen. Individualismus und Sozialismus heißen die beiden großen Gegensätze der Zeit: sie erscheinen uns heute nicht mehr so unversöhnlich und unverträglich, wie vor zehn Jahren, sie stoßen sich ja nicht bloß ab, sie ziehen sich auch an. Und so blicken wir helleren Auges in die Zukunft, selbst wenn der politische Horizont im Augenblick (1911) dunkler und gewitterdrohender ist als damals.

Das alles gilt nun auch vom Studenten. Immer ein Kind seiner Zeit und beweglicher und empfänglicher noch als wir Älteren war er auch damals mehr als wir fest im neunzehnten Jahrhundert Wurzelnden ein Übergang und vom Bewußtsein des Übergangs erfüllt und erregt. Unruhe und Unsicherheit, ein Sehnen und Drängen nach Neuem, unerhört Neuem hatte sich seiner bemächtigt; aber nirgends wollte sich ein festes und bestimmtes Ziel zeigen, in Dunkel und Nebel gehüllt war alles, vor allem die Zukunft. Da galt es, was freilich auch diesmal wieder meine erste Aufgabe sein wird, den Studenten über sich selbst aufzuklären und zum Nachdenken über seine Existenz und deren Daseinsbedingungen und deren

Daseinsberechtigung anzuregen, ihm das „Mensch, erkenne dich selbst!" zuzurufen und ihm dazu zu helfen. Aber diese Übergangsjugend wollte vorsichtig und zart angefaßt sein: nicht sie beweglicher zu machen und aufzuregen, sondern sie über sich selbst zu beruhigen, ihr zu zeigen, daß auch hier das Wirkliche ein Vernünftiges sei und in der Wirklichkeit ihres studentischen Daseins mehr Vernunft liege, als sie in ihrer Unruhe glaubte und befürchtete, das war meine nächste Pflicht; und so mußten meine damaligen Vorlesungen in erster Linie konservativ sein; an revolutionären Gedanken — revolutionär gegenüber den bestehenden studentischen Institutionen — fehlte es ihnen freilich nicht, aber sie blieben doch mehr im Hintergrund und wagten sich als Reformvorschläge nur schüchtern und in aller Bescheidenheit ans Licht.

Heute ist auch der Student ruhiger geworden. Es klingt dies vielleicht parador angesichts der mancherlei Kämpfe und Streitigkeiten, die sich, eine Zeitlang sogar unter allgemeiner Anteilnahme der Öffentlichkeit, laut und lärmend genug bei Ihnen abgespielt haben. Aber gerade hier in Straßburg haben wir gesehen, daß diese Unruhe nicht die tiefsten Tiefen der studentischen Seele aufgewühlt hat: der ganze „Hochschulstreit" ist, wie die studentischen Kämpfe so oft, ausgegangen wie das Hornberger Schießen und glich ein bißchen dem Sturm im Wasserglas, und wenn wir an die revolutionären Kämpfe in Rußland, die übrigens auch nicht anders ausgingen als das Hornberger Schießen, oder an die nationalen Streitigkeiten in Österreich denken, so haben wir allen Grund, uns über die Ruhe im eigenen Hause zu freuen. Und so bleibe ich dabei, trotz aller äußeren Unruhe ist innerlich die Klarheit und Sicherheit gewachsen, die Ziele sind bestimmter, der Weg, den die deutsche Studentenschaft im zwanzigsten Jahrhundert zu gehen hat, ist deutlicher vorgezeichnet und von allerlei Nebeln freier geworden als vor fünfzehn Jahren.

Deswegen kann auch ich jetzt deutlicher und rückhaltloser, freier und kühner reden als das erstemal, und Sie können es besser ertragen. Vielleicht haben Sie auch gelernt, daß die Streitigkeiten des letzten Jahrzehnts nicht zum wenigsten deswegen so unerquicklich gewesen sind und man aus der schwierigen Situation so gar nicht herauszukommen vermochte, weil moderne Fragen auf unmodernem Boden und in unmoderner Form gelöst werden sollten. Der deutsche Student — es hängt das mit dem Wesen der deutschen Universitäten überhaupt zusammen, die die konservativste Institution sind im ganzen Deutschen Reich — der deutsche Student ist trotz aller Jugend und alles Freiheitsgefühls vielfach rückständig und reaktionär und darum den Anforderungen und Aufgaben der neuen Zeit zu wenig gewachsen. Auch das ist Ihnen — nicht jedem einzelnen, aber der deutschen Studentenschaft im ganzen — heute viel mehr bewußt; auch zeigt es sich nicht etwa bloß als das unklare und unbehagliche Gefühl eines Alt- und Veraltetgewordenseins und als unbestimmtes und vages sich Sehnen nach einem unbekannten Neuen, sondern in allerlei kräftigen Ansätzen und Anfängen zur Reform tritt es unter Ihnen selbst deutlich in die Erscheinung, und mit aller Klarheit und Bestimmtheit wird von einzelnen unter Ihnen ausgesprochen, was not tut und wohin die neue Fahrt zu gehen hat.

Deswegen kann auch meine Vorlesung dieses Mal Altgewordenes frank und frei ein Veraltetes nennen, kann kritischer, mehr Zukunftsmusik sein als einst. Ich wähle absichtlich diese Ausdrücke. Wenn ich sage: das und das ist veraltet, so meine ich nicht, daß das nun auch alsbald oder doch in den nächsten Jahren schon verschwinden müsse und werde; wenn ich sage: das sind die Forderungen und die Ideale des neuen Studententums, so meine ich nicht, daß das von heute auf morgen kommen und von Ihnen im Handumdrehen geändert und eingeführt werden müsse. Aber ich für mich sehe deutlicher als das erstemal, da ich zu Ihnen redete, aus dem Nebel der Zukunft, meinetwegen einer nicht ganz nahen Zukunft, das Bild des neuen Studenten und einer neuen Studentenschaft mit ganz bestimmten Zügen vor mir aufsteigen. Und darum werde ich nicht bloß von dem reden, was ist und was an diesem Seienden vernünftig oder unvernünftig ist, sondern auch von solchem, was noch nicht ist, aber sein wird und nach meinen Gedanken sein soll. Ideale sind immer Zukunftsbilder und immer Utopien, bis sie zur Gegenwart und zur Wirklichkeit geworden sind. Ideale haben ist das Recht, ist aber auch die Pflicht der Jugend, vor allem der akademischen; darum darf und will auch ich, der ich mich unter Ihnen und mit Ihnen immer jung und als Ihresgleichen gefühlt habe, von diesem Recht Gebrauch machen und diese Pflicht erfüllen, will idealistisch zu Ihnen reden.

Dabei könnten Sie freilich eines befürchten. Idealistischer, utopistischer als das erstemal — heißt das nicht: unwirklicher, weltfremder, von der Erfahrung losgelöster? Und das ist bekanntlich in unserer realistischen und pragmatistischen, exakten und experimentellen Zeit fast der schlimmste Vorwurf, den man sich zuziehen kann: wir sind dem Idealismus gegenüber allzumal Empiristen, Erfahrungsfreunde geworden. Das erkenne auch ich an und darf überdies konstatieren, daß ich in der Zwischenzeit doch recht vieles gelernt und hinzu erfahren habe — auch vom Studentenleben und vom deutschen Studenten. Ich rechne es zum Besten und Erfreulichsten meines akademischen Berufs, daß gerade auf Grund dieser meiner Vorlesungen über den deutschen Studenten und des daraus hervorgegangenen Büchleins sich viele von Ihnen hier in Straßburg mündlich und von anderen Universitäten her brieflich an mich gewendet, mich zum Vertrauten ihrer studentischen Erlebnisse und ihrer inneren Kämpfe gemacht und mich in die Interna der studentischen Psyche haben hineinsehen lassen. Auch haben einzelne Ihrer Verbände mir seit jener Zeit — ich habe das besonders dankbar empfunden — regelmäßig ihre Organe zugeschickt und mich so vom Leben, von den treibenden Kräften und von den sie bewegenden Fragen und Problemen sozusagen aktenmäßig Kenntnis nehmen und mich als Zuschauer wenigstens an jahrelanger Entwicklung in Blühen und Gedeihen, in Abnehmen und Zerfallen, in Freude und Leid teilnehmen lassen. Selbst über die Grenzen des Reichs hinaus habe ich in Salzburg Gelegenheit gehabt, ein andersartiges, das österreichische Studententum kennen zu lernen und auch ihm persönlich näher zu treten. Aber auch dabei handelt es sich immer noch um deutsche Studenten. Denn dabei bleibt es: nur von diesen kann ich und will ich reden, nur sie kenne ich wirklich. Einer der amerikanischen Austauschprofessoren hat ja inzwischen den Berliner Studenten vom amerikanischen College und vom Studentenleben dort erzählt (B. J. Wheeler, Unterricht und Demokratie in Amerika). Notwendiger wäre es, in Berlin vom deutschen Studenten und vom akademischen Studium in Deutschland zu reden. Ich jedenfalls tue es hier und rede zu Ihnen nur vom deutschen Studenten, rede aber über ihn heute erfahrener, belehrter und wissender als das erstemal.

Wenn ich mich aber kritischer zu meinem Thema stelle als damals, so heißt das, daß ich mich auch vielfach gegen Ihre Ansichten und Lebensformen, Ihre Sitten und Ihre Betätigungen wende. Schon das erstemal sagte ich, wenn ich gefragt wurde, was ich eigentlich mit dieser Vorlesung wolle: ich gedenke bei dieser Gelegenheit den Studenten allerlei unangenehme Wahrheiten zu sagen. Das wird dieses Mal vielleicht noch häufiger geschehen. Dazu kommt, die Studentenschaft ist heute gespaltener als damals, nicht bloß durch und über die Frage der konfessionellen Verbindungen oder über das Verhältnis der Freien Studentenschaft zu den alten Korporationen: das sind nur Einzelheiten, wenn gleich tiefgreifende; hinter ihnen steht eine gegensätzliche Auffassung prinzipieller Natur über das Wesen und die Aufgabe des deutschen Studenten überhaupt. Neue Gedanken sind zahlreicher verbreitet unter Ihnen und pochen ungestüm an die Pforten der Hochschulen, um Einlaß zu begehren, und rufen dann natürlich auch das Alte energischer zu Kampf und Abwehr gegen sich auf. So ist die Studentenschaft in ihren Anschauungen vielfach geteilt. Was ich darum, zu solchen Fragen Stellung nehmend, sage, das sage ich nur den einen zur Freude, den anderen sicher zu Leid. Wenn mir nun jedesmal nach einer nicht allzu alten, von Berlin auch zu uns in den Süden gekommenen studentischen Sitte oder Unsitte — ich rede noch darüber — jeder Teil durch Trampeln oder Scharren seine Billigung oder Mißbilligung ausdrücken wollte, so würde diese Vorlesung leicht zu einem „Radaukolleg" werden, wie das einst von ihr befürchtet wurde, und allerlei Mißhelligkeiten unter Ihnen könnten von ihr ausgehen. Das wünsche ich nicht. Es soll nicht heißen: in Zieglers Kolleg bekämpfen sich die verschiedenen Richtungen der Straßburger Studentenschaft, und er ist schuld an allerlei unliebsamen Disziplinarfällen und ärgerlichen Streitigkeiten. Darum wollen wir einen Pakt miteinander schließen, meine Herren: Sie enthalten sich während der Vorlesung jedes äußeren Zeichens Ihrer zustimmenden oder abweichenden Ansicht; am Schluß können Sie ja jedesmal nachholen, was Sie die Stunde hindurch darin des Guten zu wenig getan zu haben meinen. Ich nehme an, daß Sie mir das hiermit versprechen.

Und nun noch eine Vorfrage, ehe wir zur Sache selbst kommen, eine Frage, die Ihnen zunächst wohl überraschend klingt, in einer alles nivellierenden Zeit wie der unsrigen aber doch aufgeworfen werden muß. Hat denn der Student heutzutage überhaupt noch ein Eigentümliches, so daß man von ihm besonders sprechen kann und es der Mühe wert ist, von ihm zu sprechen? Wir werden gleich das nächstemal, wo wir von der akademischen Freiheit zu reden haben, sehen, wie das, was man ursprünglich so nannte und darunter verstand, wirklich dem Gleichheitsgedanken des 19. Jahrhunderts zum Opfer gefallen ist; also —! Führt denn der Student noch ein eigenartiges, ein anderes freieres Leben als die übrigen alle? Wenn aber das nicht der Fall ist, kann man auch nicht von ihm besonders sprechen, dann ist der Gegenstand dieser Vorlesungen hinfällig und sind dieselben von vornherein unberechtigt. Allein eben daß ich sie halte, beweist, daß ich an ein solches Eigenartiges als ein noch immer vorhandenes glaube und es, in meinem Sinne freilich, als ein zu Recht bestehendes rechtfertigen will. Ehe ich aber im einzelnen zeigen kann, daß diese Besonderheit noch immer da und im Wesen des Studenten selbst begründet ist, möchte ich heute schon vorwegnehmend darauf hinweisen, daß in dieser richtig verstandenen Eigenart gerade der Segen des Studentseins nicht zum wenigsten beschlossen liegt. Man könnte sagen: der Gleichheitsgedanke, den unsere Zeit, mit Recht und Unrecht, zu verwirklichen sucht, ist innerhalb der deutschen Studentenschaft lange vorher schon zur Wahrheit geworden. Herausgehoben aus dem Kreise der Lebensbedingungen aller anderen Menschen lebt er mit seinesgleichen ein Leben völliger Gleichheit und Gleichberechtigung, das Leben allgemeiner geistiger Wehrpflicht, in dem er sich nur vor dem Kodex des allgemeingültigen Komments und vor der öffentlichen Meinung der Kommilitonen zu beugen hat. Aber dieses Leben absoluter Gleichheit durchlebt er als Durchgangsstadium, um es wieder zu verlassen als ein anderer Mensch, als ein Gebildeter, als ein Aristokrat und Ritter vom Geist. So ist die Universität und das Leben auf ihr durch und durch demokratisch, weil hier alle Schranken und Vorurteile von Rang und Stand fallen; und sie ist ein durch und durch aristokratisches Institut, weil ihr Ziel die Heranbildung einer Aristokratie des Geistes, der wahren Aristokratie echter Menschenbildung ist.

Freilich, meine Herrn, ist das „nur eine Idee" und ist nur in der Idee so: in Wahrheit sind diese zwei Gedanken auf unsern Hochschulen so rein bei weitem nicht durchgeführt. Das Leben auf der Universität ist nicht so demokratisch, wie es sein sollte: wir werden auch hier Kastengeist und Standesunterschiede, das Hereinragen von ökonomischen und gesellschaftlichen, von religiösen und politischen Differenzen kennen lernen und sie als ein Unberechtigtes und Gefährliches aufzuzeigen haben. Und was aus dieser Schule hervorgeht, ist nicht immer so aristokratischer und vornehmer Art: wie bei aller Erziehung ist es auch hier, nicht bei allen gelingt sie, nicht alle, die studieren, werden dadurch zu Rittern vom Geist. Aber spurlos geht diese unvergleichliche Schulung darum doch schwerlich an einem vorüber, einen Hauch jenes freien Geistes hat doch jeder von uns einmal verspürt, und der Segen für unser Volksleben bleibt deshalb bei keinem ganz aus. Und so bleibt die Idee doch zu Recht bestehen, die Idee, daß dieses eigenartige Leben des deutschen Studenten eine demokratische Schule ist, deren Ziel die Aufnahme in die geistige Aristokratie der Bildung, die Erziehung zu Rittern vom Geiste sein soll. Von diesem Gedanken aus wird es uns leicht werden, auch die Wirklichkeit, so weit sie immer dahinter zurückbleiben mag, zu verstehen und zu beurteilen. In der Anerkennung dieser Idee liegt dann zugleich auch die beste Rechtfertigung für die Erhaltung studentischer Eigenart, die sich freilich nicht von selbst versteht, sondern verdient und immer aufs neue erarbeitet sein will.

Doch nun zur Sache. Und zwar packen wir den Stier gleich bei den Hörnern und reden zuerst von der Frage, die die Frage der Fragen, in diesen Jahren immer wieder die allbewegende und am meisten umstrittene gewesen ist, von der Frage der akademischen Freiheit. Sie ist nicht eine Frage neben andern, sondern steht im Mittelpunkt aller akademischen Fragen, ist geradezu die akademische Frage selber. Freilich geht sie nicht den Studenten allein, sie geht ebenso und noch vorher auch uns Dozenten an. Aber das ist, wie wir sehen werden, auch bei anderen studentischen Fragen der Fall; wer vom deutschen Studenten redet, redet immer auch vom deutschen Professor, das versteht sich von selbst und ist ein Zeichen, daß und wie sehr diese beiden zusammengehören. Daher lassen Sie es sich ja auch gefallen, daß ein deutscher Professor zu Ihnen über den deutschen Studenten spricht, und empfinden das nicht als ein von oben und von außen her kommendes Dareinreden. Es ist immer eines der besten und erfreulichsten Zeugnisse für unsere Universitäten und ihr Gesundsein, daß Studenten und Professoren eins sind und sich als zusammengehörig, nach außen und innen als zusammengehörig fühlen. So bin ich kein Fremder, der hier zu Ihnen redet. Die universitas hat ihren Namen als societas magistrorum et scholarium; Studenten und Professoren gehören zusammen; darum glaube ich, Sie zu verstehen, und hoffe, daß ebenso auch Sie mich als einen der Ihrigen gelten lassen und mich mit Vertrauen anhören auch da, wo ich Ihnen gegen den Sinn rede; es ist ja auch meine, es ist unser aller gemeinsame Angelegenheit.

Daß es aber gerade ich bin, der diese Vorlesungen hält, das freilich ist kein bloßer Zufall. Erdmann hat zu Anfang seiner Vorlesungen über das akademische Leben und Studium ausführlich von seiner Person gesprochen und seinen Zuhörern zu beweisen gesucht, daß gerade er und nur er allein alle Qualitäten, äußere und innere, besitze, um dieser Aufgabe vor andern gerecht zu werden. So unbescheiden bin ich nicht. Ich möchte vielmehr recht im Gegensatz zu ihm sagen: nicht weil ich es allein kann, sondern weil es meine Kollegen alle ebensogut könnten wie ich, warum sollte ich allein es nicht können und nicht tun dürfen? Ich bin Professor, deutscher Professor wie sie, also kann ich auch über den deutschen Studenten sprechen wie sie. Aber allerdings kommt nun doch ein Besonderes hinzu, das zu meinen Gunsten spricht. Aber auch es liegt nicht in meiner Person, es liegt in meinem Fach. Ich bin Professor der Philosophie, und ihr Vertreter ist wirklich der nächste dazu.

Unsere Universitäten zerfallen in Fakultäten, darum hält sich der einzelne Dozent naturgemäß vor allem an seine Leute und hat genug zu tun mit seinem Fach. Auch in die philosophische Fakultät ist diese Arbeitsteilung eingedrungen, in ihr ist sie heute vielleicht sogar am schärfsten ausgeprägt. Die Gefahr für die Universität, sich aufzulösen in eine Vielheit von Fachschulen wie in Frankreich, ist da. Nur Ein Fach gibt es, das sozusagen ex officio Fühlung hat mit allen übrigen — die Philosophie, deren Aufgabe es darum auch ist, das Bewußtsein der universitas als einer universitas literarum aufrechtzuhalten. Das ist kein Selbstruhm, sondern das liegt einfach im Wesen dieser Wissenschaft selber. Und so gehört es denn auch in ihr Aufgabengebiet, das akademische Studium als ganzes ins Auge zu fassen und das Bewußtsein der Beziehungen, die zwischen den einzelnen Fächern herüber- und hinüberschießen, lebendig zu erhalten. Und daher haben es auch, wie schon erwähnt, Philosophen wie F i c h t e und S c h e l l i n g nicht verschmäht, über die Bestimmung und das Wesen des Gelehrten oder über die Methode des akademischen Studiums Vorlesungen zu halten, und haben damit für alle Zukunft das Anrecht des Vertreters der Philosophie auf diese Vorlesung sanktioniert. Aber nicht bloß über den Gelehrten und das akademische Studium, auch über das akademische Leben — wer sollte mit besserem Recht davon reden dürfen, mit besserem Verständnis davon reden können, als der Ethiker, der die menschlichen Beziehungen, die Berufs- und Standesfragen überhaupt ins Auge zu fassen, und der Pädagoge im weitesten Sinn des Worts, der die Aufgaben der Erziehung und des Unterrichts zu erwägen immer neu Anlaß und Aufforderung hat? Das studentische Leben ist entweder sittlich oder unsittlich: die Sittlichkeit der Gebildeten unseres Volkes hängt daher jedenfalls auch davon ab, wie Sie Studenten es in Ihrer Jugend treiben. Das studentische Lernen ist auf die Aneignung der wissenschaftlichen Methode und der für den Beruf notwendigen Kenntnisse gerichtet; die Leistungen unserer Wissenschaft und die Verwaltung von Staat und Kirche, ein gutes Stück des äußeren und des inneren Lebens unseres Volkes hängt somit gleichfalls davon ab, ob hier bei uns ordentlich gelernt und gelehrt wird.

Also nicht wie Erdmann aus eigenartigen persönlichen Lebenserfahrungen heraus, sondern ganz allgemein aus meinem Beruf als deutscher Professor überhaupt und als Professor der Philosophie und der Pädagogik insbesondere nehme ich mir das Recht und, weil es just kein anderer tut, gewissermaßen auch die Pflicht, mit Ihnen von Ihnen zu reden. Das einzige, was ich persönlich von mir sagen möchte, ist: daß ich modern genug zu sein und zu fühlen glaube, um studentische Stimmungen und Strömungen zu verstehen, und immer noch jung genug, um nicht mit der tragischen Verbitterung des Alters zu sehen, wie ein Altes alt und ein Neues neu wird. Ich glaube mit Ihnen und für Sie in unverwüstlichem Optimismus an die Zukunft, si fractus illabatur orbis!

Zweite Vorlesung.

Und nun, meine Herren, wovon wollen wir reden? Von allem natürlich, was den Studenten angeht und bewegt, vom Höchsten wie vom Gemeinsten, vom ganz Äußerlichen so gut wie vom ganz Innerlichen, von seinen Idealen wie von seinem Wechsel, von des Studenten Politik und Religion, von seiner Ehre und davon, wie er seine Ehre wahrt oder verliert, von seinen Vorlesungen, wie er sie besucht, und, viel heikler noch, wie er sie schwänzt, von seinem Kommersieren und Pauken, von seinen Verbindungen und von seinen Bestrebungen, sich am Leben der Zeit zu beteiligen, von seiner Sittlichkeit und deren Gefährdung, kurz, auch hier soll gelten: humani nihil a me alienum puto. Nicht also, daß es uns an Stoff mangeln könnte, ist zu befürchten, sondern ob und wie wir den überreichen Stoff zu bewältigen und zu gliedern imstande sein werden. Daß er in zwei Hauptteile zerfällt, vom akademischen Studium und vom akademischen Leben, liegt auf der Hand: so habe ich daher das letztemal gegliedert, aber trotz des alten frostigen Schulwitzes: quid est studio-sus sine studio? nicht mit dem Studium begonnen, sondern mit dem Leben des Studenten — nicht bloß aus dem opportunistischen Grunde, weil Sie das natürlich am meisten interessiert und angeht, ich mir also dadurch und dafür am ehesten Ihre Aufmerksamkeit sichere; auch nicht deshalb, weil ja Student bleibt, auch wer nicht studiert: sondern ganz logisch darum, weil das Leben das Ganze, das Studium nur ein Teil, wenn auch der wichtigste und beste Teil dieses Ganzen ist. Daran möchte ich festhalten; weil aber beides nicht streng zu trennen ist, vielmehr beim Leben schon vielfach auch vom Studieren zu reden sein wird, so werde ich jenen ersten Teil dieses Mal in drei oder vier Kapitel zerlegen und diesen dann als letztes die speziellen Aufgaben und Probleme des akademischen Studiums koordinieren und anfügen.

Und nun also:

I. Von der akademischen Freiheit.

Frei ist der Bursch! so klingt es und singt es noch immer rings um uns her, und im Andenken an unsere Burschenherrlichkeit singen wir es nur zu gerne mit. Aber haben Sie auch das Recht, so zu singen? Sind Sie wirklich frei? und worin besteht sie denn, diese Ihre akademische Freiheit?

In einer Verhandlung zu Hannover zwischen Kommissären des preußischen Kultusministeriums und Vertretern des dortigen Studentenausschusses am 21. Januar 1905 soll von einem der ersteren die Äußerung getan worden sein: „Akademische Freiheit, das ist ein Begriff, den wir gar nicht kennen und den Sie sich erst selbst gebildet haben.“ Ich habe nicht zu entscheiden, kann es auch nicht, ob das wirklich so gesagt worden ist; aber wenn ja, so hat der Herr so unrecht nicht gehabt — in dem Sinn, wie wenn in einer Gesellschaft von einem allbekannten und berühmten Gast einer der Alltags-Anwesenden sagen wollte: diesen Herrn kenne ich nicht; denn er ist mir nicht vorgestellt. Und ebenso hatte der Regierungskommissär im preußischen Abgeordnetenhaus recht, wenn er dafür auf Schleiermacher, Dahlmann und Mommsen, auf Sybel, Helmholtz und Zeller, auf Paulsen in Berlin und Theobald Ziegler in Straßburg und ihre sehr verschiedenen Auffassungen und Bestimmungen dieses Begriffes hinwies. Die akademische Freiheit steht nirgends amtlich definiert und nirgends in allen ihren Teilen gesetzlich verbrieft; und vermutlich haben wir allen Grund, uns darüber zu freuen: bei amtlicher Festsetzung könnte am Ende so wenig davon übrig bleiben, daß der Herr aus Berlin auch sachlich recht behielte. Ich sage das namentlich angesichts einer zwar schwerlich in amtlichem Auftrag, aber jedenfalls ganz im Sinn jener Äußerung geschriebenen Broschüre über „Akademische Freiheit" in Anführungszeichen von Professor Dr. Ewald Horn, die den Begriff Schritt für Schritt zerpflückt und zerfetzt und ihn schließlich für ein „Phantom" erklärt, das „endlich aus der öffentlichen Diskussion verschwinden sollte". Unter solchen Umständen tun wir gewiß gut, uns nicht nach einer amtlichen Definition zu sehnen, was akademische Freiheit eigentlich sei, sondern wie es wissenschaftliche Methode und Art ist, den Begriff uns selbst zu bilden, ihn aus dem Wesen und den Lebensbedingungen der deutschen Universitäten heraus entstehen zu lassen und, um das gleich zu sagen, ihn möglichst wenig äußerlich, ihn recht aus der Tiefe heraus und möglichst innerlich zu bestimmen. Denn je innerlicher wir etwas fassen, desto mehr kommt es auf uns an, ob wir es besitzen und behaupten, desto weniger kann man es uns von außen und von oben her rauben oder uns darin kränken und beschränken. Auch mit dem historischen Gang und der Entwicklung deutscher Universitäten steht dieser Vorsatz im besten Einklang; denn auch tatsächlich ging es mit der akademischen Freiheit den Weg von außen nach innen.

Das, woran wir heute zunächst denken: Lehr-, Lern- und Lebensfreiheit, hatten die mittelalterlichen Universitäten nicht. Das lag in der ganzen Weltanschauung des Mittelalters, in der Abhängigkeit seiner Wissenschaft vom Dogma, in dem Respekt vor Bann und Exkommunikation, in der Gefügigkeit des Staates gegen die Befehle und Wünsche der Kirche und in der Auffassung der Universität und ihres Wissenschaftsbetriebes als einer scholastischen. Dagegen hatte das studium generale, wie die Hochschulen zuerst hießen, von Anfang an gewisse äußere Privilegien, die in der Stellung der Universität als einer Korporation und Zunft begründet waren. Das wichtigste dieser Sonderrechte war die eigene Gerichtsbarkeit über ihre Angehörigen. Und diese verblieb ihnen auch dann noch, als die Universitäten Landesuniversitäten und Staatsanstalten wurden, nur daß ihnen diese Privilegien jetzt vom Landesherrn jedesmal besonders verliehen werden mußten. Damit kam aber auch sachlich eine Verschiebung: im Mittelalter hatte die Korporation die Gerichtsbarkeit über alle Universitätsangehörigen, also auch über die Dozenten; jetzt wird daraus die Gerichtsbarkeit der Dozenten über die Studenten, die Disziplinargewalt von Rektor und Senat. Dabei suchten die akademischen Behörden möglichst alle Vergehen der Studenten, auch die schwersten, an sich zu bringen und walteten teils aus Ungeschick, teils und vor allem aus Eigennutz ihres Amtes so milde als möglich oder auch nicht möglich; die viel zitierte Verfügung der Kieler Statuten, daß, wer einen Nachtwächter töte, so behandelt werden solle, als ob er einen gewöhnlichen Mord begangen hätte, war kein schlechter Witz, sondern ein Fortschritt. Man sorgte für den Studenten, aber nicht für den Philister: jenen suchte man gegen Wucher zu schützen und von verderblichem Schuldenmachen abzuhalten; dem Gläubiger zu seinem Gelde oder dem geprügelten Philister, dem in der Ehre seiner Tochter verletzten Vater zu seinem Recht zu verhelfen, lag dem Gerichtsherrn wenig an. Und da in den kleinen Universitätsstädten alles von den Studenten lebte, so hatten diese ein treffliches Mittel, nötigenfalls solche Milde sich zu erzwingen: sie drohten mit Abzug und Auszug — einige solcher studentischen Sezessionen sind ja bekannt und berühmt geworden in der Geschichte deutscher Universitäten. So hatte der Student das Privilegium besonderer Gerichtsbarkeit; aber sie war schlecht, und damit hing es zusammen, daß Roheit, Brutalität und Zügellosigkeit unter den Studenten in erschreckender Weise überhand nahmen, so wie es uns der Magister Laukhard in der Beschreibung seines Lebens und seiner Schicksale aus der zweiten Hälfte des achtzehnten Jahrhunderts mehr naturalistisch treu und echt als ergötzlich oder gar erbaulich geschildert hat. Die akademische Freiheit als Frucht jenes Privilegs schien also darin zu bestehen, daß der Student frei wollte leben und auf das Gehudel unter ihm leicht wegschauen und über anderer Köpf' wegtraben, wie es in Wallensteins Lager vom Soldaten des Dreißigjährigen Krieges heißt. Der Student war nicht bloß ein privilegierter Stand, er fühlte sich auch in jeder Beziehung als solcher und gerierte sich danach.

Bei der Gründung der Berliner Universität im Jahr 1810 wurde angesichts solcher Miß- und Übelstände die weitausgedehnte Zivil- und Kriminalgerichtsbarkeit der Universität mit Recht für zweckwidrig erklärt und auf ein sehr enges Maß eingeschränkt: Injuriensachen der Studierenden unter sich, Duelle ohne schweren Ausgang und geringe Vergehen verblieben vorläufig noch der akademischen Obrigkeit. Aber schon 1819 in der Zeit der Karlsbader Beschlüsse wurde auch dieser Rest den Universitäten abgenommen und für die Ausübung der Disziplinargewalt ein eigener Universitätsrichter eingesetzt. Dadurch blieb aber für den Studenten bis tief in das 19. Jahrhundert herein doch noch ein Rest des alten privilegierten Gerichtsstandes bestehen. Und daher haben 1848, im Jahr der Abschaffung aller Privilegien, die Studenten selber ausdrücklich die Beseitigung auch dieses Restes gefordert. Allein wie überall, so war auch hier das praktische Ergebnis der deutschen Revolution zunächst gleich Null. Erst im neuen Reich ist das damals Geforderte verwirklicht worden; seit 1879 begründet die Eigenschaft eines Studierenden keine Ausnahme mehr von den Bestimmungen des allgemeinen Rechts. Geblieben aber ist daneben doch noch etwas Besonderes, die akademische Disziplinargewalt mit der Aufgabe, Ordnung, Sitte und Ehrenhaftigkeit unter den Studierenden zu wahren, wobei es nebensächlich ist, ob diese von einem besonderen Universitätsrichter oder wie hier in Straßburg ausschließlich von Professoren, und ob sie mit oder wie hier bei uns ohne Karzer ausgeübt wird; das letztere halte ich entschieden für das Richtigere und Würdigere.

So steht heute der Student unter doppelter Gerichtsbarkeit, der allgemein bürgerlichen der Polizei und des Gerichts, und der disziplinarischen der akademischen Behörden, die in ihren Urteilen völlig unabhängig von einander sind, außer im Fall der Aberkennung der bürgerlichen Ehrenrechte durch das Gericht, der die Universität die Relegation nachfolgen lassen muß. Damit aber ist der heutige Student doppelt gebunden, durch das allgemeine Staatsgesetz und durch die akademische Disziplin, er ist weniger „frei" als mancher junge Arbeiter oder Handwerksgeselle. Hier in diesem Äußeren kann somit die akademische Freiheit nicht gesucht werden. Vorkommnisse im sogenannten „Hochschulstreit" haben sogar gezeigt, daß nach dieser Seite hin Beschränkungen der akademischen Freiheit bestehen, die für unsere heutige Zeit wirklich veraltet sind und nicht mehr passen, wie das damals von der Zentralbehörde auch ausdrücklich anerkannt worden ist. Namentlich das studentische Vereins- und Versammlungsrecht steht allzuweit zurück hinter den freien Bestimmungen des Reichsvereinsgesetzes von 1908. Die akademischen Behörden werden sich immer ein gewisses Aufsichtsrecht wahren müssen über die studentischen Vereinigungen, das liegt im Korporationscharakter unserer Hochschulen; aber daß z. B. den Straßburger Studenten seinerzeit verboten worden ist, über die von mir angeregte und geforderte Stipendienreform in einer ihrer Versammlungen zu verhandeln, das war wirklich der akademischen Fürsorge und Fürsicht zu viel, der akademischen Freiheit zu wenig. Und warum schon das Antelegraphieren österreichischer Kommilitonen durch deutsche Studenten als Haupt- und Staatsaktion oder gar als Kapitalverbrechen geahndet und verboten werden mußte, versteht niemand, der kleine Dinge klein zu nehmen weiß. So hat die Studentenschaft allen Grund und alles Recht, nicht die Aufhebung, aber eine Neuregelung der Disziplinarvorschriften zu verlangen; nur soll sie dann nicht meinen, daß darin Besitz oder Nichtbesitz der akademischen Freiheit bestehe. Eines will ich über diesen Punkt aber doch noch hinzufügen. Ein Restchen von jener alten privilegierten Freiheit ist auch jetzt noch da: man sieht dem Studenten, namentlich in kleineren deutschen Universitätsstädten manches nach, was anderen jungen Leuten nicht erlaubt wird, für vieles, was nicht ganz korrekt ist, geht er frei aus unter der Bedingung, daß man Humor hat: — „man" d. h. sowohl der Student als die Polizei. An einem richtigen Studentenulk freut sich jedermann; aber es muß ein wirklicher Ulk sein, er muß Humor und Witz haben; und dazu gehört, daß er niemand ernstlich wehe tut und schädigt:

Das ist ein lustig Necken,
Das niemand Schaden fügt.

Für solche Ausschreitungen, die witzig sind, hat die Studentenschaft Anspruch auf Duldung; da muß und kann die Polizei selbst dann, wenn ein politisch Demonstratives dahinter steckt, darüber wegsehen. Wo aber die Polizei einzuschreiten genötigt ist, da tue sie es mit Takt. Das Blankziehen und Dreinschlagen mit der Waffe ist Studenten gegenüber nur in den seltensten Fällen nötig. Man wird überhaupt allgemein bürgerlich fragen können, ob die Polizei das Schwert braucht und bei uns gesitteten Menschen und ruhigen Staatsbürgern, wie wir es im allgemeinen sind, nicht ebenso wie die Stadtpolizei in Italien oder in England mit Stöcken oder Gummischläuchen selbst in Notfällen auskommen könnte. Andererseits aber ergibt sich für den modernen Studenten auch die Pflicht, die Nachsicht und den Takt der Polizei nicht ungebührlich in Anspruch zu nehmen. Er ist nicht mehr privilegiert, steht nicht über, sondern unter dem Gesetz und ist also auf den guten Willen und das Verständnis der öffentlichen Meinung im allgemeinen und der Polizei im besonderen angewiesen; deswegen erhalte er sich diesen guten Willen und erhalte sich die gute Meinung. Die letztere auch noch aus einem anderen Grund: er steht sozusagen auf dem Präsentierteller, man schaut auf ihn, gelegentlich auch mißgünstig und lauernd auf ihn als auf eine Elite der deutschen Jugend. Darum hüte er sich vor Belästigung anderer und vor herausfordernder Brüskierung dieser öffentlichen Meinung. In der Ungebühr, die die Studenten vor ein paar

Jahren im Theater zu Heidelberg verübt haben, hat das Publikum eine solche Belästigung und Brüskierung gesehen und sich deshalb nicht auf die Seite der Studentenschaft gestellt, und das von Rechts wegen.

Angesichts dieser spärlichen Reste studentischen Privilegiertseins denken wir darum heute, wenn wir von akademischer Freiheit reden, lieber nicht an sie, sondern an eine ganz andere Art von Freiheit, an die akademische Lehr- und Lernfreiheit. Nur die letztere geht die Studenten direkt, jene zunächst bloß uns Professoren an. Aber es sind jedenfalls korrelate Begriffe; für die Betrachtung lassen sie sich nicht voneinander trennen. Und so müssen auch wir von beidem reden und müssen sogar von der ersteren, der Lehrfreiheit ausgehen als von dem wichtigsten und wesentlichsten der beiden Begriffe.

Sie ist, wie schon gesagt, ein Neuzeitliches. Das Mittelalter hat die Universitäten geschaffen. Dieser Ruhm soll ihm unbenommen und der Dank dafür ungeschmälert bleiben. Aber die Freiheit des Forschens und Lehrens hat es ihnen nicht mitgegeben, nicht mitgeben können auf ihren Lebensweg. Und auch Humanismus und Reformation, die beiden großen Befreiungstaten der neuzeitlichen Menschheit, haben sie ihr noch nicht gebracht. Gleich hinterdrein kam ja auch im Protestantismus der furor theologicus und der orthodoxe Zelotismus, und so ging das Verdammen und auf Glaubensformeln Verpflichten aufs neue los und traf auch die akademische Lehre und die akademischen Lehrer sogar in allererster Linie mit. Erst die Aufklärung ist es gewesen, die die Lehrfreiheit als libertas philosophandi, libertas sentiendi et docendi zunächst gefordert (denken Sie an Spinoza), dann in Halle und vor allem in Göttingen und Erlangen auch wirklich erreicht hat.

Und erfreulicherweise ist auch der moderne Staat darauf eingegangen; der Satz „Die Wissenschaft und ihre Lehre ist frei" ist seit 1848 überall in deutschen Ländern staatlich anerkannt und verfassungsmäßig garantiert. Im Prinzip. In Wirklichkeit freilich sind durch das ganze neunzehnte Jahrhundert hindurch immer wieder Versuche gemacht worden, diese Freiheit zu beschränken, an schweren Konflikten zwischen der Macht des Staates und der Kirche und der wissenschaftlichen Freiheit hat es nicht gefehlt. Daher kann man es den Universitäten nicht übelnehmen, wenn sie in diesem Punkt besonders empfindlich sind und beständig auf dem Quivive stehen. Immerhin ist die Lehrfreiheit beim modernen deutschen Staat auch tatsächlich immer noch am besten gewahrt. Man blicke nach Amerika hinüber und sehe, wie dort Staaten und lokale Aufsichtsräte, Kirchen und Sekten, Kollegen und politische Parteien mit der Lehrfreiheit umspringen: da können wir im alten Deutschland mit unserem Maß von Freiheit wirklich zufrieden sein.

Freilich ist es auch nach manchen Seiten hin etwas Gefährliches um eine solche schrankenlose Freiheit, wie wir sie auf den Universitäten für uns in Anspruch nehmen. Vielleicht ist die Freiheit überhaupt gerade deswegen ein so großes Gut, weil sie so gefährlich ist. Professor ist, qui profitetur, wer s e i n e Gedanken, die Ergebnisse s e i n e r wissenschaftlichen Forschung, in der Philosophie s e i n e Weltanschauung ausspricht und verkündigt, für sie als Lehrer Propaganda macht und sie vor den Ohren einer empfänglichen und leichtbeweglichen Jugend darlegt. Wer garantiert aber dafür, daß diese seine Gedanken richtig, die Ergebnisse seiner Forschung wahr, seine Weltanschauung wertvoll ist und im Zusammenhang und Einklang steht mit den Tatsachen der Natur und der Geschichte? Niemand. Professoren können irren und Falsches vortragen, und sie haben oft geirrt, es ist zu allen Zeiten viel Falsches von den Kathedern herab behauptet und gelehrt worden: das zeigt vielleicht am deutlichsten ein Blick auf die Philosophie und ihre Geschichte. Hier liegt die Gefahr und liegt die große Verantwortlichkeit für uns Hochschullehrer besonders auf der Hand. Da war es im Mittelalter sicherer und bequemer, wo die Wahrheit als eine gegebene und zum voraus feststehende da war und der einzelne Lehrer sie nur schulmäßig zu formulieren und zu begründen, scholastisch von Generation zu Generation weiterzugeben, sie zu tradieren hatte. Auch er konnte irren, gewiß; aber nicht in der Sache, sondern nur in der Formulierung und der Art der Begründung, im Beweis oder in der nominalistischen Bankerotterklärung des Beweisens. Wir Modernen erkennen die Wahrheit nicht mehr als eine fertige, in dieser Weise gegebene und vorauszusetzende an, sondern als eine immer neu zu suchende und zu findende oder wenigstens als eine immer neu zu untersuchende und auf ihre Wahrheit hin zu prüfende.

In diesem Sinn sind wir, wie seit dem „Fall Spahn" das Schlagwort heißt, „voraussetzungslos". Natürlich haben und machen auch wir Voraussetzungen, die ganze Geschichte der Wissenschaften von ihren Anfängen bis herab zum heutigen Tag liegt hinter uns, und jeder einzelne auch von uns nimmt gar vieles, das Allermeiste sogar auf Treu und Glauben hin an. Aber darum bleibt die Voraussetzungslosigkeit doch — als Grundsatz, als Idee und Methode, als regulatives Prinzip und kategorischer Imperativ, als Pflicht und Aufgabe aller wahren Wissenschaft. Es bleibt das Bewußtsein, daß die bisherigen Ergebnisse immer etwas

Hypothetisches an sich haben, daß sie auch falsch sein können, und es bleibt daher das Recht, an allem Gegebenen zu zweifeln und es aufs neue und in allen seinen Teilen auf seine Wahrheit hin zu prüfen, überall die Untersuchung wieder aufzunehmen und in jeder Frage wieder von vorne anzufangen. Das ist der gute Sinn des von den Gegnern oft so insipid verspotteten Begriffs der Voraussetzungslosigkeit.

Indem wir aber so das Recht für uns in Anspruch nehmen, alles für wahr Angenommene nötigenfalls über Bord zu werfen, alles bisher Vorausgesetzte nötigenfalls aufzugeben und fallen zu lassen, so wird dadurch freilich auch unser ganzes wissenschaftliches Leben seiner Festigkeit und Sicherheit beraubt und in den Wirbel und Strudel des Werdens und sich Wandelns hinein- und auf das schwankende, wogende Meer des subjektiven Fürwahrhaltens hinausgerissen. Was einst sicher und bewiesen war, ist heute nur noch hypothetisch gültig und wahr. Das scheint vielen unerträglich und ist auch wirklich nicht bequem und nicht ohne Gefahr.

Nun gibt es gegen diese Gefahr aber doch auch Schutzvorrichtungen und Sicherungsmittel. Einmal steht dem Subjektiven unseres Irrenkönnens das ebenso subjektive Gefühl unserer Verantwortlichkeit gegenüber. Verantwortlich fühlen wir uns gegen die Wahrheit selber — das macht die Gewissenhaftigkeit des Forschers aus — und verantwortlich als Lehrer vor Ihnen — das ist die Gewissenhaftigkeit des Lehrers. Gewiß gibt es, wie unter den Künstlern oder den Priestern, auch unter uns Professoren gewissenlose, frivole Gesellen; aber sie sind hier wie dort, so meine und das weiß ich, seltene Ausnahmen. Im allgemeinen sind wir uns der Pflicht bewußt, die im Satz vom zureichenden Grunde liegt, des kategorischen Imperativs aller Forschung,

Wissenschaft und Lehre: kein unnützes, d. h. kein unbegründetes Wort aus unserem Munde gehen zu lassen; deshalb lieben wir auch den Aphorismus nicht, weil er unverantwortlich und souverän, ohne Vergangenheit und ohne Zukunft vor die Menschen hintritt. Und ebenso sind wir der Pflicht eingedenk, zu Ihnen so zu reden, wie es der Würde der Wissenschaft und Ihren Bedürfnissen und inneren Vorteilen entspricht; man kann alles sagen, es kommt nur darauf an, wie man es sagt, und Pflicht ist es, es so zu sagen, daß es nicht durch seine Form Ärgernis erregt und so mehr Schaden als Nutzen stiftet.

Neben diesem subjektiven Schutzmittel steht aber auch ein objektives. Die Wahrheit und ihre Erforschung ist ja nicht bloß Sache eines einzelnen, der Wissenschaftsbetrieb ist nicht individuell, sondern sozial, das ist unseren deutschen Hochschulen von ihrem alten Korporations- und Zunftcharakter nachgeblieben und liegt noch heute oder heute erst recht im Begriff und Namen der universitas als einer universitas literarum. All unser Arbeiten ist ein Zusammenarbeiten, bei dem einer den andern kontrolliert und korrigiert. Sie alle wissen, wie das mündlich und schriftlich oft recht gründlich und unsanft besorgt, oft über das Maß des Erlaubten hinaus ungerecht und gröblich besorgt wird. Auch im geschichtlichen Gang der Wissenschaft gilt, wie in aller Geschichte, das große Gesetz, daß der Erfolg entscheidet und im Kampf ums Dasein der Stärkere siegt und übrig bleibt. Der Irrtum trägt stets den Todeskeim der Kurzlebigkeit in sich, er wird schließlich doch aufgedeckt und überwunden; denn er ist, wie das Böse, das Schwächere, die Wahrheit wie das Gute das Stärkere und das Sieghafte in der Welt. Das ist der wahre Kern an dem aus Amerika zu uns herübergekommenen

Pragmatismus. Natürlich ist jene Kurzlebigkeit eine historisch-relative: „und aber nach 500 Jahren". Ganze Generationen können in wissenschaftlichen Irrtümern erhalten, unterrichtet und erzogen werden. Aber die Wissenschaft selbst gibt da, wo sie irrt, auch die Mittel und Instrumente in die Hand, den Irrtum aufzudecken. In der Freiheit der Forschung liegt auch für den Irrenden die Möglichkeit und die Kraft, seinen Fehler zu erkennen und zu korrigieren und sich so von dem Irrtum frei zu machen und sich aus ihm herauszuarbeiten. Der Irrtum ist in jedem einzelnen Fall ein verschwindendes und aufzuhebendes Moment im Entwicklungsgang des Ganzen, der Stachel der Negation, der nicht duldet, daß wir uns schmeichelnd selbst belügen und beruhigt uns auf das Faulbett der selbstzufriedenen Vernunft legen mögen.

Daß das alles nur im Prinzip gilt und die Wirklichkeit oft weit dahinter zurückbleibt, daß die Lehrfreiheit der Universitäten zunächst nur und immer noch nur ein Ideal, ein Postulat, eine Forderung ist, das wissen wir alle. Dabei teilen sich die einzelnen Fakultäten in gar verschiedenem Maß in die Schwierigkeiten und Gefährdungen dieser Freiheit. Drei Instanzen sind es bei uns, die die Neigung und den Willen haben, sie einzuschränken: der Staat, die Kirche und die Universitäten selber. In Amerika, wo die Freiheit in der Demokratie wurzelt und eben deswegen für den einzelnen Professor weniger gewahrt ist als bei uns, kommen dazu noch Anfechtungen durch die lokalen Aufsichtsbehörden und, was das Gefährlichste zu sein scheint, durch die Wünsche und die Protektionen der Stifter. Schließlich ist es aber immer eine Machtfrage. Die katholische Kirche hat ihren theologischen Fakultäten gegenüber diese Macht als eine mehr oder weniger verbriefte; indem sie aber den Bogen immer straffer spannt und sich seit 1910 von allen ihren Priestern, also auch von allen künftigen Universitätsprofessoren der Theologie, den Antimodernisteneid schwören läßt, wonach sie annehmen und fest für wahr halten müssen „alles und jedes, was von dem unfehlbaren Lehramt der Kirche definiert, behauptet und erklärt worden ist", erhebt sich die Frage, ob so gebundene Dozenten im Rahmen unserer Universitäten noch weiterhin verbleiben können und ob der Staat glaubt, daß die Berührung der Theologiestudierenden mit dieser unfreien Wissenschaft überhaupt noch einen Wert für ihn hat. Von unserem Universitätsstandpunkt aus ist das Motu proprio vom 1. September 1910 mit der Stellung eines deutschen Universitätslehrers jedenfalls unvereinbar. Die protestantische Kirche hat nicht dieselbe Macht wie die katholische, und doch ruft sie tatsächlich am häufigsten Lehrkonflikte hervor, indem sie den Staat gegen die „ungläubigen Professoren" der Theologie mobil zu machen sucht; und nach dem alten romantischen Vorurteil von der Zusammengehörigkeit des Thrones mit dem Altar ist der Staat nur zu bereit, auf solche Anmutungen einzugehen. Denn er hat durchaus die Macht, und gegen eine unbequeme Philosophie oder Nationalökonomie wird er sie gelegentlich auch von sich aus, ohne fremdes Zutun, anwenden. Eine Schranke gibt es aber auch für ihn, es ist die öffentliche Meinung der Intellektuellen, die sich in Konfliktsfällen auf die Seite der Lehrfreiheit zu stellen pflegt; sie kann auch er nicht ignorieren oder ungestraft vergewaltigen und brüskieren. Und auch in dem Vorteil, den die Lehrfreiheit dem Staat selber gewährt, liegt für ihn Grund genug zur Selbstbeschränkung und maßhaltenden Ausnützung seiner größeren Macht.

Das alles ist freilich keine prinzipielle Lösung, und darum wird es auch künftighin so wenig wie bisher an Konflikten fehlen. Im großen ganzen aber müssen wir den deutschen Staaten nachrühmen, daß sie sich immer mehr an diese Freiheit gewöhnt haben und daß diese im Staat immer noch ihren besten Schützer findet. Gelegentlich sogar gegen die Universitäten selber. Denn auch diese können die Lehrfreiheit gefährden und schädigen. Früher war es die Theologie, die über die Rechtgläubigkeit der Kollegen wachte und sie, freilich immer nur mit Hilfe des Staates, erzwingen zu dürfen meinte. Die Gefährdung kann aber auch im Übergewicht einzelner wissenschaftlichen Richtungen liegen, die herrschen und alle andern ausschließen wollen; und selbst bei einzelnen Persönlichkeiten findet sich zuweilen ein so stark entwickeltes Machtbewußtsein und ein so großer Einfluß, daß er zur Ausschließlichkeit und zur Unduldsamkeit gegen alle anderen führt. Dagegen schützt dann immer noch am besten der Staat, dessen Machtsphäre darum nicht zu eng begrenzt werden darf. Dabei ist es oft schwierig zu entscheiden, wo die Forderung der Lehrfreiheit anfängt oder aufhört berechtigt zu sein. Man denke z. B. an das Verlangen der Homöopathen nach einem akademischen Lehrstuhl und an den Widerstand der medizinischen Fakultäten dagegen, weil das keine Wissenschaft oder doch keine besondere Wissenschaft sei.

Was ist nun aber der Zweck der libertas sentiendi et docendi? in wessen Interesse liegt sie? Ist sie notwendig? und warum? Man hört oft, es sei ein willkürliches Verlangen von uns Professoren, auf dem Katheder und in unseren Schriften sagen zu können, was wir wollen, sei Machtgefühl und Hochmut, Eitelkeit und Bequemlichkeit von uns. Dagegen habe ich schon gesagt, daß es für uns vielmehr bequemer wäre, eine fertig gegebene Wahrheit einfach weiterzugeben, bequemer und in jeder Beziehung gefahrloser, und vor dem Verantwortlichkeitsgefühl hält Eitelkeit und Machtwille ohnedies nicht stand. Nein, nicht wir sind es, sondern das Interesse des Ganzen, des Staates und des Volkes selbst fordert sie. Es muß einen Ort geben, wo die Wahrheit ex officio bekannt und gehört werden darf und zu dem das Volk das Vertrauen hat, daß Wahrheit hier rückhaltlos und rücksichtslos gesagt wird. Unseren Geistlichen, die ja ebenfalls Konfessoren der Wahrheit sein sollten, bringt unser Volk dieses Vertrauen heute nicht mehr in vollem Maße entgegen. Die Kirche hat nicht durchweg dazu beigetragen, den Geist der Wahrhaftigkeit im Volksleben großzuziehen und erstarken zu lassen. Vielmehr ist gerade durch sie, je mehr sie Macht hat und zur Macht gekommen ist, auch viel Heuchelei und Opfer des Intellekts in die Welt gekommen; und der Antimodernisteneid wird in der katholischen Welt die Geistlichen vollends um den letzten Rest des Vertrauens zu ihrer Wahrhaftigkeit bringen. Die Presse aber, deren Aufgabe es ja gewiß auch ist, die Wahrheit zu sagen und Wahrheit zu verbreiten, ist bei uns so sehr Parteisache geworden, daß wir in ihr stets nur halbe und gefärbte Wahrheit finden können und die ganze Wahrheit immer nur aus Satz und Gegensatz zusammen und zwischen den Zeilen zu lesen bekommen.

So ist es doch nur die Wissenschaft und sind es in Deutschland die Wissenschaft lehrenden Hochschulen, die zu Hüterinnen und Pflegerinnen der Wahrheit und des Geistes der Wahrhaftigkeit bestellt sind. Die Universitäten sind so etwas wie das Gewissen des Volkes. Deshalb müssen wir, wie das Gewissen des einzelnen Menschen, als Universitäts- und Wahrheitslehrer die Möglichkeit haben, uns zu Gehör zu bringen, auch ungebeten und unerwünscht und unbequem unsere Stimme zu erheben und frei und freimütig zu sprechen. Wenn das die Professoren nicht tun, haben sie ihren Beruf verfehlt und versäumen ihre Pflicht. Denn wer soll es dann tun? Nun faßt der Staat die Lebensbedingungen des Volkes im ganzen zusammen. Zu ihnen gehört auch die Wahrhaftigkeit und die Stimme der Wahrheit; also muß er eine solche offizielle Stätte für Wahrheitsuchen und Wahrheitsagen schaffen, erhalten und schützen. Er selber aber braucht, selbst wenn es ihm unbequem werden sollte, die Wahrheit auch für sich als Kritik und Kontrolle, als Urteil von Sachkundigen und Sachverständigen. Ein Sicherheitsventil ist diese libertas sentiendi et docendi für den Staat und zugleich ein Werkzeug des Fortschritts und der Reform; denn ohne Kritik ist Fortschritt und Reform nicht möglich. Deshalb gehört zur Lehrfreiheit auch die Freizügigkeit der Professoren, und deshalb dürfen sie — wir reden noch davon — nicht allzu abhängig werden vom Staat und seiner Gnade oder Ungnade.

Die Wahrheit wird euch frei machen! Dieses stolze Wort gilt noch heute und gilt vor allem auch der Wissenschaft und den Universitäten. Als Verheißung, aber mehr noch als ein Postulat, als eine Forderung, der wir nachzuleben und nachzustreben haben, sooft auch die Wirklichkeit dahinter zurückbleibt und sooft sie uns in Konflikte hineinreißt, bei denen der Sieg nicht immer auf unserer Seite ist, weil auch hier Macht vor Recht und vor Vernunft geht.

Alles das — und damit komme ich wieder zu Ihnen, nachdem ich heute lange genug von uns Professoren gesprochen habe — muß auch der Student wissen, er muß begreifen, was für ein allgemeines hohes Gut die Lehrfreiheit ist und wie sehr es im Interesse unseres ganzen Volkes liegt, daß sie da ist und uns erhalten bleibt. Sie werden ja dereinst als Beamte oder als Parlamentarier oder als Journalisten oder was Sie sonst werden, Führer und Leiter des Volks. Nur wenn Sie sich als Studenten recht mit diesem Freiheits- und Wahrheitsbewußtsein erfüllen und diese Höhenluft mit vollen Zügen in sich einatmen und aufnehmen, sind Sie davor bewahrt, daß Sie dereinst Verrat üben an Ihrer alma mater und sich dazu hergeben, an dieser Krone, diesem Stern und Kern deutscher Wissenschaft und deutscher Universitäten rühren zu helfen oder rütteln zu lassen, nur dann werden Sie sie auch als Männer respektieren, und werden damit auch Konflikte solcher Art allmählich verschwinden aus unserer deutschen Welt.

Und noch eines: was im allgemeinen von der Notwendigkeit der Lehrfreiheit für die Gesundheit unseres Volkslebens gesagt ist, das gilt auch von Ihnen und ganz speziell von Ihnen. Sie würden in allererster Linie den Glauben, das Vertrauen zu Ihren Lehrern verlieren, wenn Sie bemerkten, daß wir nicht sagen, was wir denken und für wahr halten, weil wir es nicht sagen dürfen und es uns zu sagen nicht getrauen. Das Wort:

Wer die Wahrheit kennet und saget sie nicht,
Der bleibt ein ehrlos erbärmlicher Wicht,

das dürfen, das sollen Sie in erster Linie auch auf uns anwenden. Und fürs zweite gehört es ja eben zum Besten und Größten, was Ihnen die Universität ins Leben mitgeben kann, diese Erziehung zu wissenschaftlicher Ehrlichkeit und Wahrhaftigkeit. Diese Eigenschaft, die Sie im Dienste der Wissenschaft von uns lernen und sich in der Arbeit selbst erwerben sollen, brauchen Sie, was immer Sie werden, und braucht unser Volk, Sie sollen sie ihm zuführen — bewahren, soweit es sie hat, neu geben, wo sie ihm noch fehlt. Sie schützt vor allem Servilismus und Byzantinismus nach oben und vor der heute noch viel gefährlicheren Feigheit und Liebedienerei nach unten. In diesem Sinn sollen Sie alle Professores werden, d. h. Ihr Leben lang sich zu dem bekennen, was Sie für wahr und für recht halten.

Dritte Vorlesung.

Während der Student an der Lehrfreiheit mehr nur indirekt und passiv teilnimmt, sind Sie, meine Herren, dafür die Inhaber und Träger der Lernfreiheit. Über sie hat man freilich schon oft spottend gesagt, sie sei im Grunde nichts anderes als die Freiheit nichts zu lernen, die Freiheit faul zu sein. Aber ihr Sinn und Zweck ist ein ganz anderer.

Zwölf Jahre lang geht der Knabe zur Schule, ehe er als Jüngling zu uns kommt. In der Schule ist ihm vorgeschrieben, wie lange und wann er zu lernen hat — mit dem Stundenschlag beginnt und mit dem Stundenschlag hört er auf —; was er lernt — er muß alle Stunden besuchen, in allen aufmerken, für alle Fächer arbeiten —; und in welchem Umfang er sich mit jedem einzelnen Fach befassen soll — das Maß der Aufgaben wird ihm von Tag zu Tag bestimmt. Und gerade im letzten Jahr, wo der Knabe zum Jüngling wird und anfangen könnte und möchte, selbständiger und nach persönlichen Interessen und Liebhabereien zu arbeiten und in der Arbeit frei zu wählen, kommt das Abiturientenexamen und übt den mächtigsten Zwang aus, der alle Freiheit erdrückt und ertötet. Wie anders auf der Universität! Man könnte sagen, in dem Maß, als der Student die alte juristische Freiheit verloren habe, habe er dafür die Lernfreiheit als eine schrankenlose gewonnen. Wo, wie hier bei uns, die Vorschrift bestimmter Vorlesungen gefallen ist, da besteht der einzige Studienzwang in der Auflage, daß der Student eine Privatvorlesung im Semester belege — belege, meine

Herren, nicht etwa besuche; ein Symbolisches nur noch, das dem Begriff des Studenten Ausdruck geben soll. Die Wahl dieser Vorlesung dagegen, das Kommen oder Nichtkommen zu dem von ihm gewählten Kolleg, das Arbeiten oder Nichtarbeiten darauf steht jedem Einzelnen völlig frei, und somit allerdings auch das Faulenzen.

Aber nun wird man erwarten können, und das ist auch glücklicherweise die Regel, daß, wer zwölf Jahre lang an das Arbeiten zwangsweise gewöhnt worden ist, nicht mehr anders kann und mag als arbeiten. Dieses Vertrauen, daß, was der junge Mensch in seiner Schulzeit gelernt hat, nämlich arbeiten, er im Stande der Freiheit auch weiterhin freiwillig und von selber tue, ist der eigentliche Sinn der Lernfreiheit. Nun gibt es freilich auch Fälle, wo es umgekehrt heißt: zwölf Jahre lang habe ich arbeiten müssen, jetzt will ich auch einmal frei sein und gar nichts tun. Sie wären wohl noch seltener, diese Fälle trotziger Faulheit, als sie es in Wirklichkeit sind, wenn nicht gerade das letzte Schuljahr ein so zwangsmäßig verlaufendes und gehetztes wäre. Das Abiturientenexamen wirkt noch in die ersten Semester des akademischen Studiums nachteilig herein und zeigt sich als ein Übel, das es ist, freilich für die Schule ein notwendiges Übel. Daß auf diese Weise mancher verbummelt und zugrunde geht, wissen wir alle; aber es müssen auch in dieser Beziehung Jünglinge gewagt werden, um Männer zu werden. Namentlich der künftige Beamte braucht das. Nicht nur vorher als Schüler hat er zwölf Jahre lang gezwungen gearbeitet und Aufgaben zu machen und Aufgetragenes pflichtmäßig zu erledigen gehabt, auch nachher muß er wieder Pflichtarbeit tun, mit dem Schlag auf dem Platz sein und auf einen bestimmten Termin hin Arbeiten anfertigen. Da soll er nun zeigen, was er als Student gelernt hat: freiwillig arbeiten. Darin muß er sich eine Zeitlang versuchen, daß er nicht als bloßer Mietling und Lohnarbeiter seine Dienststunden absitze, sondern aus freien Stücken tue, was er tun muß, und die Kraft der Wahl und der eigenen Initiative übe und betätige. In Zeiten der Not — und meine Herren, solche Zeiten können wieder kommen, wie sie schon mehrmals über unser Vaterland gekommen sind, sie sind uns vielleicht heute (1912) näher als je — in Zeiten der Not versagt der Beamte, der nicht gelernt hat, aus eigener Initiative und selbständig Pflichtmäßiges und mehr als seine aufgetragene Pflichtarbeit zu leisten, und dann doch nur zu sagen: das war meine verdammte Pflicht und Schuldigkeit!

Das ist unser deutscher Begriff vom Beamten und ist die vornehme und aristokratische Auffassung seiner Arbeit und freilich jeder Arbeit überhaupt, wie Pestalozzi von Gertrud und ihren Kindern sagt: „sie spinnen so eifrig als kaum eine Taglöhnerin spinnt; aber ihre Seelen taglöhnern nicht". Diesen hohen und freien Sinn der Arbeit erfaßt man noch nicht auf der Schule, sondern erst und nur in der demokratischen Luft schrankenloser Freiheit und Ungebundenheit auf der Universität. Deswegen geben wir dem Studenten die Lernfreiheit, die er freilich auch mißbrauchen kann. Und deswegen ist schon der Student kein rechter Student, sondern ein bloßer „Brotgelehrter", der fortfährt, nur gezwungen, im Hinblick auf das Examen und allein auf dieses hin zu arbeiten. Er büffelt, er ochst, wie es in der Studentensprache treffend heißt, er arbeitet nicht.

Die Lernfreiheit des Studenten besteht aber nicht nur im Ja oder Nein, im Arbeiten- oder Nichtarbeitenkönnen und -mögen. Sie besteht auch in der Wahl und

Auswahl seiner Arbeit, in der Wahl seiner Vorlesungen und in der freien Einteilung und selbständigen Gestaltung seiner Studien. Gerade darin zeigt sich und soll sich zeigen das Verständnis für das, was er braucht und sich assimilieren kann, was ihn fördert und für seine Bildung Wert hat. Dabei darf sich der Student, namentlich zu Anfang, wohl auch beraten lassen, sogar mehr als dies meist geschieht; nur zwingen soll er sich nicht lassen und gezwungen darf er nicht werden. Daher ist dreierlei verwerflich: 1. Die amtlich vorgeschriebenen Zwangskollegia, die doch meist mehr abgesessen, als wirklich gehört werden. 2. Der Boykott eines Dozenten durch eine außerhalb der Hochschule stehende Instanz — es wird meist eine kirchliche sein, ein Bischof oder ein Oberkirchenrat —, wobei übrigens die Studenten selbst fast noch mehr Tadel und Mißachtung verdienen, die sich den Besuch einer Vorlesung von anderen verbieten lassen, als diejenigen, die sie ihnen verbieten. Das darf sich kein Student gefallen lassen; tut er es dennoch, so ist er so wenig ein rechter Student, wie der, der den Antimodernisteneid schwört, ein rechter Professor ist. 3. Der moralische Zwang, den ein Professor als künftiger Examinator zugunsten des Besuchs seiner Vorlesungen ausübt: auch demgegenüber muß der Student sich das Recht des Wählens vorbehalten, muß frei bleiben und Rückgrat zeigen; schon aus diesem Grunde ist die Freizügigkeit des deutschen Studenten notwendig und gehört zu den Grundrechten des akademischen Studiums. Es sind also, wie Sie sehen, auch hier wieder wie bei der Lehrfreiheit die drei Instanzen: Staat, Kirche und Universität, von denen die Beschränkung und Gefährdung der Freiheit ausgehen kann.

Aber auch das schon belegte Kolleg darf der Student

schwänzen, wenn es ihm nicht behagt: auch das gehört zur Lernfreiheit und unterscheidet den Studenten vom Schüler. An und für sich wäre das zugleich eine berechtigte und unmittelbar in die Augen fallenden Kritik, die Sie an uns und unseren Vorlesungen üben, ein Memento für uns: wir sollen so interessant reden, daß unsere Zuhörer bei uns ausharren; und oft und oft habe ich mich gegen Schluß des Semesters, wenn die Lücken zahlreicher und die Bänke leerer werden, gefragt und mich ernstlich geprüft, ob die Schuld daran bei mir liege. Ich habe mich aber dann mit einer Stelle des kaum 40jährigen Kant getröstet, der von der Einrichtung seiner Vorlesungen in dem Winterhalbjahr 1765/66 schreibt: „Jedermann weiß, wie eifrig der Anfang der Kollegien von der munteren und unbeständigen Jugend gemacht wird und wie darauf die Hörsäle allmählich etwas geräumiger werden," und der auf diese Erfahrung hin schließt, daß, „was nicht geschehen soll, gleichwohl alles Erinnerns ungeachtet künftig noch immer geschehen wird." So wird an diesem Schwänzen nicht bloß der langweilige Professor, sondern in der Mehrzahl der Fälle doch — sagen wir es deutsch heraus — der faule Student schuld sein. Wenn in dem seinem Ende sich zuneigenden Semester, d. h. von Pfingsten an im Sommer, von Neujahr an im Winter, die Hörsäle „geräumiger" werden, so hat sich nicht bloß der Dozent schuldbewußt an die Brust zu schlagen, sondern er darf einfach konstatieren, daß hier ein entschiedener Mißbrauch studentischer Lernfreiheit vorliegt. Und was die darin zutage kommende Kritik anlangt, so ist sie ohnedies nicht immer gerecht. Denn einmal urteilt der Student teilweise allzusehr nach Äußerlichkeiten, ob der Professor frei spricht oder abliest, Witze macht oder pathetisch wird u. dgl. Fürs zweite aber: in jeder Wissenschaft gibt es langweilige Partien; da ist es ein übles Zeichen, nicht für den Dozenten, sondern für Sie, meine Herren, und für Ihren wissenschaftlichen Sinn, wenn Sie gleich bei dem ersten trockenen oder schwerverständlichen Kapitel Ihres Faches die Flinte ins Korn werfen und fahnenflüchtig werden. Wissenschaft treiben heißt nicht sich amüsieren lassen und sich amüsieren, und bei langweiligen Dozenten lernt man oft mehr als bei schönredenden, wie denn der gesunde Sinn der munteren Jugend das im allgemeinen wohl zu unterscheiden weiß und von geistreichem Geschwätz und leerem Pathos angewidert auf die Dauer nichts wissen will.

Ist nun aber diese Lernfreiheit des deutschen Studenten ein unveräußerliches Recht und ebenso notwendig wie die Lehrfreiheit für den deutschen Professor? Ich glaube nicht. Sie ist ein Erziehungsmittel für den künftigen Gelehrten, Beamten, Arzt, Geistlichen und Lehrer, ein Erziehungsmittel, das sich bis jetzt — im ganzen, aber nicht bei allen einzelnen — bewährt hat. Darum ist es auch kein unangefochtenes Erziehungsmittel. Es gibt wirklich viele, auch ganz verständige Leute, die diese schrankenlose Lernfreiheit für unpraktisch und unökonomisch halten: es werde dabei zuviel Zeit vergeudet und zuviel Menschenmaterial verschwendet. Daher immer wieder die Forderung einer gebundenen Marschroute, amtlich vorgeschriebener Lehrpläne oder einer schulmeisterlichen Hodegetik (schon das abscheuliche Wort zeigt den Ursprung aus der Schulstube), oder die Forderung von kontrollierenden Zwischenexamina und von Fleißausweisen irgendwelcher Art. Und seitdem die technischen Hochschulen mit ihrem schulmäßigeren Unterrichtsbetrieb den Universitäten gleichgestellt sind, ist die

Frage nicht sowohl die, ob die ersteren ihren Studenten mehr Lernfreiheit geben, als vielmehr die, ob nicht die Universitäten nach dem Muster der jüngeren Schwestern die Arbeit ihrer Studenten unter stärkere Zucht und Kontrolle stellen sollen. So ist die studentische Lernfreiheit von verschiedenen Seiten her, und neuerdings zuweilen ganz ernstlich, bedroht. Ich halte sie für ein Gut; darum frage ich: Wer kann sie Ihnen schützen und erhalten?

Wenn irgend einmal, so trifft hier das Wort im Faust zu:

Was du ererbt von deinen Vätern hast,
Erwirb es, um es zu besitzen.

Bedroht ist Ihre Lernfreiheit nicht so sehr von außen her, als vielmehr durch Sie selbst und durch den Mißbrauch, den Sie, d. h. einzelne von Ihnen damit treiben. Jeder Student, der nicht studiert, gefährdet sie; die einzige wirkliche Gefahr, die ihr droht, ist die Faulheit. Darin zeigt sich zweierlei: Einmal, daß der Student doch nicht bloß ein auf sich gestelltes Individuum, sondern Glied eines Ganzen, Mitglied einer Korporation, ein animal sociale ist: was der einzelne tut, das trifft das Ganze und strahlt auf das Ganze zurück. Und es offenbart sich dabei die Macht der öffentlichen Meinung in unserer Zeit. Sie ist im monarchischen Deutschland so gut wie im demokratischen Amerika eine Macht, der der Student heute in ganz anderer Weise untersteht als früher. Und nun, wie steht es mit der Beurteilung studentischer Faulheit durch die öffentliche Meinung? Unser deutsches Volk ist im neunzehnten Jahrhundert aus seinem behaglich dumpfen und dämmernden Zustand herausgetreten auf den Weltmarkt und hat politisch und wirtschaftlich groß und kühn den Wettbewerb aufgenommen mit den andern Völkern der Erde, es ist ein Arbeitsvolk allerersten Ranges geworden. Und wir haben uns das auch in das Bewußtsein erhoben: es ist ein wirkliches Verdienst der deutschen Sozialisten, daß sie den Millionen deutscher Handarbeiter den Wert menschlicher Kraft und menschlicher Kulturarbeit zum Bewußtsein gebracht haben; aber ebenso weiß auch der große Arbeitgeber, der Fabrikherr am Rhein oder der Reeder in Hamburg, was durch seine Arbeit ein Mann kann wert sein als Kapitän und Führer der Arbeit unter Tausenden und über Tausende. Mit dieser gesteigerten Wertschätzung der Arbeit Hand in Hand geht aber auch die Verachtung und Mißstimmung gegen die Drohnen, die Nichtstuer und Arbeitsscheuen, die Genießlinge und die Schmarotzer am Körper unseres Volkstums. Damit hängt es zusammen, wenn es auch noch andere Gründe hat, daß so viele unserer jungen Mädchen, die bisher nach dem Verlassen der Schule ein wertloses Schmetterlingsdasein führten und in Spiel und Tändelei ihre schönsten und kräftigsten Jahre verbrachten, sich dieses müßiggängerischen Blumendaseins schämen und mehr lernen, etwas Rechtes leisten, wirklich arbeiten und so zu selbständigen Persönlichkeiten werden wollen. So hat sich in den letzten dreißig Jahren die Welt um uns her gewandelt.

Und der Student?! Hat er diese Wandlung mitgemacht? hat auch er sie in sein Bewußtsein aufgenommen? und hat er ihr sein Verhalten angepaßt? Fleißige Studenten hat es immer gegeben, und sie bilden seit Jahren schon fraglos die Mehrheit unter der Studentenschaft. Dieses Zeugnis stelle ich, und mit mir gewiß viele Ihrer Lehrer, Ihnen gerne aus. Und auch Bummler und Müßiggänger hat es unter Ihnen immer gegeben und wird es immer geben, das ist so Menschenart. Aber das Urteil über diese letzteren hat sich gewandelt — draußen gewandelt; bei Ihnen selbst dagegen, bei den Studenten ist es unverändert geblieben und hat sich dem Wandel der Zeiten und dem Wandel der allgemeinen Anschauung nicht angepaßt, ist nicht mit ihr fortgeschritten. Daß man solche studiosos aut nihil aut aliud agentes, die Bummler und Nichtstuer unter Ihnen, toleriert, meinetwegen. Aber daß solche Gesellen an der Spitze Ihrer Verbindungen stehen, hier den Ton angeben und mit ihrer Faulheit den Jüngern imponieren, die arbeitswilligen Kommilitonen verhöhnen und zur Faulheit verführen können und dürfen, das ist eine Rückständigkeit der Studentenschaft, die sich rächen muß. Denn daß es solche Bummler unter Ihnen nicht nur gibt, sondern daß sie bei Ihnen gleichgeachtet werden, ja vielfach eine besondere Rolle spielen und obenan stehen, das sehen auch die Draußenstehenden und das sehen voll Mißbilligung die Millionen fleißiger Menschen um Sie her, und daraus schließen sie, daß der Student die Arbeit nicht wertet wie das übrige Volk, daß er die Faulheit nicht verachtet und über den Fleiß gar spotten und höhnen läßt. Sehen Sie die Rolle an, die der Student in den „Fliegenden Blättern" spielt, und Sie wissen, wie ich es meine. Das reißt eine tiefe Kluft auf zwischen dem deutschen Studenten und dem deutschen Volk, das bringt die öffentliche Meinung gegen ihn auf und läßt von allen Seiten her den Ruf stärker und stärker werden: so kann, so darf es nicht fortgehen; wenn die Elite unserer Jugend, die künftigen Führer des Volks in den besten Jahren der Kraft nicht arbeiten wollen und die Arbeit nicht hochschätzen und für ihres Berufes besten Teil ansehen, so taugen sie nicht zu unseren Führern, so muß man sie zur Arbeit zwingen. In diesem Sinn hat Fichte, dem neben Falschheit und Feigheit die Faulheit als eines der drei schlimmen, der drei Grundlaster der Menschheit erschienen ist, in seiner schon genannten Rektoratsrede kurz und bündig erklärt: „Nur derjenige, dessen ausschließender und einziger Lebenslauf dermalen das Studieren ist, kann als Mitbürger unserer Universität aufgenommen werden, und nur derjenige, welcher wirklich studiert und in jedem Halbjahr seinen Fleiß in sichtbaren Proben nachzuweisen vermag, kann unser Mitbürger bleiben." Solche Zwangsmaßregeln des äußeren Ausschlusses will ich nicht; ich glaube schon nicht, daß so „gar leicht zweckmäßige Anstalten zu treffen" wären, um den Unfleiß zu konstatieren. Ich will Ihre Lernfreiheit mit allen ihren Gefahren und auf die Gefahr des Mißbrauchs hin erhalten wissen. Aber eben weil ich das will und weil auch Sie das wollen müssen, so lege ich es in Ihre Hand und auf Ihre Seele: Sie können die Lernfreiheit nur dann behaupten und sich erhalten, wenn Sie sich selber zur richtigen Schätzung der Arbeit erziehen und Ihre Auffassung von Fleiß und Faulheit in Einklang setzen mit der allgemeinen Anschauung Ihres Volkes. Wir bekämpfen den Bettel und setzen an seine Stelle das Recht auf Arbeit; wir bekämpfen die Drohnen und Schmarotzer am Körper unseres Volkes und am Tisch unserer Kultur und setzen an ihre Stelle die Pflicht zur Arbeit. Wer nicht arbeiten will, der gilt uns als pflichtlos und darum als minderwertig und verächtlich, als ein unnützes Glied am Volkskörper. Diese Gedanken und Grundsätze müssen auch Sie in Ihr Bewußtsein aufnehmen, Ihre Anschauung von Arbeit und Faulheit in diesem Sinn revidieren und reformieren, müssen die Arbeits- und Pflichtlosen unter Ihnen immer mehr zu verschwindenden Ausnahmen machen und, wo sie sich breit machen und ans Tageslicht hervorwagen, sie wirklich auch Ihrerseits als mit einem Makel behaftet ansehen und behandeln. Nur der ist Student, der studiert: diese Binsenwahrheit, diesen analytischen Satz muß die Studentenschaft wieder lernen, muß ihn zum Grundsatz erheben und zur Wahrheit machen.

Vierte Vorlesung.

Ist aber mit Lehr- und Lernfreiheit die akademische Freiheit erledigt und erschöpft, meine Herren? Ich denke nicht. Neben ihnen steht als drittes die studentische Lebensfreiheit. Von ihr ist jetzt zu sprechen. Sie alle kennen die Weisheit, die namentlich von bequemen Vätern der oberen Zehntausend gerne gepredigt wird und sich für verstehende Toleranz ausgibt: die Jugend muß sich austoben; und das individualistische Wort vom „sich ausleben" hängt ihr heute so etwas wie ein philosophisches Mäntelchen um und gibt ihr — soll ihr geben — so etwas wie eine höhere Weihe. In Wahrheit aber ist jenes sich Austoben nichts als eine ganz heillose, für die Charakterbildung völlig wertlose, ja schädliche Vergeudung von physischer und geistiger Kraft und ein oft recht sinn- und gewissenloses Verschwenden von fremdem Geld; und sich ausleben —! Du lieber Gott, ich dächte, der Student sollte sich erst einmal einleben, ins Leben hinein und im Leben drin sich zurechtfinden, soll erst leben lernen, wie Lessing das sich viel bescheidener und viel vernünftiger vorgenommen hat, als er Student wurde. Das Ausleben können Sie uns Älteren überlassen; wenn es mit Kraft und Geist dem Ende zugeht, da kommt es ganz von selber.

Auch hier gilt zunächst dasselbe wie bei der Lernfreiheit: es ist ein ganz gewaltiger Sprung aus Schule und Elternhaus zur Universität. Dort war der Schüler und der Haussohn durchaus in Abhängigkeit gehalten, gebunden an die Gesetze der Schule, unter Aufsicht der

Eltern und kontrolliert von den Lehrern. Was er zu tun und zu lassen hatte, war ihm vorgeschrieben; er brauchte nicht zu wählen und er durfte nicht wählen, er mußte fragen, vieles wurde ihm verboten, einiges ausdrücklich erlaubt. So war er sittlich unfrei. Und darum fehlte ihm auch noch jede Eigenart: er war noch keine Persönlichkeit, er sollte erst eine werden; als Glied der Familie partizipierte er an dem Geist des Hauses, als Schüler war er einer unter vielen. Die Schule hat ja nicht das Recht zu individualisieren, sie kann es auch gar nicht, sie soll generalisieren und die einzelnen mit ihren besonderen Neigungen, Anlagen und Bedürfnissen einem ehernen Gleichheitsgesetz unterwerfen und sie so zu Gliedern eines Ganzen und zu sozialgesinnten Menschen erziehen. Jetzt wird der Schüler zum akademischen Bürger und wird ganz auf sich selber gestellt, ist für sein Leben, sofern es sich nur in den Schranken einer äußerlichen bürgerlichen Legalität hält, bloß noch sich selber verantwortlich, er kann in einem gewissen weiten Umfang tun, was er will. Daß manche schon auf der Schule diese akademische Ungebundenheit vorweggenommen haben, hebt als Ausnahme von der Regel diese selbst natürlich nicht auf. Und daß umgekehrt die Schule vielfach fehlgreift, wenn sie Primaner nach derselben Schablone behandelt wie Sextaner und es versäumt, die Zügel nach und nach zu lockern und den Übergang von der Gebundenheit zur Freiheit geschickt und weise zu vermitteln, das muß ihr freilich auch von Zeit zu Zeit gesagt werden: im Begriff „Selbstregierung der Schüler" hat sie dafür auch neuerdings das richtige Verständnis, aber dafür schwerlich schon die richtige Form gefunden. Allein so oder so, ein Sprung wird es immer bleiben; Schule ist Schule, in ihr herrscht Zwang und Aufsicht, Verbot und Erlaubnis, und an ihre Stelle tritt doch erst auf der Universität die volle Lebensfreiheit.

Auch sie hat der Student nicht immer gehabt. Er stand zu Zeiten unter Aufsicht, was um so notwendiger war, als er beim Beziehen der Hochschule vielfach noch viel jünger war als heutzutage: im Hause eines Professors wurde er von diesem als Pensionär beaufsichtigt oder in einem Kollegium, einer Burse, mit vielen anderen zusammenwohnend, anfänglich vielleicht klösterlich besser, allmählich aber herzlich schlecht behütet und bewacht, so daß man es schließlich doch für richtiger hielt, von aller Kontrolle abzulassen. Wir sehen aber darin nicht etwa nur eine faute de mieux, sondern wirklich das Bessere und Richtige. Der Student soll auf der Hochschule nicht nur wissenschaftlich ausgebildet, sondern auch sittlich erzogen werden und zu einem tüchtigen und charaktervollen Menschen heranreifen. Diese sittliche Erziehung aber — das ist der Sinn der akademischen Lebensfreiheit — wird Ihnen selbst überlassen und in Ihre eigenen Hände gelegt — auf alle Gefahr hin: auch hier müssen Jünglinge gewagt werden, um Männer zu werden.

Es ist in unserer Zeit viel von einer „neuen Ethik“ die Rede; namentlich einige radikale Frauenrechtlerinnen meinen damit Wunder was sie sagen. Meine Herren, das gibt es nicht; es ist bei allem Wechsel der Formen und Anschauungen immer dieselbe, immer noch die alte Ethik; oder aber — und das ist hier wichtiger — diese neue Ethik ist gar nichts Neues, die hat es immer gegeben und gibt es bei jedem einzelnen Menschen jedesmal wieder: es ist einfach der Übergang von dem Gebundensein an Tradition und Sitte und Autorität zum sittlichen Besinnen und Bewußtwerden, zum mit Bewußtsein Tun dessen, was man bis dahin ohne

Bewußtsein getan und geübt hat. Weil die meisten Frauen bisher diesen Übergang nicht vollzogen haben, sondern auf dem Standpunkt der Unbewußtheit stehen geblieben sind, so meinen nun gerade sie, eine neue Ethik entdeckt zu haben, und haben doch nur entdeckt, was Adam und Eva schon im Paradies erlebt haben, haben gegessen vom Baume der Erkenntnis des Guten und Bösen. Der Knabe tut unbesehen, was Eltern und Lehrer von ihm verlangen und weil sie es verlangen; ob es richtig und vernünftig ist, darüber besinnt er sich noch nicht. Da aber der Mensch doch einmal auf eigenen Füßen stehen und ungeführt gehen muß, so müssen jene Autoritäten im richtigen Moment zurücktreten und ihn freilassen, und das geschieht am besten dann, wenn die Selbstbesinnung beginnt; Selbstbesinnung und Selbstbestimmung gehören zusammen. Mit der Selbstbesinnung erwacht aber auch der Zweifel an den sittlichen Autoritäten und Institutionen, der ein theoretischer bleiben, der aber auch in die Praxis eindringen kann. Wie wir zur theoretischen Wahrheit nur durch ein Meer des Zweifels gelangen, so führt zur ethischen Selbstbestimmung und Selbstsicherheit nur dieser selbe Weg des Zweifels. Er wird sich zuerst und vor allem gegen gewisse äußerliche Forderungen der Sitte richten, in der ja Vernünftiges und Unvernünftiges nebeneinander Platz hat und oft recht schwer auseinanderzuhalten ist; er wird deswegen auch beides treffen, und der junge Mann daher probieren wollen, ob es nicht auch ganz ohne ihre Befolgung geht.

So löst er sich — das gehört zur akademischen Lebensfreiheit — von der Welt der Sitte los, in die er hineingewachsen war und an die der Philister gebunden bleibt aus Furcht vor und aus Rücksicht auf die öffentliche Meinung, die mit ihren Bannsprüchen der

Sitte Nachachtung erzwingt. Eine gewisse Rücksichtslosigkeit im Unterschied von uns ewigem Rücksichtnehmern oder — erlauben Sie den burschikosen Ausdruck — ein hoher Grad von Wurschthaftigkeit ist daher das Anfangsstadium der sittlichen Selbsterziehung und Selbstbestimmung beim Studenten, und ich möchte fast gar sagen, daß das für ihn das Normale und für seine richtige Entwicklung das Notwendige sei. Es gehört ein gewisser Jugend- und Wagemut dazu, mit diesen Mächten zu brechen. Und doch wieder nicht zu viel Mut. Denn der Student braucht sich losgelöst von Heimat und Familie, unbekannt, fremd und namenlos in der Stadt, wo er studiert, nicht zu kümmern um das, was die Leute über ihn denken und sagen, wie diese sich auch um ihn als Einzelnen nicht sonderlich kümmern und nicht allzuviel mit ihm sich beschäftigen. Das ist der äußere Berechtigungsgrund zu der goldnen Rücksichtslosigkeit des Studenten, der keine Rücksicht nimmt und zu nehmen hat, weil die Welt auch auf ihn noch keine Rücksicht nimmt, im Doppelsinn des Wortes noch nicht mit ihm rechnet.

Daraus ergibt sich zweierlei. Einmal: der Haussohn, der am Wohnsitz seiner Eltern studiert und bei ihnen wohnt, ist nur ein halber Student, nur ein halbfreier Mann; denn er muß auf die Familie, ihre Hausordnung und ihre gesellschaftlichen Beziehungen Rücksicht nehmen. Nur bei einem besonders verständigen und vorurteilsfreien Vater und einer wahren Ausnahmemutter wird es auf die Dauer ohne Konflikte abgehen; deshalb ist es in der Mehrzahl der Fälle richtiger, auf fremde Universitäten zu gehen. Und fürs zweite: jene Rücksichtslosigkeit kann sehr verschiedene Stufen und Formen annehmen. Auf der einen Seite als Extrem die absolute Formlosigkeit, die das

Unwahre, die Heuchelei und das Scheinwesen in unseren Sitten durchschaut und sie daher in einem gewissen Wahrheitsfanatismus ganz beiseite wirft, die entschiedene Abkehr von allen sonst üblichen Gesellschaftsformen, die vergißt, daß Höflichkeit und Artigkeit der Jugend besonders wohl ansteht. Auf der andern Seite als anderes Extrem die spielerische Freude und das spielerische Festhalten an geschliffenen Umgangs- und Gesellschaftsformen, das Wohlgefallen daran und die Gewandtheit darin. Es wird hier viel auf die Herkunft und die häusliche Erziehung, auf die sogenannte „Kinderstube" ankommen, und jene Unterschiede werden meist davon abhängen. Die Gefahr bei diesen beiden Extremen aber ist die, daß dort aus dem Freien ein Rüpel wird, der mit dem Hut auf dem Kopf ins Zimmer tritt und in seinen Briefen jede Höflichkeitsformel unter seiner Würde hält. Ihn muß dann das Leben, vermutlich unter allerlei Püffen und Demütigungen abschleifen, oder er bleibt sein Leben lang ein ungeschliffener Edelstein, wobei die Ungeschliffenheit meist größer ist als die Edelsteinnatur. Die andere Gefahr ist die, daß der junge Formenmensch zum Streber wird oder gar schon ein Streber ist, der in dieser Handhabung der Formen ein Mittel sieht, um vorwärts zu kommen und sich zu allerlei Konnexionen zu empfehlen. Lieber als der Rüpel und lieber als der aalglatte junge Herr, der sich benimmt wie ein angehender Diplomat oder wie ein siegessicherer Commis voyageur, ist mir daher die Parsifalsnatur, der tumpe Jüngling, der schüchtern und linkisch oder als derber Naturbursche vor mich hintritt und wirklich den Eindruck eines noch nicht fertig geschliffenen Edelsteins macht. So wird das Richtige diesen äußeren Formen gegenüber doch bestehen in einer gewissen Sorglosigkeit auf der einen und in der studentischen Erziehung dazu auf der andern Seite, von der alsbald die Rede sein soll.

Jene Sorg- und Rücksichtslosigkeit aber hat gerade auch für die Erziehung und Charakterbildung des einzelnen und für die Gestaltung unserer gesellschaftlichen Sitte im ganzen ihren großen Wert. Gewiß ist die Sitte vielfach Schutz und Halt, sozusagen ein Zaun weither um das Sittliche selbst hergezogen, aber sie ist auch ein Gängelband, das den Menschen unselbständig macht, und ein Netz, das dem Einzelnen über den Kopf geworfen wird, ihn der Freiheit und des freien Blickes beraubt und ihn dahin führt, wo er nicht hin will. Wer also ein freier Mann werden will, muß es auch einmal wagen, allein zu gehen und nach seiner Manier dahin zu gehen, wo es ihm selber paßt und recht dünkt. Aber die Sitte ist auch durchzogen von Widersprüchen, es steckt in ihr viel Unvernunft, es gibt Unsitten. Darauf aufmerksam zu werden und daran Kritik zu üben, wobei dann freilich zuerst allzu radikal verfahren und das Kind mit dem Bade ausgeschüttet zu werden pflegt, das liegt im Interesse unserer Sitte: sie soll keine stagnierende sein, nicht alle Dummheit und alles Unrecht, das in ihr steckt, um jeden Preis und für alle Zukunft festhalten wollen. Die Sitte ist ihrer Natur nach streng konservativ, es muß daneben auch ein bewegliches und fortschrittliches, wenn Sie wollen, ein revolutionäres Element geben, und das, meine Herren, vertreten Sie. Aus dem Jungbrunnen studentischer Wursthaftigkeit und goldener akademischer Rücksichtslosigkeit erhebt sich die ebenso notwendige Macht berechtigter Kritik und gesunder Reform. Nur wer den Mut hat, mit der Sitte zu brechen, bringt die Welt vorwärts; darum versetzen wir die künftigen Führer und Leiter unseres Volkes in ein Milieu, in dem sich dieser Bruch mit einer gewissen Leichtigkeit und ohne allzu ernsthafte Konfliktsfälle vollziehen läßt, und hoffen und erwarten, daß davon auch unsere Gesellschaft im ganzen, unser gesamter Volkskörper in seinen Sitten und sittlichen Anschauungen den Vorteil habe. Worin das liegt, ist klar. Unsere deutsche Welt ist uniform geworden, schablonenhaft und einförmig, sie will alles über einen Kamm scheren, alles gleich machen und nivellieren; sie kann eigentlich nur Dutzendmenschen brauchen und liebt nur sie. Der militaristische ebenso wie der demokratische Zug unserer Zeit wirkt mit doppelter Macht nach dieser Richtung hin. Dutzendmenschen aber sind unproduktiv und bringen die Welt nicht vorwärts. Wir brauchen Persönlichkeiten und Individualitäten, und diese gedeihen nur in der Luft der Freiheit. So ist wiederum die Zeit und das Volk im ganzen interessiert an der Erhaltung dieser akademischen Lebensfreiheit.

Bedroht aber ist sie auch wieder am meisten von seiten der Studenten selber. Einmal von denen, die sich nicht freimachen können oder wollen von den Gesetzen und Formen der Sitte und von der Schätzung und dem Wert, den sie in den Augen der Philister hat. Relativ harmlos ist der Gigerl und der Modenarr, der sich auch der törichtsten und absurdesten Mode unterwirft, nur weil sie Mode ist. Gefährlicher ist der, der sich schon als Student benimmt wie ein Geheimer Rat. Wie ich das meine, können Sie gelegentlich auf der Rampe unserer Universität beobachten, wenn sich die jungen Herrn mit einer Feierlichkeit begrüßen, wie sie sonst nur bei Exzellenzen und Diplomaten vorkommt. Hinter dieser Wichtig- und Vornehmtuerei, zu denen auch die des Ästheten gehört, verbirgt sich entweder die Nichtigkeit und Hohlköpfigkeit, oder aber — und das ist, wie schon gesagt, das Schlimmere — als berechnender Streber sucht man sich durch diese Gewandtheit und Formsicherheit empfehlend den Weg zu bahnen und Karriere zu machen. Wer als Student ein Knecht der Sitte ist, wird in seinem späteren Leben leicht servil und byzantinisch.

Daß sich im Zusammenhang mit diesem Wertlegen auf die Form in der studentischen Sitte auch vieles gebessert hat, erkenne ich dabei gerne an: die renommistische Roheit, die Leben, Person und Eigentum des Philisters nicht verschonte, ist verschwunden, mit der Anwendung des gewöhnlichen Strafkodex auch auf den Studenten ist auch viel innere Gesittung und Sittigung Hand in Hand gegangen oder vielmehr gekommen. Und auch die Verhöhnung unserer, der Erwachsenen, Sitte ist mit Fug und Recht bei Ihnen aus der Mode gekommen; denn nicht der ist frei, der seiner Ketten spottet. Schon in der Kleidung zeigt sich das. Der Student des Mittelalters trug das klerikale Gewand, das ihn mehr noch schützte als daß es ihm Pflichten auferlegte. Aber auch als dieses fiel, behielt er als eine Art Fortsetzung des korporativen Gemeingefühls seine besondere Tracht; noch ich bin im polnischen Schnürrock, den wir, glaube ich, für altdeutsch hielten, über die Straßen gegangen. Heute ist wie der Degen zur Selbsthilfe, so auch die Eigenart der Kleidung beim Studenten verschwunden, Sie gehen umher wie andere junge Leute Ihres Alters auch, und der die Philistertracht verhöhnende Übermut, in Schlafrock und Pantoffeln auf dem Marktplatz umherzuschlendern oder vor der Kneipe zu sitzen, würde fraglos dem Unfugsparagraphen verfallen. Geblieben ist, soviel ich sehe, nur noch eine gewisse Sorglosigkeit auf der einen Seite, die sich gelegentlich einmal bis zum Zynismus steigern kann: was geht den Studenten die Mode an? oder aber ein kleiner Rest von Besonderheit, etwas Flotteres, Bunteres, und darum auch keine Scheu, durch farbige Mützen und Bänder vor andern jungen Leuten Ihres Alters aufzufallen.

Doch wohin bin ich geraten? Ich bin von der akademischen Freiheit ausgegangen und bei der Kleidermode angekommen. Allein ganz bin ich daran nicht schuld: warum begeben Sie sich in die Knechtschaft der Mode? Und dann, am Äußeren hängt doch immer ein Inneres, es gibt nach Carlyle auch eine Philosophie der Kleider. Im Äußerlichen kann sich daher das Preisgeben und der Verlust der inneren Freiheit verraten. Und just auf diese kommt es an. Denn wenn wir jetzt fragen: worin besteht nun also die akademische Freiheit? so ist ja klar: immer weniger in einem Äußeren; darin hatten jene Schwarzseher doch recht: mit der akademischen Gerichtsbarkeit ist auch viel von der äußeren Ungebundenheit des akademischen Lebens verloren gegangen. Aber daran hängt auch die akademische Freiheit nicht, soll und darf sie nicht hängen. Sie ist in Wahrheit, wie alle Freiheit, eine innere und nur als solche wert weiterzuexistieren: nicht auf die Form kommt es an, sondern auf die Gesinnung, und diese freie Gesinnung muß aus einer unklar gärenden und revolutionär anstürmenden immer mehr zu einer klaren sittlichen Freiheit werden. Diese zu erwerben, dazu ist die Studienzeit, das ungebundene und an nichts sich bindende Leben des Studenten da. Frei ist d e r Bursch, der sie hat und sie als unverlierbaren Besitz mit hinausnimmt in das alltägliche Leben des Philisteriums und des Berufs. Aber wohlgemerkt: diese Freiheit ist heutzutage kein Geschenk mehr, das Ihnen in den Schoß geworfen wird, sondern ein Gut, das Sie sich selber erwerben müssen. Daran hindert Sie auch heute noch nichts, wenn Sie sich nur selbst nicht zu Sklaven machen und nur selber sich keine Sklavenketten schmieden. Frei ist der Bursch! In Ihrer Hand liegt es, daß er es auch heute noch sei und fernerhin bleibe.

Fünfte Vorlesung.

Eine zweite Gefahr, meine Herren, die die studentische Lebensfreiheit bedroht, ist die besondere Sitte, die sich der Student als Standessitte zurechtmacht und sich selber als ein neues eigenes Joch auflegt. Es ist ja ganz natürlich und richtig, daß solche besonderen studentischen Sitten entstehen, wie ja auch eine eigene Studentensprache, ein besonderer Jargon aufgekommen ist, den nur der Student versteht und der im einzelnen oft so rasch wechselt wie die Kleidung. Und wo vollends Lebensgemeinschaften, Korporationen sich unter Ihnen bilden, da muß es für dieses Zusammenleben auch bestimmte Formen geben, die gelten und darum gelernt werden müssen, wie im Leben draußen die Sitte. Diese besondere Form ist der studentische Komment. Von ihm gilt dasselbe, wie von so manchen Sitten und Bräuchen des späteren Lebens: wenn in diesen akademischen Formen und Vorschriften gewiß dereinst ein lebendiger Sinn und Zweck pulsiert hat, so ist uns dieser heute vielfach entschwunden, sie sind nun lediglich konventionell und daher oft unverständlich und sinnlos geworden. Denken Sie z. B. an den Salamander, von dem niemand mehr so recht weiß, was er bedeutet, und der darum doch in ewiger Jugend weiter exerziert wird. Deshalb muß man diese konventionellen Dinge eben einfach lernen wie das ABC und das Einmaleins, muß sie handhaben lernen, um darüber zu stehen und sich frei darin bewegen zu können. Der Student, der das nicht kann, macht sich unter seinesgleichen lächerlich, wie jemand, der nicht weiß, wie man beim Fischessen mit Messer und Gabel umgeht. Das ist alles und ist das Ganze.

Nun erhebt sich aber die Frage, ob dieser Komment nicht am Ende doch die studentische Lebensfreiheit beeinträchtigt und einengt. Natürlich tut er das, muß er das tun, er ist ja vorgeschriebene Form. Aber es fragt sich, in welchem Maße er es tut. Es gibt dem Komment gegenüber auch für den Studenten nur ein richtiges Verhältnis, das ironische, d. h. man unterwirft sich ihm mit dem Bewußtsein seiner Konventionalität, seiner Vergänglichkeit und Endlichkeit — nach acht Semestern hört ja seine Geltung wieder auf —, also mit dem Gefühl innerer Wurschthaftigkeit bei aller äußeren Befolgung. So hat man ihn, als hätte man ihn nicht, man hat ihn, nicht er uns, man gehorcht ihm und bleibt doch ihm gegenüber innerlich ganz frei. Wer dagegen den Komment ernst nimmt, als wäre er eine Sache von Wichtigkeit, etwas wie Tabu, der knechtet damit sich und andere, ist Philister, wenn er noch so kommentmäßig Student ist, ein humorloser Geselle, wenn er noch so studentisch-lustig tut, ein öder und leerer Geist, weil er auf Äußerlichkeiten und Nichtigkeiten Wert legt, ein Wichtigtuer, wo doch nichts Wichtiges dabei ist, er macht sich lächerlich, weil er sich mit diesem wertlosen Formelkram ernst nimmt. Wie ich das erst kürzlich in einem sehr guten Buch gelesen habe von einem deutschen Regierungsrat, der also auch einmal Student gewesen ist und nun vier Monate lang als Arbeiter in Amerika gelebt und dort des Lebens Ernst wie kaum einer kennen gelernt hat; er schreibt: „Wenn ich unsere jungen Studenten erörtern höre, wie man das Glas beim Trinken jetzt anfaßt, wie man beim Handschütteln den Arm beugt und was ‚man' sonst noch tut oder nicht tut, dann habe ich Mühe ernst zu bleiben.“ Mir waren diese Feuerreiter des Komments, diese studentischen Formalisten schon während meiner Universitätsjahre immer die unsympathischsten Gesellen. Zum zweiten aber enthält dieser studentische Komment wie jede Sitte auch viel Unvernünftiges, er ist teilweise veraltet und rückständig, viele Unsitten und Mißbräuche stecken dazwischen. Dahin gehören auch allerlei studentische Exzesse, durch welche wirklich Schaden gefügt wird. Von ihnen habe ich schon gesprochen und gesagt, daß sie heute durch Gesetz und Sitte verboten und durch die öffentliche Meinung verpönt sind. Wollte die Studentenschaft daran festhalten, so wäre das nicht Freiheit, sondern eine exzeptionelle und privilegierte Stellung, auf die sie ohne Grund Anspruch machte. Darum ist es erfreulich, daß jüngst von Marburg eine Bewegung ausging, die diesem Treiben und diesem Privilegiertseinwollen ernstlich zu Leibe geht.

Ich muß aber hier auf einen besonderen, den Hauptpunkt des studentischen Komments, zu sprechen kommen und Ihnen daran das Überlebte und Unvernünftige solcher studentischen Sondersitte zeigen, ich meine das Trinken. Der Komment und die Erziehung des jungen Studenten beruht vielfach noch immer auf dem Trinkzwang. Schon das Wort enthält den Widerspruch gegen die akademische Freiheit in sich. Das Trinken ist unter den Studenten vielfach kein freies, es wird ihnen nach Zeit, Ort und Quantität, gegen Neigung und Lust vorgeschrieben und aufgezwungen. Die Füchse müssen trinken, das gehört zu ihrer Erziehung. Wir andern trinken, wenn wir Durst und Lust haben, nur der arme Teufel von Student muß trinken, wenn es dem Herrn Fuchsmajor oder dem nächsten besten rüden Gesellen, der ein paar Semester älter ist, gefällt, ihn spinnen zu lassen. Gegen diesen Widerspruch mit dem Wesen des freien Burschen gilt es, das Unabhängigkeitsgefühl des deutschen Studenten aufzurufen und den Verstand der Verständigen mobil zu machen gegen eine Sitte, die unvernünftig und töricht, also zur Unsitte geworden ist.

Solange die Einsicht in die physische und psychische Gefährlichkeit des Alkohols nicht da oder doch noch nicht allgemein verbreitet war, mochte dieses Erziehungsmittel, das etwa dem Rekrutendrill entsprechend gedacht war, wenigstens nicht geradezu widersinnig erscheinen. Seit zwanzig Jahren aber kennen wir seine Gefährlichkeit, es kennt sie jeder Mediziner auch unter Ihnen, fast möchte ich sagen: es kennt sie jedes Kind. Der Student aber hält trotzdem am Trinkzwang fest, als gäbe es keine Alkoholvergiftung und Alkoholgefahr und als hätte für Sie allein die Wissenschaft nicht gesprochen. Ich will natürlich nicht sagen, daß alles auch hierin beim alten geblieben sei und nichts sich gebessert habe; es gibt auch unter Ihnen Abstinenten und Temperenzler, und auch in Ihren Verbindungen werden sie erfreulicherweise geduldet und anerkannt. Und umgekehrt gehöre ich nicht zu den grundsätzlichen Abstinenten, die sich vielfacher Übertreibung und meist sogar eines recht intoleranten Fanatismus schuldig machen. Aber daß es sinnlos und ein Verbrechen ist, junge Menschen zum Trinken oder gar zum Saufen zu zwingen, sie dadurch für ihre nächste Aufgabe, das geistige Arbeiten, lahmzulegen und für die Zukunft ihren Magen zu ruinieren und den Keim zu allerlei Krankheiten, vielfach sogar bis in die kommende Generation hinein zu legen, diese Erkenntnis ist bei Ihnen doch noch nicht allgemein und herrschend, namentlich praktisch nicht herrschend geworden. Wenn Sie aber sagen wollten: ohne Trinkzwang keine Erziehungsmöglichkeit für den jungen Studenten, dann, meine Herren, dauern Sie mich. Gerade wenn und nur wenn der Trinkzwang fällt, fällt auch der üble Einfluß jener faulen und rüden Gesellen, die durch Saufen und nur durch Saufen imponieren, statt durch sittliche und intellektuelle Qualitäten; dann erst kann an ihre Stelle der gesunde und heilsame Einfluß der geistig und moralisch Höherstehenden, der studentisch gereiften und tüchtigen Elemente treten. Was in der Pädagogik die Prügelmethode, genau das ist und leistet bei der Studentenerziehung der Trinkzwang: jene ist veraltet, dieser noch nicht, und doch ist er eher noch schädlicher und verhängnisvoller als jene. Geistlos und inhaltsleer aber sind beide durch und durch. Daher wenn ich bei Kommersen höre, daß der Präsident der Korona zum Eingang nichts zu wünschen weiß, als einen „feuchtfröhlichen Verlauf", so will mir das immer als ein Armutszeugnis erscheinen — ungefähr ebenso geistlos, wie die Philistersitte des Gesegnete-Mahlzeit-sagens nach einer üppigen Gasterei.

Veraltet ist aber diese ganze alkoholische Unterlage des studentischen Lebens noch aus einem anderen Grund. Für eine Ehre gilt es noch immer bei vielen unter Ihnen, wie zur Zeit, da man „den Fürsten von Thoren zum Saufen auserkoren" sang, für etwas Großes und Ruhmschaffendes, recht viel, recht schnell, recht elegant, ohne zu schütten, bis auf die Nagelprobe die Kanne zu leeren. Und doch gibt unter vier Augen gewiß jeder von Ihnen zu, daß dieser Ruhm kein feiner, ein recht armseliger und jämmerlicher, ja überhaupt kein Ruhm mehr sei, ein Stück veralteter Renommage, bestenfalls ein Stück nicht mehr verstandener Romantik, das sich ganz anachronistisch in unserer sonst so realistischen Gegenwart ausnimmt. Wir sind heute alle Utilitarier, und vor diesem Utilitarismus hält der Nimbus derartiger Leistungen, die uns um Gesundheit und Kraft, um Klarheit und Geistesfrische bringen, nicht mehr stand. Und hier sehen wir nun doch in der Welt rings um uns her einen gewaltigen Fortschritt. Einst haben sich die Fürsten und die Vornehmen, „die Edelsten der Nation", betrunken; heute ist das Rauschhaben ein Unvornehmes und Ungentlemanlikes geworden; im Rausch gesehen zu werden, gilt unter uns Gebildeten nicht mehr für anständig und ehrenhaft; in Damengesellschaft sich zu betrinken oder am hellen Tag durch die Straßen zu taumeln, gilt geradezu für eine Schande, und alle Welt sagt: Pfui! Nur der Student, der doch zu den oberen Kreisen gehören und später in sie eintreten will, nimmt es mit dem sich betrinken noch leicht und schämt sich eines Rausches auch in der Öffentlichkeit nicht. Das ist eine Rückständigkeit; auch der Student müßte das einsehen, müßte soviel Verständnis haben für seine Zeit, daß er merkt, daß diese eine andere geworden ist und für solche Unsitte die Stunde geschlagen hat. Unsere Zeit ist demokratisch geworden und hat daher auch vor dem Amt nur noch Respekt, wenn sein Träger eine sittliche und sittlich hochstehende Persönlichkeit, ein Mann von Charakter und von Herz ist. Den sich betrinkenden Beamten oder Pfarrer hält erfreulicherweise auch der Bauer und der Arbeiter längst nicht mehr für achtungswert, das müßten sich eigentlich schon die jüngsten juristischen und theologischen Semester zum Bewußtsein bringen.

Der Alkohol macht arbeitsunfähig, habe ich gesagt. In erster Linie tut das der Frühschoppen. Zum Studenten gehört, daß er studiert: der Alkohol hebt somit den Zweck des Studentenlebens und das wichtigste Stück der akademischen Freiheit, die Lernfreiheit, auf. Der Frühschoppen macht für den Rest des Tages unfähig zum Studieren und Lernen, macht dumm und faul und schläfrig: so widerspricht er dem eigensten Wesen des Studenten, ist der Feind der akademischen Freiheit und die schlimmste Gefahr für sie und ihre Erhaltung. Daher ist es mehr als Zwang, es ist Knechtschaft und Sklaverei, wenn sich Studenten an allen Tagen oder auch nur an bestimmten Tagen der Woche zum offiziellen oder offiziösen Frühschoppen kommandieren lassen und sich dadurch den Appetit und die Arbeitsfähigkeit für den ganzen Tag oder für alle Tage verderben.

Vielleicht hängt die Rückständigkeit der studentischen Trinksitten noch mit einem andern zusammen, mit dem Studentenlied. Als sich nach den Befreiungskriegen die Reaktion wie ein böser Alp in erster Linie auf die Universitäten legte, die Burschenschaft aufgehoben und ihre Mitglieder verfolgt, eingekerkert oder ins Ausland hinausgetrieben wurden, da sangen die jungen Menschen, die kurz zuvor mit Gott für König und Vaterland ins Feld gezogen waren, voll Idealismus und in unentwegtem Vertrauen:

Das Band ist zerschnitten,
War schwarz, rot und gold,
Und Gott hat es gelitten,
Wer weiß, was er gewollt.

Dagegen traf die Reaktion nach 1848 ein anderes Geschlecht. Nicht mehr sang die Jugend: Der Geist lebt in uns allen, und unsre Burg ist Gott! sondern jetzt sang sie Scheffels Trinklieder vom Rodensteiner und vom Enderle von Ketsch. Meine Herren, den Humor, der uns aus diesen Liedern entgegenklingt, verkenne ich gewiß nicht; im Gegenteil, ich wollte, unsere neueste Lyrik hätte etwas von dieser Gottesgabe, statt der Großwortigkeit eines Dehmel und der klingenden Phrase eines Stefan George. Aber ein Abfall war es eben doch, sich mit solchen Liedern hinwegzuhelfen und hinwegzutäuschen über die arge, böse Zeit, und den bitteren Nachgeschmack des tollen, des großen Jahres 1848 hinabzuschwemmen mit dem Durst, den der Herr von Rodenstein den Studenten vermacht hat. Heute ist in der Studentenpoesie etwas Eklektisches: neben viel ernstem Wollen und Streben, neben dem begeisterten „Deutschland, Deutschland über alles" singen Sie kaum weniger begeistert: „'s gibt kein schöner Leben, als Studentenleben, wie es Bacchus und Gambrinus schuf", oder „Wenn ich einmal der Herrgott wär', mein erstes wäre das: ich nähme meine Allmacht her und schüf' ein großes Faß"; und allzu milde und liebenswürdig meint dazu die preisgekrönte Studentenliederdichterin Frida Schanz:

Ob oft auch der Tropfen den Trinker bezwingt,
Wir wollen's vergeben, vergessen, verzeih'n.

So ist neben dem guten Alten und manchem erfreulichen Neuen, das kräftig nach oben drängt, immer noch allzuviel da von jenem Stumpfsinn und jener Gedankenlosigkeit einer materialistischen Reaktionszeit und von der Halbheit und Schwächlichkeit fin de siècle. Und auf diesem Boden gedeiht und erhält sich dann noch immer der Komment mit seinem Trinkzwang und dem obligatorischen Frühschoppen und ein Treiben, bei dem sich nach Goethes Wort im Faust die Bestialität gelegentlich gar herrlich offenbaren kann.

Weiter brauche ich diese Frage nicht zu behandeln, namentlich nicht Stellung zu nehmen zwischen den beiden unnötig feindlichen Brüdern, der Abstinenz und der Temperenz. Wer abstinent sein will, der sei es: gut! Für einzelne, z. B. solche, die erblich belastet und gewissermaßen zum Alkoholismus prädestiniert sind, ist die Abstinenz gewiß das einzig Rettende und somit auch das einzig Richtige und Notwendige; für sie ist sie also Pflicht. Den anderen — und zu ihnen habe ich mich mein Leben lang gerechnet — genügt die Temperenz, und sie scheint mir, weil ohne bindendes Gelübde und Zwang, der akademischen Freiheit am meisten zu entsprechen. Der freie Student soll sich auch dem Alkohol gegenüber als ein Freier erweisen und sich nicht durch Gelübde vor sich selber erst schützen müssen. Ich glaube aber auch praktisch nicht, daß unter den deutschen Studenten die Abstinenz auf die Dauer Aussicht hat, allgemein zu werden. Daher möchte ich lieber viele gewinnen für die Mäßigkeit, als einige wenige für völlige Enthaltsamkeit; und darum gilt mein Kampf der Unmäßigkeit und der Völlerei, dem Frühschoppen und dem Trinkzwang. Im übrigen sehe jeder, wie er's treibe und wo er bleibe; und hüten Sie sich vor jedem moralischen Zwang Kommilitonen gegenüber, vor Zwang zum Trinken und vor Zwang zum Nichttrinken; beides ist Ihrer gleich unwürdig.

So bin ich nicht mehr ganz so tolerant und so zuversichtlich dem studentischen Trinken gegenüber, wie damals, als ich zum erstenmal über diese Dinge zu Ihnen sprach. Aber dabei bleibe ich doch: wer im Trinken nie einen Selbstzweck sieht, sondern nur ein Ingrediens überschäumender Jugendlust und den Ausdruck begeisterter Stimmung, bei dem ist die Gefahr nicht allzu groß, daß er zum Säufer wird. Wer nur trinkt, wenn er begeistert ist, der geht schließlich wie Sokrates vom Symposion davon als ein besonnener, weiser Mann, der kein Spielverderber ist, sich aber von seiner Sinnlichkeit auch nicht unterkriegen läßt. Weil Begeisterung keine Marktware des Alltags ist, so ist er auch nicht dem ausgesetzt, ein Gewohnheits- und Alltagssäufer zu werden, zumal wenn er sich durch die darauf gesetzte Strafe des Katzenjammers mahnen läßt, daß die Ausnahme Ausnahme bleibt, weil letzten Endes eben auch sie ein Nichtseinsollendes und Widernatürliches ist.

Nur noch ein Wort über eine Verteidigung des Trinkens, wie sie mir von studentischer Seite einmal entgegengehalten worden ist: es sei das einzige Mittel, um das Weltelend zu vergessen und das Bewußtsein desselben zu betäuben. Der Kasus macht mich lachen oder weinen, je nachdem. Als ob gesunder Jugend die Welt so grau und jammervoll erschiene, daß sie sich in ihrem Weltschmerz nicht anders zu helfen wüßte, als sich zu betäuben und ihren Jammer zu ertränken in Bier oder Wein oder Schnaps. Gewiß, ein bißchen Weltschmerz gehört — oder gehörte doch — seit Heine mit zum Inventar deutschen Jugendgefühls und — erlauben Sie das Wort — deutscher Jugendeselei; aber nicht als graues Elend, sondern als ein Gefühl, in dem man sich gefällt und wohlfühlt, das man daher gut tut festzuhalten, bis man mit der Jugend leider auch die Periode jugendlichen Weltschmerzes hinter sich hat. Und dann — was heißt denn, das Weltelend durch den Alkohol und seine Folgen zum Schweigen bringen, anders als den Teufel mit Beelzebub austreiben? an die Stelle des Weltjammers den Katzenjammer des Rausches setzen? Nein, das ist eitel Phrase und Flunkerei, Vorwand und faule Ausrede, nichts mehr. Wenn wir Erwachsenen mit den wirklichen Sorgen und mit dem wirklichen Jammer des Lebens fertig werden können und müssen, so werden Sie, denen es noch so wohl ist in Ihrer Haut, es auch können und müssen. Sollte aber einer in seiner Jugend wirklich sich schon ganz schwer bedrückt fühlen von der unerträgbaren Last des Daseins, dann hat man Grund, statt zu lachen, sich zu ängstigen, und gerade er muß sich vor allem vom Alkohol fernhalten; denn er ist ein erblich schwer belasteter, in seiner geistigen Gesundheit übel gefährdeter Mann, dem nur die Abstinenz noch zu helfen vermag.

Vielleicht darf ich aber hier noch etwas nicht eigentlich zur Sache Gehöriges anfügen. Bei einer Versammlung des deutschen Vereins gegen den Mißbrauch geistiger Getränke in Heidelberg habe ich im Jahr 1898 ausführlich über dieses Thema gesprochen. Diese Rede hat mir, wie einst schon diese Vorlesung, zahlreiche Zuschriften aus studentischen Kreisen eingetragen — begeisternd zustimmende und hohnvoll ablehnende. Auch diese letzteren verstehe ich wohl, zumal wenn sie zu später Abendstunde in lustigem Kreise konzipiert und mit mehr oder weniger Geist und Witz ausgestattet sind. Nur eines habe ich auch diesmal wieder nicht verstanden, warum darunter soviele anonyme Schriftstücke waren. Anonym zu schreiben hat nur dann einen Sinn, wenn man sich dessen zu schämen hat, was man schreibt; aber dann läßt man es besser ungeschrieben. In allen anderen Fällen ist es eine ganz unnötige Feigheit. Also schämenswert oder feige — tertium non datur; da dächte ich doch, die Anonymität sei eines honorigen und freien Studenten nicht würdig.

Und damit käme ich zu einem Neuen. Auf dem Kongreß für innere Mission hier in Straßburg empfahl ein Redner gegen die sozialen Schäden des Studentenlebens Freiheit und Ehre als die besten Erziehungs-

und Besserungsmittel; die Versammlung wollte von diesen glänzenden Lastern der Heiden nichts wissen und pries dagegen pietistische Bibelkränzchen als eine Art Panazee gegen alle solche Schäden an. Dieser törichten Verkennung von des jungen Menschen allerbesten Lebenskräften gegenüber möchte ich mich der beiden verkannten annehmen und sie ganz ausdrücklich in den Mittelpunkt dieser meiner „Studentenpredigten" stellen. Von der Freiheit habe ich es getan. Ich komme nun zu der Ehre. Von ihr aber kann man nur sprechen im Zusammenhang mit dem Korporations- und Gesellschaftsleben der Studenten; denn die Ehre ist — nicht immer und nicht ausschließlich, aber doch vielfach und in allererster Linie Standes-, Korporations-, Gemeinschaftssache. Zugleich wird uns der folgende Abschnitt zeigen, daß wir noch nicht einmal ganz fertig sind mit dem Ersten, mit der Betrachtung der studentischen Freiheit. Von den äußeren Freiheitsrechten des Studenten, könnte einer sagen, von Versammlungs- und Koalitionsrecht, vom Recht Telegramme nach außen zu senden usw., davon war noch zu wenig die Rede. Nun ist mir die akademische Freiheit, wie schon gesagt, etwas Höheres und Tieferes und Innerlicheres, sie besteht in dem, wovon ich in den letzten drei Vorlesungen geredet habe, in Lehr- und Lern- und Lebensfreiheit, wie sie im Zentrum des akademischen Lebens steht. Aber auch jenes Äußere ist nicht nichts; nur gehört es erst zum Folgenden, zu dem, was ich über Ihr Gemeinschaftsleben zu sagen habe, und es führt uns dann noch einmal in die Tiefe, zu dem, was wir studentische Erziehung nennen können, für die neben der Freiheit die Ehre das wichtigste und wertvollste Mittel ist und immer bleiben wird.

Sechste Vorlesung.

II. Von den studentischen Organisationen.

Die zwei Weltanschauungen des Sozialismus und des Individualismus, die seit dem Ende des neunzehnten Jahrhunderts, oder gar schon seit dem Anfang desselben, miteinander im Kampfe liegen und um die Vorherrschaft ringen, und an deren Versöhnung und Hand-in-Hand-gehen in Selbsthingabe und Selbstbehauptung wir als an dem großen Problem der Zeit zu arbeiten haben, streiten sich auch um den deutschen Studenten und machen sein Leben wie das unseres Volkes im ganzen zwiespältig. Der auf sich gestellte, aus dem sicheren Schoß des Elternhauses und aus dem streng geregelten Korporationsverband der Schule entlassene Student ist an und für sich Individualist und kann das nun auch bleiben, und es äußerlich dadurch zum Ausdruck bringen, daß er für sich bleibt als ein Einspänner und Einsiedler, als ein einsamer Mensch. Dem nächsten Zweck des Studentseins, dem Studieren, widerspricht das nicht, obwohl auch hier schon die Gefahr der Einseitigkeit, eines einsiedlerischen und monologischen Denkens und eines Gehens auf wissenschaftlich nicht zum Ziele führenden Seitenpfaden und Abwegen droht. Um die sokratische Art, die Wissenschaft zu treiben, die dialogische und dialektische Methode, wird er sich auf diese Weise bringen, denn dazu gehören mindestens zwei; und das ist unter allen Umständen ein Nachteil und ein Verlust. Aber das übrige, was der Student zu lernen hat, das lernt er so jedenfalls gar nicht kennen; und das ist ein unersetzlicher Schaden, den keiner freiwillig sich zufügen sollte. Deswegen gehört zum Studenten Zusammenschluß und Zusammenleben mit anderen. Dazu kommt aber auch die Natur und die Neigung — auch der Student ist natura animal sociale —, das Freundschafts- und Anschlußbedürfnis des jungen Menschen; und so vereinigen sich auch hier, wie bei allem menschlichen Tun, Pflicht und Neigung in richtiger Mischung.

Der Student gehört der universitas magistrorum et scholarium an, er ist als Student Korporationsmitglied. Wie die Wallensteiner sind die Besucher unserer deutschen Universitäten aus Nord und Süd zusammengeschneit und -geblasen; wie sie gehören sie aber um so mehr als Fremdlinge nach außen unter sich zusammen, recht wie zusammengeleimt und -gegossen zu einer einheitlichen Masse, zu einer Gemeinschaft mit gemeinsamen Interessen und Zwecken, diegegebenenfalls auch zusammenhalten muß — alle für einen und einer für alle, oft auch alle gegen einen gemeinsamen Feind und Angreifer. Daher ist es des Studenten Pflicht, sich als ein Glied des Ganzen zu fühlen und die Interessen dieses Ganzen und aller seiner einzelnen Glieder gemeinsam mit den anderen zu wahren und zu vertreten. Daraus ergeben sich zweierlei Arten von Vereinigung: die mehr auf Neigung und Wahl beruhenden Einzelkorporationen und die pflichtmäßige Gesamtvertretung der ganzen Studentenschaft an einer Hochschule.

Die ersteren, von denen wir zunächst reden, können in der ganz losen Vereinigung von zwei oder mehreren Studenten bestehen, die sich lediglich auf Grund persönlicher Wahlverwandtschaft als Freunde zusammentun und entweder nur vorübergehend sich zusammenschließen oder fest und dauerhaft fürs ganze Leben zusammenhalten. Hierfür gibt es natürlich keine bestimmten Formen und Regeln, da ist alles individuell, willkürlich, lose und frei; deshalb ist darüber auch kaum etwas zu sagen, als die Poesie und der menschlich hohe Wert solcher Studentenfreundschaften zu rühmen. Wir kennen sie alle; denn sie haben auch neben und inmitten der festgefügten Verbindungen ihren Platz, und darum fehlen sie wohl auch in keinem normalen Studentenleben.

Welchen sittlich erziehenden Einfluß dieser Zusammenschluß des Studenten mit anderen Gleichgesinnten und Gleichstrebenden hat und haben soll, das zeige ich aber besser an den geschlossenen und organisierten Studentenverbindungen, zu denen ich nun übergehe.

Zuerst ein Wort über ihre Geschichte, das um so kürzer sein kann, als gerade diese Seite des deutschen Studententums — die Geschichte seiner Organisationen — in dem Buch von Friedrich Schulze und Paul Ssymank nun seine besonders ausführliche Darstellung gefunden hat. Herausgewachsen sind unsere heutigen Korporationen aus der Gliederung der Studentenschaft in Nationen und Landsmannschaften. Dazu kamen dann im achtzehnten Jahrhundert, teilweise im Zusammenhang mit dem Aufkommen der Geheimverbände der Rosenkreuzer, Freimaurer u. dgl., die studentischen Orden; aus den beiden sind am Ende des Jahrhunderts die Korps hervorgegangen, die ja in ihren sonst bedeutungslos gewordenen Namen vielfach noch auf jenen ihren Ursprung aus der landsmannschaftlichen Gliederung der Studentenschaft hinweisen. Noch in einer anderen Beziehung erinnern sie an das alte deutsche Reich, dem sie entstammen: wie da die einzelnen Stämme sich streng voneinander schieden und sonderten, so haben die Korps, nun freilich nach anderer Richtung hin, unter sich geeinigt nach außen hin etwas Exklusives behalten: sie rekrutieren sich mit Vorliebe, einzelne sogar prinzipiell aus den Söhnen der oberen Zehntausend und schließen sich als Söhne des Adels oder der Reichen nach unten hin ab, fühlen sich als eine Art Elite, als „die Edelsten" der Studentenschaft und haben daher einen im landläufigen Sinn des Wortes aristokratischen Charakter. In diesem Sinne legen sie auf die Erziehung ihrer Angehörigen einen besonderen Nachdruck und Wert.

Die Burschenschaft, die etwa zwei Jahrzehnte später, im Anschluß an die Befreiungskriege, entstanden ist, hatte sich drei Aufgaben zum Ziel gesetzt: eine Reform des studentischen Lebens vor allem nach der sittlichen Seite hin; den Zusammenschluß aller Studenten, aller Burschen zu einer einheitlichen, alle umfassenden Korporation, die Einigung aller ehrenhaften Studenten einer Hochschule; und endlich als drittes die Vorbereitung zum politischen Eintreten für die damals erstrebte, aber nicht verwirklichte Einigung Deutschlands zu einem großen und freien Vaterland. Das waren hohe, stolze Ziele, und fraglos hat die Burschenschaft Großes erreicht. Sie hat ihren vollen Teil an der Hebung und Besserung der deutschen Studentenschaft, wieweit diese auch mit anderen allgemeineren Faktoren zusammenhängen mag, und fraglos hat sie den Gedanken an ein einiges, freies Deutschland unter allem Druck und aller Verfolgung durch die reaktionären Regierungen tapfer und mutig lebendig erhalten und damit den Boden vorbereitet, auf dem dann, nach dem vergeblichen Versuch von 1848, durch einen mit burschenschaftlichen Idealen erfüllten Korpsburschen Kaiser und

Reich geschaffen worden sind. Das dritte aber und für unsere Betrachtung Wichtigste, die Einigung aller ehrenwerten Studenten unter dem schwarzrotgoldenen Banner, hat sie nicht zustande gebracht, und so ist sie heute selbst nur ein Teil, eine geschlossene Verbindung neben und unter vielen anderen und ist sich jenes ihres ursprünglichen Zieles vielleicht nicht einmal mehr historisch bewußt. Immerhin haftet ihr von den Tagen der Urburschenschaft her, gegenüber der konservativen und exklusiven Haltung der Korps, etwas Liberales und Demokratisches an, was ihr die einen zum Vorwurf machen, andere als Verdienst anrechnen. Eine besondere politische Richtung aber haben darum doch weder die einen noch die anderen, in Verbindung mit einer bestimmten politischen Partei steht keine von ihnen.

Neben diesen zwei großen Verbänden sind dann aus der christromantischen Stimmung heraus, die von der Urburschenschaft ebenfalls gepflegt, aber nicht festgehalten worden ist, die spezifisch christlichen Verbindungen herausgewachsen. Sie zuerst auf protestantischem Boden; aber bald folgten ihnen katholische Studentenvereinigungen nach, und sie trugen dann jene konfessionelle Absonderung in die deutsche Studentenschaft herein, die uns später besonders beschäftigen soll. Noch einmal folgte in den achtziger Jahren eine größere, die Studentenschaft in weiten Kreisen erfassende Bewegung, die nationale, aber leider von Anfang an auch mit rückläufigen, antisemitischen Tendenzen durchsetzte des Kyffhäuserverbandes, die zu der Gründung der Vereine deutscher Studenten führte. Aber auch sonst suchten sich allerlei Ziele und Zwecke bald in einzelnen Verbindungen, bald in größeren Verbänden in der Studentenschaft durchzusetzen, wovon wir ebenfalls noch zu reden haben werden.

Hier ist nur noch die Tatsache hervorzuheben, daß alle Ihre studentischen Verbindungen heute, gemessen an der Einigungsidee der Urburschenschaft, partikular und — seien wir ehrlich — partikularistisch sind. In gewöhnlichen Zeiten kommt ihnen nicht das Interesse der gesamten Studentenschaft und der Hochschule, der sie angehören, sondern eben nur das ihrer engeren Vereinigung, höchstens noch das des weiteren Verbands, heiße dieser nun SC oder ADB oder ATV oder wie sonst immer, zum Bewußtsein. So ist die deutsche Studentenschaft, einstweilen noch ganz abgesehen von dem Gros der Wilden- oder Finkenschaft, etwa ebenso zersplittert und zerklüftet, wie es vor 1866 und 1870 das Deutsche Reich in seinen einzelnen Stämmen, Staaten und Stätchen gewesen ist. Die Einigung, die politisch seit 40 Jahren gelungen und vollzogen ist, ist der Studentenschaft noch nicht gelungen. Warum das ein Unerfreuliches ist, darüber später; heute nur das, daß Sie damit rückständig geblieben sind. Und wenn Sie etwa sagen wollten: es ist nicht so wie vor dem Jahr 1871 im Reich, sondern wie heute im Reichstag mit seinen Parteien, Fraktionen und Fraktiönchen, so würde ich demgegenüber darauf hinweisen, daß jede politische Partei — Polen und nationalistische oder partikularistische Elsässer ausgenommen — sich wenigstens den S c h e i n geben muß, als sei es ihr um das Ganze zu tun, wenn sie auch tatsächlich noch so sehr engherzige Fraktionspolitik treibt. Und zum zweiten: gerade an dieser Zersplitterung leidet unser Reichstag; deswegen ist er so schwerfällig und so machtlos und hat er so viele Sympathien verscherzt. Und der, der es am besten wissen mußte und verstand, Fürst Bismarck, hat diesen beklagenswerten Fraktionsgeist unseres parlamentarischen Lebens eben auf die Zersplitterung der Studentenschaft in ihren Korporationen und Korporatiönchen zurückgeführt und so den akademischen Korporationspartikularismus geradezu verantwortlich gemacht für den verhängnisvollen parlamentarischen Fraktionspartikularismus, an dem wir heute fast ebenso leiden, wie vor 1866 und 1870 am Partikularismus der deutschen Stämme, Staaten und Fürsten.

Ehe wir aber zu der Frage der Reformbedürftigkeit und der Reformmöglichkeit der Studentenschaft in diesem wichtigen Punkte weitergehen, müssen wir erst dieses Verbindungsleben selber kennen lernen und die Motive ins Auge fassen, die zur Scheidung und Trennung und zum Zusammenschluß solcher engeren Kreise führen. Ich gehe dabei — so seltsam Sie das finden mögen — nicht von dem aus, was ist, sondern von dem, was sein sollte. Und da ist klar: das erste und wichtigste, was Studenten zusammenführen sollte, ist die Wissenschaft, das Studieren selber. Jede studentische Korporation müßte also die Wissenschaftlichkeit, die Pflege der Wissenschaft unter ihren Prinzipien und auf ihrer Fahne haben. Denn das muß — ich sage nicht: d e r Zweck, aber ein Zweck jeder Verbindung sein, daß sich ihre Angehörigen in dem, was allen Tag für Tag zu treiben obliegt, fördern und sich dafür gegenseitig lebhaft interessieren. Da könnte es nun scheinen, als ob die wissenschaftlichen Vereine, die es ja vielfach unter Ihnen gibt, das Beste und Richtigste wären. Und zu tadeln sind sie gewiß nicht; bei ihrem ersten Auftreten haben sie auch zum Teil eine Lücke im Unterrichtsbetrieb der Universitäten selbst ausgefüllt und Aufgaben übernommen, die später die wissenschaftlichen Seminare zu erfüllen hatten. Aber das Beste —? nein, das sind sie doch nicht. Gerade wenn der fleißige Student auf seiner Bude, im Kolleg und jetzt im

Seminar über seinem Fach sitzt und darin arbeitet, so braucht er im Verkehr mit anderen Ergänzung und und Anregung anderer Art; je fleißiger er ist, nur um so mehr. Er soll ja nicht bloßer Fachmensch, oder wie der Student das so treffend nennt: kein Fachsimpel sein; das gibt später im Leben die bornierten Spezialisten, die einseitigen Juristen oder Oberlehrer, aber keine allgemein gebildete, keine wirklich wissenschaftliche, überhaupt keine gebildete Menschen. Gerade weil wir später alle uns bornieren und Spezialisten werden müssen, darf es der Student noch nicht sein und werden. Deswegen gehört er vielmehr in einen Kreis, in dem allerlei Fächer und allerlei Fakultäten vertreten sind. Dadurch hört er von anderen Wissensgebieten, Wissensresultaten und wissenschaftlichen Anschauungen, sieht hinaus über die engen Grenzen eines einzelnen Faches, interessiert sich um seiner Freunde willen auch für ihren Studienkreis und atmet so mit der Luft sozusagen, die ihn umgibt, eine Menge von Kenntnissen der verschiedensten Art ein. So wird der Theologe z. B. tolerant gegen den Naturwissenschafter und der Philosoph gegen den Juristen und umgekehrt her und hin; Toleranz aber ist ein notwendiges und das allerbeste Bestandstück wahrer Bildung. Und weil unter Genossen verschiedener Wissensgebiete das Fachsimpeln ausgeschlossen ist und sich von selbst verbietet, deshalb müssen hier neben den Gegenständen des Faches und vor ihnen auch die allgemeinen Bildungsfragen zur Sprache kommen, und so wird sich der Interessenkreis ganz von selbst erweitern. Politik und Religion, Theater und Kunst, Literatur und soziale Fragen — das alles gehört ja mit zur allgemeinen Bildung, die neben der Wissenschaftlichkeit im engeren Sinn doch auch auf der Tagesordnung und im Gesichtskreis einer studentischen

Korporation stehen muß. Nun weiß ich wohl, daß auf geschriebene Paragraphen und auf Schlagworte nichts ankommt; ob also „Wissenschaftlichkeit" ausdrücklich aufgeführt ist unter den zu pflegenden Aufgaben einer Korporation oder nicht, das ist Nebensache. Die Hauptsache ist, daß sie in Ihrem Leben drin und daß sie da ist, daß sie von Ihnen gepflegt wird und daß sich alle Mitglieder einer Korporation für ihre Studien hin und her interessieren und über Fragen der Wissenschaft und der allgemeinen Bildung auch wirklich unterhalten. Jede Verbindung muß — habe ich einmal gesagt — ein Debattierklub sein[1]), in jeder Verbindung muß das διαλέγεσθαι im Sinn des Sokrates und Platon gepflegt werden. Verwerflich ist daher umgekehrt jede Verbindung, die das wissenschaftliche und das Bildungsinteresse geflissentlich von sich fernhält und unter ihren Mitgliedern verpönt oder gar die Bildungsaufgabe des Studenten beeinträchtigt und ihre Erfüllung unmöglich macht. Daß die Verbindung und das Verbindungsleben Zeit und Kraft für sich in Anspruch nimmt, das versteht sich von selbst, und nur ein arger Philister dürfte Ihnen das verübeln, verhindern kann er es ja gottlob ohnedies nicht. Aber die äußeren Verpflichtungen und Interessen des Verbindungslebens dürfen nicht alle Zeit und nicht alle Kraft für sich in Anspruch nehmen; es darf der Geist des Alkohols und der Zwang zum Frühschoppen auch deshalb nicht über Ihren Zusammenkünften schweben, weil er auf die Dauer auch zum Debattieren zu dumm und zu träge macht, und durch

[1]) Daß ich das nicht im spezifisch und technisch englischen Sinn des Wortes meine, wie mir Hermann von Fischer in Tübingen in seiner schwäbischen Literaturgeschichte zu imputieren scheint, geht aus dem Zusammenhang unzweifelhaft hervor.

ihn schließlich das Verbindungsleben dem eigentlichen Zweck des Studentseins geradezu feindlich gegenübertritt. Und auch einzelne dürfen nicht als Wortührer und Tonangeber in Ihren Verbindungen das Arbeiten der anderen, namentlich der Jüngeren als „Streberei“ verhöhnen und die Arbeitswilligen durch moralischen Zwang vom Studium zurückhalten. Der wahre Genius loci jeder Universität ist und bleibt der Geist der Wissenschaft und des Studiums; eine Verbindung, die sich zu diesem Genius in Gegensatz stellt, ist ein unnützes Glied am Körper unserer Universitäten, der diese schädigt nicht bloß durch die Beeinträchtigung und Hinderung ihrer eigentlichen Aufgabe, sondern ebenso auch durch das schwere Ärgernis, das sie damit nach außen hin erregt. Also, es hilft nichts: Wissenschaftlichkeit und Respekt vor der Wissenschaft ist für alle Verbindungen, die wirklich studentische Korporationen sind und sein wollen, das oberste und höchste — geschriebene oder ungeschriebene — Gesetz und Prinzip: wie sie dazu stehen, darnach bemißt sich zunächst ihr Wert.

Und um deutsche Studentenverbindungen handelt es sich; also ist das zweite — geschriebene oder ungeschriebene — Gesetz jeder Ihrer Korporationen die Pflege des deutschen Geistes und echter Vaterlandsliebe. Es wird immer der Ruhm der deutschen Burschenschaft bleiben, daß sie das als erste erkannt und diese große Erziehungsaufgabe energisch in die Hand genommen hat. Und auch der Kyffhäuserbewegung, soweit sie nicht lediglich negativ und antisemitisch war, sondern sich bewußt in den Dienst eines sozialen Kaisertums stellen wollte, soll das Verdienst um die Pflege und die Betonung des nationalen Elements im deutschen Studentenleben ungeschmälert bleiben. Das ist ein weitschichtiges Thema, und es ließe sich daher viel darüber sagen. Ich beschränke mich auf das Notwendigste, das im Zusammenhang bleibt mit dem Kapitel von den studentischen Korporationen.

Zwei Abwege, zwei Extreme sind dabei abzuwehren und zu vermeiden: auf der einen Seite stumpfe Gleichgültigkeit, auf der andern ein enger und verengender Chauvinismus. Jener erste Weg liegt deswegen nahe, weil die Träume meiner, unserer Jugend inzwischen längst zu Wirklichkeiten geworden sind; was uns Ideale waren, um die es zu kämpfen und zu leiden galt, das ist für Sie ein Erreichtes und Wirkliches geworden, wir haben Kaiser und Reich, sind ein Volk geworden und haben ein deutsches Parlament. Während man sich nun für Ideale begeistert, nimmt man das, was man immer hat, ruhig und als ein Selbstverständliches gewohnheitsmäßig, gleichgültig hin. Aber das „Feinde ringsum", von denen Deutschland umgeben und umdroht ist, wie wir es im Herbst 1911 wieder einmal besonders nach- und eindrücklich erfahren haben, hat gezeigt, daß dieses Selbstverständliche auch wieder ein Gefährdetes werden kann, um dessen Existenz und Erhaltung von uns noch mancher Strauß auszukämpfen sein wird. Und überhaupt: das Vaterland gehört zu den Dingen, von denen der Dichter sagt:

> Was du ererbt von deinen Vätern hast,
> Erwirb es, um es zu besitzen!

Gewiß wird man als Deutscher geboren, das Vaterland ist, wie die Religion, Sache der Geographie unseres Geburtsorts; aber nun gilt es, was man ist, ein Deutscher, auch zu werden, d. h. sich mit deutschem Geist zu erfüllen und mit allem Höchsten und Besten, was wir als Deutsche haben und sein können. Um ein Beispiel zu nennen: wer als Student stumpf und stumpfsinnig an den Schätzen unserer deutschen Kultur vorübergeht, der versäumt ein Notwendiges für seine Erziehung zum Deutschen, und dem fehlt ein Wichtigstes an nationalen Idealen. Und die Verbindung, die diesen Stumpfsinn in ihren Kreisen duldet oder gar großzieht, versäumt ihre Pflicht als Verein deutscher Studenten, das jede von ihnen sein soll. Der Fuchsmajor, der seine Füchse nicht für deutsche Art und Kunst und Poesie zu gewinnen und zu begeistern weiß, der es ihnen nicht zur Pflicht macht, sich in deutschen Geist zu vertiefen und in ihm aufzugehen, zu leben und zu weben, der ist ein schlechter Fuchsmajor und verdient seinen Posten nicht; und der Student, der außer seiner Fachliteratur während seiner Studienzeit kein deutsches Buch von einem Dichter oder Schriftsteller in die Hand nimmt, ist ein schlechter deutscher Student. Am Straßburger Münster ist Goethe deutsche Kunst und Art aufgegangen. Rekruten führt man ans Münster, führen auch die Herrn Fuchsmajore ihre Füchse dorthin? Verfolgt aber eine Studentenverbindung gar antideutsche Tendenzen und beeinflußt und erzieht sie ihre Mitglieder in einem Deutschland feindlichen Sinn und Geist, so gehört sie überhaupt nicht an eine deutsche Universität; und wenn sie das nicht selber einsieht und sich selber aus den Reihen der übrigen ausstreicht, so ist dann allerdings die Disziplinargewalt dazu da, um einem solchen undeutschen Treiben an einer deutschen Hochschule rasch und energisch ein Ende zu machen. Der „Cercle" mußte nicht wegen seiner Zoten, sondern wegen seiner Erziehung zu antideutscher Gesinnung aufgelöst werden.

Das andere Extrem, dem die Jugend vielleicht noch leichter verfallen kann, ist jener großwortige Hurrapatriotismus, der kritiklos zu allem, was deutsch heißt und in Deutschland geschieht, Ja und Amen sagt und kritiklos für das Uferloseste und Unmögliche sich gewinnen läßt; oder noch schlimmer, der unduldsam sich gegen alles, was nicht deutsch ist oder auch nur nicht deutsch zu sein scheint, mit Haß und Verachtung wendet und seine Ideale anderen nötigenfalls mit Gewalt aufzwingen will. Wahrhaft sein Vaterland lieben heißt nicht blind sein gegen Fehler, die gemacht werden und gegen Mängel, die sich zeigen; es ist oft viel bequemer Hurra zu schreien als Opposition zu machen, und doch kann dieses unter Umständen viel patriotischer sein. Und deutsch sein, heißt weitherzig und gerecht sein. Den ins Nebulose schweifenden Kosmopolitismus des achtzehnten Jahrhunderts haben wir glücklich überwunden, wollen aber dafür nicht einen bornierten und bornierenden Chauvinismus eintauschen, der nur zu leicht zum Byzantinismus wird, und uns nicht töricht verschließen gegen das Gute, das draußen ist und von draußen zu uns kommt und das Fremde und fremd Scheinende nicht intolerant von uns ausschließen.

Dabei stoßen wir auf eine akademische Streitfrage, die nicht bloß auf den technischen Hochschulen, sondern gelegentlich auch auf den alten Universitäten brennend geworden ist: die Stellung unserer Hochschulen zu den ausländischen Studenten. Voranstellen will ich dabei den Satz, daß wir allen Grund haben uns zu freuen und stolz zu sein, wenn aus aller Herren Länder junge Männer zu uns kommen, um deutsche Wissenschaft an der Quelle zu studieren. Auch für unsere politische Stellung unter den Völkern der Erde wird es nicht gleichgültig und zu unterschätzen sein, daß viele von denen da draußen bei dieser Gelegenheit deutsche Art kennen und achten, vielleicht sogar lieben lernen und so einige Samenkörner zur Freundschaft mit uns und zum Völkerfrieden in ihre Heimat zurücknehmen. Wenn ich hinzufüge, daß es auch um deswillen Pflicht des deutschen Studenten ist, sich achtungswert zu führen und sich liebenswürdig zu geben, so gehört das vielleicht auch zum recht verstandenen Patriotismus ohne viel Worte. Und eine einzige geschichtliche Notiz dazu: als in den Zeiten der Reaktion des neunzehnten Jahrhunderts die schweizerischen Hochschulen von deutschen Flüchtlingen überschwemmt wurden, wie hätten die Deutschen es damals empfunden, wenn ihnen plötzlich das Gastrecht entzogen und sie einer akademischen Ausnahmegesetzgebung unterworfen worden wären! Deswegen kann ich mich für eine solche auch jetzt bei uns nicht erwärmen und diesen „gesunden nationalen Egoismus“, wie er uns empfohlen wird, nicht für das Richtige oder auch nur für ein Nützliches halten. Vielmehr sage ich nach wie vor: die Tore der deutschen Universitäten weit auf für fremde Gäste! Das entspricht deutscher Art und unserer bewährten Tradition.

Aber allerdings müssen wir nun auch Forderungen an diese fremden Gäste stellen. Es sind ihrer, soviel ich sehen kann, drei. Einmal, daß sie mit der nötigen Vorbildung zu uns kommen, sonst können wir sie nicht brauchen. Darüber zu wachen ist Sache der immatrikulierenden Behörde, die es auch tut, soweit es ihr möglich ist. Denn bei völliger Verschiedenartigkeit dieser Vorbildung ist die Frage der Gleichwertigkeit nicht immer leicht und mit Sicherheit zu entscheiden. Das zweite ist die Platzfrage, die ganz besonders auch die technischen Hochschulen bewegt und erregt. Wo es in Hörsälen oder Instituten an Plätzen fehlt, da würde ich zuerst sagen, sollen die Regierungen Rat und Platz schaffen; solange das aber nicht der Fall ist, hat allerdings der Inländer ein Vorzugsrecht, vorausgesetzt daß er rechtzeitig zur Stelle ist, wofür deshalb ein Termin festgesetzt werden muß, und vorausgesetzt, daß er entschlossen ist, seinen Platz auch regelmäßig zu benützen; ein regelmäßig sich einfindender und fleißig mitarbeitender Ausländer ist dem deutschen Professor im Hörsaal oder im Laboratorium am Ende doch noch lieber als ein regelmäßig schwänzender Deutscher. Endlich dürfen die Ausländer das Gastrecht nicht verletzen, müssen sich vielmehr unseren Sitten fügen und akkommodieren. Tun sie jenes in grober und taktloser Weise, so müssen sie es sich gefallen lassen, daß sie von der Polizei ausgewiesen oder von den akademischen Behörden relegiert oder von den deutschen Kommilitonen unsanft zur Ordnung verwiesen, mißachtet und gemieden werden; nur sollten diese dabei nicht mit zweierlei Maß messen und auf die Splitter im fremden Auge achten und den Balken im eigenen chauvinistisch übersehen. Von ausländischen Studenten gilt fraglos das Wort, das Perikles von den Frauen gesagt hat: diejenigen sind die besten, von denen am wenigsten gesprochen wird. Ob die Ausländer höher zu besteuern sind als die deutschen Studenten, das ist eine internationale und eine finanztechnische Frage, die ich nicht entscheiden kann. Ich glaube, das können wir ruhig unseren Finanzleuten überlassen, die ja recht findig sind im Aufsuchen und Erfinden von Steuerquellen und Steuerzuschlägen und also ihre Gründe haben müssen, wenn sie von dieser Einnahmequelle keinen Gebrauch machen sollten. Nur gegen einen Zuschlag zum Kolleggeld bei Fremden würde ich unter allen Umständen protestieren. Doch auf das Kolleggeld komme ich noch besonders zu sprechen.

Siebente Vorlesung.

Literis et patriae, Wissenschaft und Vaterland! Das ist nicht nur die Devise unserer Straßburger Universität, sondern muß auch die Devise jeder studentischen Korporation sein. Aber das Motto genügt nicht. Auch die Sittlichkeit wird nicht fehlen dürfen. Es gab früher einen besonderen Sittlichkeitsparagraphen in den Statuten studentischer Korporationen, er bezog sich freilich nur auf eines, auf das sexuelle Leben, und hieß darum auch Keuschheitsparagraph. Wenn er heute fast überall da, wo er bestand, beseitigt ist, so könnte man dem allenfalls wieder das fadenscheinige Mäntelchen der „neuen Ethik" umhängen und sagen: unsere Anschauungen über Ehe und Geschlechtsleben haben sich eben gewandelt. Aber der Paragraph ist aus den meisten Korporationsstatuten verschwunden, lange ehe die „neue Ethik" erfunden war, und die Beseitigung des Keuschheitsparagraphen war, mochte sie so oder so motiviert werden, doch schließlich nichts als ein Zeichen einreißender Laxheit und als ein Freibrief zu allerlei Liederlichkeit. Darum bedaure ich seine Aufhebung und weiß doch, daß in solchen Fragen von geschriebenen Paragraphen nicht alles, sogar recht wenig abhängt. Immerhin, es war ein Zaun und ein Riegel, für viele einzelne eine Warnung und Mahnung, ein Schutz und Halt; ihn mutwillig preiszugeben, ist daher nicht wohlgetan. Gewiß ließe ich mir die Beseitigung dieses äußeren Zaunes gefallen, wenn die Verbindungen dafür um so energischer die innere sittliche Kräftigung und Hebung ihrer Mitglieder in die

Hand genommen, den Paragraphen durch eine ernstliche sittliche Erziehung der einzelnen und eine strengere sittliche Haltung im ganzen ersetzt und ergänzt hätten. Haben sie das getan? oder sind es doch nur rühmliche Ausnahmen, wo so etwas geschieht?

Ich weiß nicht einmal, ob alle den äußeren Anstand wahren und ihren Mitgliedern verbieten, in Farben ins Bordell zu gehen. Denn davon, von der Beteiligung der Studenten an der Prostitution möchte ich in diesem Zusammenhang reden. Die Hygieniker Deutschlands haben vor einigen Jahren ein Flugblatt erscheinen lassen, das die Studenten vom hygienischen Standpunkt aus warnt und mahnt. Sie konstatieren zunächst, daß „die Verbreitung der geschlechtlichen Erkrankungen namentlich unter den Besuchern der großen Universitäten eine sehr erhebliche, eine weit höhere ist, als man dies nach der gesellschaftlichen Stellung und der sorgsamen Erziehung der Studierenden erwarten sollte“. Und nun fahren sie fort: „Sicherlich ist das eine Folge des ungebundenen und von jeder lästigen Fessel befreiten Lebens, das den Zwang der Schule ohne Übergang ablöst. Aber wenn wir auch gewiß an diesem schönen Vorrecht der akademischen Jugend nicht rütteln wollen, wenn wir überzeugt sind, daß man immer Jünglinge wird wagen müssen, um selbständige und ganze Männer zu gewinnen, so muß doch der Ruf nach straffere Selbstzucht gerade der größeren Versuchung gegenüber erhoben und darauf verwiesen werden, daß nach tausendfältigen Erfahrungen eine weise Zurückhaltung und Beschränkung im geschlechtlichen Verkehr ohne jeden Schaden für die körperliche und geistige Entwicklung des heranwachsenden jungen Mannes beobachtet werden kann.“ Und gewiß ist der gesundheitliche Standpunkt auch nach der negativen Seite hin von der allergrößten Bedeutung, weil hier eine Quelle großer Gefahr — nicht bloß für den einzelnen selbst, sondern auch für die Gesundheit ganzer Generationen, der Frauen, der Kinder und der Kindeskinder liegt. Kraft- und saftlos in die Ehe kommen, die Frau kinderlos, krank und unglücklich machen oder die Kinder erblich belasten als Folge der Ausschweifungen in der Universitätszeit — das ist ein schweres Unglück für unser Volk und eine schwere Schuld, die der einzelne damit auf sich lädt. So mündet schon das Hygienische in das Sittliche, wie auch der Aufruf der Hygieniker ins Moralische übergeht, das er erst beiseite gelassen hat. Denn „kaum an einem andern Punkte gesellen sich zu den Schäden des Körpers so oft und so leicht solche des Charakters, der ganzen Denk- und Sinnesart, wie gerade hier“. Darum, so schließen sie, „hütet euch und widersteht der Versuchung, indem ihr zuletzt, aber nicht am wenigsten, auch der Forderungen eingedenk seid, die euer Vaterland an euch richtet. Ihr seid die edelste und kostbarste Jugendblüte unserer Nation, auf euch beruht die Hoffnung unserer Zukunft. Die hohe Sendung aber, zu der unser Volk vor anderen berufen erscheint, bedarf ganzer Männer, bedarf eines Nachwuchses, der gesund und fest sei an Leib und Seele. Discite moniti!“

Zu dieser, an der Gesundheit unseres Volkskörpers sich orientierenden Betrachtung kommt aber noch eine andere. Wer sind denn in der großen Mehrzahl die Dirnen, mit denen der Student im Bordell oder im Nachtcafé sich einläßt und verkehrt? Es ist eine Zeitlang von Berlin aus in unserer Literatur der Mythus verbreitet worden, das seien die interessantesten Weiber, so etwas wie unser modernes Frauenideal; und gewiß kommt auch einmal ein solches feineres und besseres Element in diese Schar. Aber von ein paar ganz vereinzelten Ausnahmen abgesehen, sind es in Wahrheit vielmehr die Genossinnen von Zuhältern, lasterhafte und verlogene, tief ungebildete und tief in Gemeinheit versunkene Geschöpfe; daher die große Gefahr, daß durch den Umgang mit ihnen auch der Mann moralisch schlecht und in einen Abgrund und Sumpf von Gemeinheit hineingerissen wird. Und was nehmen Studenten, die in diesem Schlamm der Unsauberkeit, der Gemeinheit und der Brutalität herumpatschen, davon mit hinaus in ihr Leben? Sie haben Mutter und Schwestern, sie werden dereinst Braut, Frau, Töchter haben. Auch von jenen verlorenen Mädchen, um zuerst von ihnen zu reden, hat jede eine Mutter — vielleicht eine schlechte, dann sind sie umsomehr zu bedauern als Opfer der Vererbung und der Erziehung; vielleicht eine gute, dann ist diese zu beklagen ob ihres verlorenen Kindes; und manche von ihnen hat einen Bruder, wie Ihre Schwestern Sie, meine Herrn, zu Brüdern haben; was von diesen Brüdern der eine und andere, die besten gerade empfinden, das hat uns Goethe im Faust in der realistischen Gestalt des sterbenden Valentin in packender Anschaulichkeit gezeigt. Und wenn in dumpfem Grollen, in lauten Wutschreien heute die Rache sich ankündigt, welche Väter und Brüder dafür nehmen wollen, daß die Töchter des Volks als Weiberfleisch und weiße Sklavinnen den Lüstlingen der obern Hunderttausend sich preisgeben, hat dieses Grollen, hat diese Wut, hat dieser Schrei nach Rache Unrecht? Und auch daran, an der Heraufbeschwörung eines Rachegerichts sondergleichen, beteiligen sich deutsche Studenten und schüren auf diese Weise alljährlich den Klassenhaß und beschwören straflos den großen Umsturz mit herauf.

Und nun kommen Sie in den Ferien nach Hause: entweder so frech geworden durch den Umgang mit frechen Dirnen, daß die anständige Frau, die eigene Mutter, die eigene Schwester Sie langweilt, weil sie ehrbar ist; oder aber, wo noch so viel Scham vorhanden ist, wie können Sie der Mutter und den Schwestern da noch frank und frei ins Auge sehen? Was Sie vom Weibe halten und wie Sie des Weibes brauchen wollen, das haben Sie ja im Semester gezeigt und betätigt. Und was sollen das dereinst für Ehen geben? Von der gemeinen Seite nur kennen Sie die Frau, und diesen Fluch der Gemeinheit tragen Sie dann aus Ihrer Studentenzeit mit herüber in Ihre eigene Ehe. Sie achten das Weib gering, weil Sie erst geholfen haben, es verächtlich zu machen.

So ist das Bordell wirklich kein Platz, wo ein anständiger Student hingehört, Dirnen sind kein Umgang für ihn, was er in diesem unsauberen Milieu lernt, ist nur Schlechtes und Gemeines und Niedriges. Aus diesen Gründen wäre es die Pflicht jeder Studentenverbindung, ihren Mitgliedern den Besuch dieser Häuser kategorisch zu verbieten, Pflicht jedes Fuchsmajors, die Neuangekommenen, namentlich in Großstädten, dringend davor zu warnen. Und weil das keine gleichgültige, sondern eine recht ernsthafte Sache ist, deshalb gilt es sozusagen von ferne schon diese Quelle des sittlichen und des leiblichen Verkommens zu verstopfen und dagegen eine gewisse Scheu und Abscheu einzupflanzen und alles zu vermeiden, was die jungen Glieder einer Verbindung an das Leichtnehmen dieser Dinge gewöhnen kann. Das Zotenreißen ist bei Alten nicht schön, bei der Jugend aber ist es noch viel häßlicher und viel gefährlicher: es stumpft den Sinn für das Reine und Keusche ab, zieht dieses ins Lächerliche und würdigt in Gedanken bald jedes Weib zur Dirne herab. Wie stellen sich die Verbindungen dazu? treten in ihnen die, die reines Sinnes sind, auf gegen die unsauberen Zotenmacher, die mit gemeinem Grinsen das Natürliche zu einem Lüsternen und das Heilige zu einem Tierischen erniedrigen und verzerren? haben sie dazu den moralischen Mut und die moralische Kraft?

Und was ist es mit der „neuen Ethik"? haben wir sie oder haben wir durch sie nicht vielmehr die alte verloren und verliederlicht? Als Antwort darauf lassen Sie mich Ihnen eine in Jena passierte Geschichte erzählen. Zwei Bürgermädchen aus Weimar ließen sich verleiten, die Nacht auf einer Studentenbude zu verbringen: das war die neue Ethik bei Nacht. Am andern Morgen haben sich beide in der Saale ertränkt: das war die alte Ethik am Tage. Die Herrn Studenten aber, die mit den beiden die Nacht verbracht hatten, gingen natürlich frei aus; denn das ist die doppelte Moral, die sich die Männerwelt so bequem zurechtgemacht hat. Oder gingen sie doch nicht frei aus? Nahmen sie am Ende — und ich nehme dies zu ihren Gunsten an — ins Leben mit hinaus das Bewußtsein einer schweren Schuld und Gewissensbelastung, um der Lust einer Stunde willen zwei blühende Menschenleben gemordet und die Ehre und das Glück zweier bis dahin unbescholtenen Familien zerstört, unsäglichen Jammer und Schande über zwei Väter und zwei Mütter gebracht zu haben? Ich weiß es nicht; aber von mir weiß ich, daß mir mein ganzes Leben vergellt und vergiftet wäre, wenn ich eine solche Schuld als rasselnde Kette am Fuß durch dasselbe hätte hindurchschleppen müssen. Sie verstehen, was ich mit dieser Geschichte sagen will: mehr sittlichen Ernst, weniger sträflichen Leichtsinn in solchen Dingen! Die Verbindungen aber sind unter anderem auch dazu da, hierbei den einzelnen zu stützen und zu halten, nicht ihn durch Zotenreißen und mit-ins-Bordell-nehmen aktiv zu verderben oder passiv zuzusehen und es geschehen zu lassen, wie er physisch und moralisch zugrunde geht oder schwere Schuld auf sich lädt. Daß die deutsche Studentenschaft in Jena, die sich über das Konkubinat zweier Russen so sittenstreng entrüstet hatte, gegen jene beiden Sünder aus ihrer eigenen Mitte Protest erhoben hätte, davon habe ich nichts gehört. Das ist es eben, was ich das letztemal mit dem Splitter im fremden und dem Balken im eigenen Auge meinte.

Was ich nun aber wollte, das wäre vor allem eine Änderung unserer staatlichen Gesetzgebung, wonach der Mann in diesem Punkte der Frau gleichgestellt, gegebenenfalls wie sie bestraft und vor allem wie sie beaufsichtigt würde: den Kartendirnen müßten die Kartenbuben entsprechen. Doch darüber brauche ich hier nicht zu diskutieren, das trifft ja nicht die Studenten allein. Diesen aber möchte ich vorläufig wenigstens das Gewissen schärfen und möchte wünschen, nein fordern, daß die guten Elemente unter Ihnen nicht immer nur die feigen Elemente wären, sondern sich zusammentäten, eine Bewegung organisierten, den Schmutz hinausfegten und Ihren Ehrenkodex nach dieser Richtung hin energisch verschärften. Es ist noch nicht allzulange her, da pflegte hier in Straßburg allabendlich ein Student in anständigen Lokalen mit einer Dirne zu Abend zu essen; und wenn er kam und wenn er ging, so zischelten die Philister von den Nachbartischen — natürlich nicht gegen ihn, den sie ja nicht kannten, sondern gegen Sie alle, meine Herrn, gegen die deutsche Studentenschaft überhaupt. Und ich habe mich doch oft gewundert, daß die Kommilitonen diesen Skandal ruhig hinnahmen und nicht einmal — doch nein, die Flußpferdpeitsche ist nur für arme afrikanische Pfandweiber, nicht für solche sauberen Herren der Schöpfung in der Welt. In diesem Sinn habe ich mich über die Gründung des akademischen Bundes „Ethos" gefreut, der die „Förderung einer vertieften und veredelten Auffassung des Geschlechtslebens, die Läuterung der sittlichen Ehrbegriffe und den Kampf gegen die geschlechtliche Ausschweifung" unter der Studentenschaft sich zum Ziele setzte. Noch lieber freilich wäre es mir, und für wirksamer und aussichtsvoller hielte ich es, wenn statt eines besonderen und nicht sehr zahlreichen Bundes alle Ihre Verbindungen dafür einträten und zu haben wären.

Wenn mich aber einer von Ihnen fragte, wie sich denn der Mensch geschlechtlichen Anfechtungen gegenüber verhalten solle und mich aufforderte, mich mit meinen Vorwürfen und starken Worten vielmehr an die Natur als an den verantwortlichen Menschen zu halten, so sage ich dem klipp und klar: Nein, das tue ich nicht. Die Ibsensche Vererbungstheorie ist für mich so wenig als Tolstois Kreutzersonate ein Evangelium und ich bin so weit entfernt, hier Konzessionen zu machen, daß ich ihnen gegenüber einfach auf das alte Kantische Wort verweise: Du kannst, denn du sollst. Wollen Sie aber als moderne Deterministen, die wir alle sind, davon nichts hören, so rechnen Sie eben auch mich und meine Worte zu dem Sie umgebenden Milieu. Wir wollen die alte Ethik mit ihren alten Idealen von Tugend und Pflicht nicht feige und vorschnell preisgeben und sie nach unserer Bequemlichkeit und nach unseres Herzens Gelüsten umwerten, sondern sie vielmehr in Gesetzgebung und sozialer Lebenshaltung erst recht ein- und durchführen, damit ein gesundes und anständiges Milieu in Zukunft auch den deutschen Studenten umflute und trage und er daran seinen Halt und seinen Schutz finde. An den äußeren Formen wollen wir rütteln und bessern, damit die inneren Formen, damit der Geist ein guter werde. Optimistisch genug aber bin ich, um der deutschen Jugend zu vertrauen, daß auch sie uns unterstützen werde in diesem Kampf gegen Prostitution und Unsittlichkeit, dabei aber zuerst bei sich selber den Anfang mache.

Ich gehe nicht weiter, rede namentlich nicht von anderen Formen wie der Mätressenwirtschaft, so nahe das gerade auch beim Blick auf unsere Straßburger Verhältnisse — muß ich sagen: auch auf unsere Straßburger Studentenverhältnisse? — läge und so verödend ein solches dauerndes sich Anketten an ein ehrloses und meist wieder recht ungebildetes Geschöpf auf Kopf und Herz eines empfänglichen und reizbaren jungen Mannes wirken muß und so viel Schuld und Jammer auch hier mit im Gefolge zu sein pflegt. Was ich zu sagen hatte, habe ich gesagt; und wenn Ihnen einzelnes zu stark geklungen hat, meine Herrn! — die ganze Sache ist stark und mit Glacéhandschuhen schöpft man keine Pfützen aus. Hier ist ein breiter Schmutzfleck auf der Fahne deutscher Mannesehre, ein Schmutzfleck auch auf Ihrer studentischen Ehrenfahne; an Ihnen ist es, die Fahne sauber zu halten, an Ihnen ist es, über Ihre Ehre zu wachen! Auch da heißt es: frei sei der Bursch!

An Ihre Ehre habe ich angesichts der Beteiligung zahlreicher deutscher Studenten an der Prostitution appelliert. Und gewiß muß neben Wissenschaftlichkeit, Vaterland und Sittlichkeit Ehre und Ehrenhaftigkeit auf dem Schild jedes einzelnen von Ihnen und auf der Fahne jeder Ihrer Verbindungen geschrieben stehen. „Ein honoriger Bursche" zu sein, das war zu allen Zeiten Ziel und Streben des rechten Studenten.

Das führt auf die heikle Frage: Was ist die Ehre? Lessing läßt bekanntlich seine Minna von Barnhelm sagen: „Die Ehre ist — die Ehre." Und viel genauer läßt sie sich auch nicht bestimmen. Auch die Ehre gehört wie die Sitte zur Sittlichkeit im weiteren Sinn, ist so etwas wie Vorhof und Zaun derselben und wie sie ein durchaus Soziales. Während aber die Sittlichkeit im engeren Sinn — allen Nietzscheanern zum Trotz sei das gesagt — ein durchaus Demokratisches ist, weil sie darauf ausgeht, ein allgemein Menschliches zu werden, hat die Ehre einen entschieden aristokratischen Zug, etwas Ab- und Ausschließendes, etwas von Kastengeist und Standesvorurteil an sich. Denn bei ihr handelt es sich wirklich in erster Linie um den Stand und um meine Wertung innerhalb meines Standes, um die Meinung, die meine Standesgenossen von mir haben, und um den Wert, den ich dieser ihrer Meinung von mir beilege. Wenn ich als Professor ein Plagiat begehe oder profiteor, was ich nicht denke und glaube, so verliere ich meine wissenschaftliche Ehre, und das Forum dafür ist die Universitas magistrorum et scholarium; die draußen Stehenden haben dafür höchstens ein verwundertes Oh! Was kaufmännische Ehre ist, zeigt uns G. Freytag in seinem „Soll und Haben"; und die Ehre des Arbeiters besteht darin, seine Arbeit recht zu machen und seinen Arbeitsgenossen ein treuer Genosse, nötigenfalls selbst beim Streik ein treu zu ihnen haltender Genosse zu sein. Daß dabei Ehre und Sittlichkeit in Konflikt kommen können, wissen wir alle, es sind dies die grausamsten, die schwersten Konflikte: wer mit gutem Gewissen ehrlos wird, ist ein tieftragischer Mensch, und unglücklich ist ebenso umgekehrt, wer der Ehre sein Gewissen zum Opfer bringt. Das mußte vorangeschickt werden, wenn wir uns die studentische Ehre verständlich machen wollen.

Wenn ich frage, worin diese besteht, so liegt die Antwort nahe, daß der Student Mut zeige und sein Wort halte. Fichte hat die drei F als der Sünden schwerste bezeichnet: die Faulheit, die Feigheit, die Falschheit. Feigheit und Falschheit, wenigstens in dem beschränkten Sinn des Wortbruchs, verbietet auch die studentische Ehre. Aber sie verbietet auch einiges nicht, und davon soll zuerst die Rede sein.

Nicht verbietet sie die Faulheit: ist das gut und recht? Nach früher Gesagtem zunächst: ja! Sie sehen, meine Herrn, ich bin tolerant; aber ich fürchte, das dicke Ende kommt noch nach. Zur Lernfreiheit gehört auch die Freiheit, nicht zu lernen, faul zu sein, das habe ich gleich zu Anfang anerkannt; darum wäre es eine Verletzung der akademischen Freiheit, wenn Ehrlosigkeit als Strafe auf die Ausübung dieses Rechtes gelegt würde. Und doch, wie ist es damit in Wahrheit? Zunächst ist Fleiß keine so einfache und eindeutige Sache. Ist der, der die Kollegia schwänzt und als Jurist sein corpus iuris, als Theologe seine Dogmatik vernachlässigt, darum notwendig faul? Er ist kein fleißiger Jurist, kein fleißiger Theologe, gewiß; aber er kann darum doch voll geistigen Bildungsstrebens, voll reger Interessen, voll innerer Arbeit sein. Da nun aber wir, Professoren und Kommilitonen, im wesentlichen nur den Fachfleiß zu beurteilen imstande sind, so wäre es vom Übel und eine arge Ungerechtigkeit, wenn wir über den Mangel daran die Strafe der Ehrlosigkeit verhängen wollten. Aber nicht zu verkennen ist, daß, wo bei einem die Faulheit eine absolute, das Bildungsstreben und die geistige Regsamkeit = 0 ist, daß sich dem gegenüber doch langsam, aber unaufhaltsam auch unter Ihnen so etwas wie ἀτιμία, wie stille Verachtung einstellt. Man hat nichts an einem solchen Megatherium, darum will man auch auf die Dauer nichts mit ihm zu tun haben, man läßt es abfallen als ein unnützes Glied vom Stamm der geistigen Universitas.

Solcher Faultiere, die eben nur faul und ganz faul sind, gibt es auf jeder Hochschule etliche, ich erinnere mich aus meiner Studentenzeit solcher Leute. Aber sie sind gottlob selten. Gar nichts zu tun, ist eigentlich nicht die Art der Jugend in ihrer Lebendigkeit und ihrer Kraft. Und darum ist solche absolute Faulheit mehr nur Begleiterscheinung und Folge zweier anderer Laster, der Trunksucht und der geschlechtlichen Ausschweifungen. Was dazu die studentische Ehre sagt oder vielmehr nicht sagt, davon war ja schon die Rede. Trinken, selbst Saufen und ins Bordell gehen, macht den Studenten im allgemeinen nicht ehrlos: wir haben es gesehen und beklagt, und ich habe dagegen energischen Protest erhoben und an Ihre Vernunft und an Ihr besseres sittliches Gefühl appelliert.

Viel harmloser klingt es, wenn ich frage: Wie halten Sie es mit dem, der über seine Verhältnisse, über seine Mittel lebt? Und doch liegt am Ende hier ein besonders wunder Punkt wie unseres modernen Lebens überhaupt, so auch des deutschen Studentenlebens zu Ausgang des 19. Jahrhunderts insbesondere, die Wurzel vieler Übel und vieles Bösen; denn es ist die am weitesten verbreitete Unsitte unserer Tage.

Es führt das auf den Unterschied von arm und reich. Daß es den auch unter den Studenten gibt, wissen wir alle; vielleicht sollte er hier nicht sein, sollte vielmehr das κοινὰ τὰ τῶν φίλων (Freunden ist alles gemein) gelten. Allein wir müssen rechnen mit den Verhältnissen, wie sie sind; und sie sind so. Was aber nicht sein sollte, ist das, daß diese Unterschiede ganz wie in der Welt der Philister markiert werden, daß es auch unter Ihnen so etwas wie Protzentum gibt. Protzentum ist nirgends schön; aber zum Wesen des Studenten paßt es am allerwenigsten, dieses Wertlegen auf äußeren Besitz und äußere Unterschiede, die nicht von Ihnen abhängen und die Sie nicht einmal selbst geschaffen haben. Hierin liegt eine Verleugnung jener goldenen Rücksichtslosigkeit, von der ich früher als von einer echt studentischen gesprochen habe, damit wird der Student zum schalen Philister. Nun werden Sie freilich sagen: aber diese Unterschiede sind nun einmal unter uns vorhanden, und es versteht sich ganz von selbst, daß der Reichere besser lebt als der Arme. Gewiß, z. B. daß der Reichere häufiger ins Theater geht und sich überhaupt eine Fülle geistiger Genüsse leichter verschaffen kann und öfter verschafft. Aber ein Student, der sich mit silbernen Armbändern behängt wie ein Negerweib mit Nasenringen oder auf gut Essen und Trinken einen solchen Wert legt, daß er nur im ersten Hotel der Stadt speisen zu können meint, das ist ein bedauernswerter Sklave solcher äußerer Dinge, das ist bereits kein freier Bursche mehr.

Und versteht es sich weiter auch von selber, daß der Reiche auf den Ärmeren herabsieht? Oder geschieht das unter Studenten nie? Kommt es nicht ganz direkt zum Ausdruck da, wo eine bestimmte Höhe des Wechsels zur Bedingung gemacht wird für die Aufnahme in eine studentische Korporation? Heißt das etwas anderes als: wir Reichen wollen unter uns sein?

wir wollen eine Exklusivität des Besitzes statuieren und die armen Schlucker von uns fern halten? Wenn das der Parvenu sagt, der sich Millionen erworben hat, so kann ich darin doch noch etwas wie Sinn und Vernunft entdecken: wer sich den Besitz erworben hat, kann sich auf seine Klugheit, seine Geschicklichkeit, auf sein Glück sogar etwas einbilden. Dagegen der Sohn eines Reichen, worauf hat denn der Grund stolz zu sein? Aber freilich sind die Tyrannensöhne bekanntlich immer tyrannischer als ihre Väter und haben darum auch meistens wieder verloren, was die Väter gewonnen hatten.

So gilt mir alles Protzen und Prunken, aller Luxus und alle Üppigkeit bei Studenten als unnatürlich und unwürdig, und es scheint mir in der Tat als ein bedenkliches Zeichen des Niedergangs, daß ein solcher Protzengeist zum Teil auch unter Ihnen Platz gegriffen hat, bedenklich nach außen und nach innen. Wenn Sie durch die Straßen unserer Stadt gehen, so sehen Sie die alten Patrizierhäuser nicht etwa hervorragen durch prunkvolle Architektur und reiche Ornamentik der Außenseite; erst wenn Sie in die Höfe eintreten, erkennen Sie, wie opulent es dereinst hier aussah und herging; man wünschte eben nicht den Neid der Ärmeren zu erregen. So vorsichtig waren unsere Vorfahren. Von dieser Sitte aus der Blütezeit unseres deutschen Bürgertums könnte auch der deutsche Student von heute lernen: das Prahlen mit dem Besitz weckt Neid und Haß und üble Nachrede. Nur ein Beispiel! In manchen Kreisen der Studentenschaft hält man es für unanständig, wenn mehr als zwei zusammen in einem Wagen fahren. Woher das kommt, ist ja klar. Bei Ausfahrten wollten und wollen kleine Korporationen die Zahl der Chaisen vermehren, die Auffahrt ansehnlicher und stattlicher machen. Aber dieser speziose Zweck wurde bald vergessen und die Zweiheit auch für private Fahrten als Selbstzweck und als vornehm angesehen. Erregt nun ein solches zweckloses Vornehmtun, von dem selbst Fürsten nichts wissen, bei vernünftigen Leuten ein Lächeln des Mitleids als über eine armselige Prahlerei, so ist es dagegen in den Kreisen derer, für die Wagenfahren nur ein aus der Ferne angestaunter und ersehnter Genuß ist, Anstoß gebend, Neid und Haß erregend. Aber auch nach innen ist es Skandal und Verlust zugleich; die zwei, die sich da aus lauter Vornehmheit zusammen langweilen und anöden, statt zu vieren oder doch zu dreien — tres faciunt collegium! — lustig zu sein, sind — man sehe sie sich nur an! — zugleich ein Symbol geistiger Armut und Armseligkeit, die sich vielfach hinter solchem äußeren Großtun und Prahlen verbirgt.

Doch gut, ich kann es ja! sagt der Reiche und er tut damit an sich nichts Böses, er hat dazu die Freiheit. Nur daß ihm das Wort des Apostels Paulus (1. Korinther 8, 9) zur Erwägung anheimzugeben ist: „Sehet zu, daß diese eure Freiheit nicht gerate zu einem Anstoß den Schwachen!" Aber können es auch alle, die so tun und es so treiben? Und hiermit beginnt eben jenes über die Verhältnisse leben. Ich meine damit zunächst nicht die, die es wirklich nicht können und deshalb Schulden machen müssen und daran schließlich zugrunde gehen: solche „Lumpe" gibt es in allen Ständen. Sondern ich rede von denen, die von Haus auch zur Befriedigung weitgehender Ansprüche das nötige Geld bekommen — aber um welchen Preis? Daß Vater und Mutter und Geschwister daheim darben, es sich am Munde absparen und ihrerseits auf jedes Vergnügen verzichten, damit der Herr Sohn auf der Hochschule schwelgen und prassen und sich Dinge erlauben kann, die sich kein wackerer Mann aus dem Mittelstand sonst gestatten mag. Ist das ehrenwert? Ich meine natürlich nicht, daß Sie das ohne weiteres unter den studentischen Ehrenkodex stellen und für ehrlos erklären sollten; denn die Kommilitonen kennen ja meist voneinander die Verhältnisse nicht, sollen sie auch nicht kennen und mit Sicherheit beurteilen können. Sondern es ist eine Ehrensache für jeden einzelnen, und da ist es doch traurig, daß es unter Ihnen als Ehrensache überhaupt nicht in Frage kommt: nirgends in der Welt gilt es für honorig, zu prassen um den Preis, daß die eigenen Angehörigen dafür darben; nur der Student sollte sich das ungestraft und unbehelligt von der öffentlichen Meinung seiner Standesgenossen erlauben dürfen?

Weil nun aber solche Unsitte als eine vielfach geübte doch auch unter Ihnen bekannt wird, einzelne derartige Fälle offenes Geheimnis sind, deswegen reicht allerdings die Selbsthilfe allein nicht aus. Woher kommt es denn, daß so viele auch von Ihnen über ihre Verhältnisse leben? Weil das Beispiel ansteckend wirkt, das die Reichsten unter Ihnen geben. Darin liegt ja überhaupt die Gefahr des Luxus — nicht für den Luxustreibenden selbst, auch nicht für den fernstehenden Armen, sondern als Ansporn für die Standesgenossen, es nachzumachen und gleichzutun, auch wenn man es nicht kann. „Muß au hau“ (ich muß es auch haben), so nannten wir einen Kommilitonen, der jeden Genuß, den andere vor seinen Augen sich gestatteten, mit dieser brutalen Begründung für sich forderte und dann auch richtig an diesem sich-nichts-versagen-Können elendiglich zugrunde gegangen ist. Alles „auch haben müssen“ und haben wollen, was andere seines Standes haben, das ist die ganz rohe und äußerliche Auffassung der Standesehre, und sie findet sich mehr als billig gerade auch in studentischen Kreisen. Zugrunde liegt dem letzten Endes doch die falsche Meinung, daß Armut und das Eingeständnis der Armut eine Schande sei: man will nicht arm scheinen, daher nimmt man den Schein des Reichseins an, und diesem falschen Schein bringt man sogar das Glück und das Behagen der Seinigen zu Hause zum Opfer. Die zwei, Feigheit und Falschheit, sind auch hier wieder die Wurzel alles Übels.

Gegen dieses Scheinwesen, meine Herrn, müßte Sie nun eigentlich die akademische Freiheit als eine innerliche, auch davon sich freimachende und freihaltende vornehme Gesinnung schützen und müßte jeder einzelne den Mut haben, sich zu empören und aufzulehnen. Allein gerade das Gefühl für das Heillose des Scheins und für die Unehrenhaftigkeit dieses Mangels an moralischem Mut — das scheint mir nicht weit genug unter Ihnen verbreitet, nicht fein genug ausgebildet, das müßten Sie ganz anders als bisher unter sich aufwecken und herausarbeiten. Aber das erste ist doch die Forderung an die Reichen: mutet keinem eurer Kommilitonen zu, über seine Verhältnisse zu leben! Gebet kein böses Beispiel! die Mahnung also zu einer gewissen vornehmen Einfachheit im Auftreten des einzelnen Studenten und in den Anforderungen an den einzelnen und an seine Leistungen für das Ganze, dem er als Glied sich angeschlossen hat.

Nun aber auch zum Positiven in Ihrem Ehrenkodex. Es gibt eine studentische Standesehre, das ist kein Vorurteil, ist aber auch kein Privilegium oder Recht zum exklusiven Herabsehen auf alle Nichtstudenten, sondern ist das Gefühl für das Ansehen des ganzen Standes und somit die Mitverantwortlichkeit jedes einzelnen für alle seine Kommilitonen. Das gilt in erhöhtem und verdoppeltem Maß von jedem Verbindungsstudenten. Nicht mehr, nicht besser ist er als alle anderen, aber verantwortlicher ist er, verantwortlich dafür, daß der gute Name, die Reputation und Achtung seiner Korporation nicht geschädigt werde weder durch sein eigenes noch durch das Verhalten seiner Verbindungsbrüder und daß seine Verbindung die Achtung der deutschen Studenten nach außen hin aufrecht halte und erhöhe. Dazu müssen die Neuaufgenommenen erzogen werden durch die Ältern alle und durch den Fuchsmajor insbesondere. Das ist dessen besonders verantwortungsvolles Amt, mit dem er sich nicht abfinden darf, indem er den Füchsen den Komment beibringt und sie die Namen und Zirkel aller Kartellverbindungen auswendig lernen läßt. Das geistlose Memorieren ist in der Pädagogik verpönt, in der Unterrichtspraxis freilich vielfach noch im Schwung: ich fürchte, solche geistlose Memorierpädagogen gibt es auch im Amt der Fuchsmajore nur zu viele. Darum habe ich mich über ein unlängst erschienenes Büchlein von J. Müller: „Was wir wollen. Fuchsstunden aus einem akademischen Turnverein“ aufrichtig gefreut, weil es ein Muster gibt, wie ein Fuchsmajor seine Erziehungspflicht auffassen soll und ausüben kann. Aber nicht er allein, die älteren Verbindungsgenossen alle müssen von diesem Verantwortlichkeitsgefühl erfüllt sein, sich selber so halten und führen, daß sie nach außen hin Respekt einflößen, im eigenen Kreis den Jüngeren als Muster und Vorbild in der Ehrenhaftigkeit imponieren und sie so in einem Milieu der Ehrenhaftigkeit auch wieder zu honorigen Studenten werden lassen.

Der Respekt, in den sich eine Verbindung nach außen zu setzen weiß, beruhte früher recht äußerlich und ausschließlich darauf, daß sie und ihre einzelnen Mitglieder ihren Mann zu stellen wußten auf der Mensur. Damit kommen wir zu dem anderen Positiven, zum Mut des Studenten. Wer keinen Mut hat und zeigt, wer sich feige beweist, der ist „ein ehrlos erbärmlicher Wicht". Aber was heißt Mut haben und Mut zeigen? In Ihren Liedern nennen Sie feige den, der die Wahrheit kennet und saget sie nicht, den, der sich beuget, wo die Gewalt sich regt, Sie preisen also den moralischen Mut. In Wirklichkeit aber kümmert sich Ihr Ehrenkodex darum blutwenig, er denkt nur an den physischen Mut. Und daß er daran denkt, ist recht und gut; der Mann muß auch diesen Mut haben, und das Jünglingsalter ist das heroische Alter, also ist es des künftigen Mannes und des gegenwärtigen Jünglings nicht würdig, irgendwie unmännlich und unheroisch, d. h. feige zu sein. Deshalb legt der Student den großen Wert auf das Fechtenkönnen, deshalb ficht er seine Händel und Streitigkeiten selber aus und ficht auch solche, die mit der Frage des physischen Mutes an sich nichts zu tun haben, mit dem Schläger, auf der Mensur aus. Das führt uns auf den Paukkomment und auf das Studentenduell.

Zunächst, meine Herrn, das ist zweierlei, aber es wird meist verwechselt und vermischt, daher ist der Streit über Recht oder Unrecht desselben so verworren und so sophistisch; denn bekämpft oder rechtfertigt man das eine, so meint der Gegner flugs das andere, und eine Verständigung ist heillos erschwert, fast unmöglich. Ich suche daher auseinanderzuhalten.

Daß der Student sich auch leiblich ausbilde, ist sein Recht und seine Pflicht. Dazu dient das Turnen, dient allerlei sonstiger Sport. Alles das ist ja unter den deutschen Studenten heute in erfreulicher Zunahme begriffen; bevorzugt wird aber doch immer noch von vielen der Fechtboden und der Schläger. Es geht das auf frühere Zustände und Sitten zurück. Der Student trug den Degen und führte ihn als Waffe zur Verteidigung und zur Selbsthilfe. So kam, was in rohen Zeiten kommen mußte — namentlich das siebzehnte Jahrhundert war eine solche rohe Zeit —, der Typus des Raufbolds wurde einer der häufigsten, um nicht zu sagen: der normale für die deutsche Studentenschaft und blieb es lang und überlang. Noch zu Anfang des neunzehnten Jahrhunderts hat eine 16 Mann starke Landsmannschaft in Jena in der Zeit von vier Wochen über 200 Duelle ausgefochten. Aber auch hier kam der ursprüngliche Zweck und Sinn der Sache mit der Zeit abhanden: das Waffentragen und Waffenbrauchen ist inmitten unserer friedlichen, vom Staat geschützten bürgerlichen Gesellschaft im allgemeinen nicht mehr üblich und schlechterdings nicht mehr nötig. Dagegen zog die Sitte des Waffenbrauchens sozusagen neue Nahrung und eine gewisse Rechtfertigung aus der Wehrhaftigkeit unseres Volkes in Waffen und einer in Waffen starrenden Welt und Zeit: auch der Student ist Soldat, er will Offizier werden, also bereitet er sich darauf auch durch Fechtübungen vor. Allein bei den bloßen Übungen kann man doch eines nicht recht lernen, zeigen und üben, und das ist eben der Mut. Deshalb will sich der Student nicht genügen lassen an den Übungen mit stumpfer Waffe, sondern aus dem Spiel soll Ernst werden, er will, daß auch etwas wie Gefahr dabei sei. Es ist das ja ein allgemeiner und psychologisch wohl begründeter Zug bei allem Sport vom Bergfex bis zum Seiltänzer; auch die Ritterturniere waren solche Spiele, bei denen man den Hals brechen oder erstochen werden konnte: noch Heinrich II.

von Frankreich ist im Jahr 1559 das Opfer eines Turniers geworden. Ein solches gefährliches Spiel ist nun auch das Fechten mit geschliffener Waffe und ohne allzuviel Schutzapparate bei den sogenannten Bestimmungsmensuren und Pro patria-Suiten. Und insofern sehe ich darin zunächst nichts sonderlich Arges; freilich auch kein Weltbewegendes: Spiel bleibt Spiel, und kann und soll nie und in keinem Moment des Lebens zu einem Wichtigen oder gar zur Hauptsache des ganzen Menschenlebens werden; sonst artet es in Spielerei aus und der ganze Mensch wird spielerisch und läppisch. Über ein solches Wichtignehmen von Binden und Bandagen und über ein solches Aufgehen im Spiel geht die Möglichkeit einer ernsthaften und großen Auffassung des Lebens und der Dinge schmählich verloren, ein großer Aufwand wird vertan und an manchem bleibt dann dieser Mangel sein Lebenlang haften, weil er als Student über das bloße Spielen nicht hinausgekommen ist. Das Leben bietet so viele Gelegenheiten, moralischen Mut zu zeigen, daß ich den, der noch als Philister mit einem Schmiß renommiert, stets im Verdacht habe, daß er diese Gelegenheiten ungenützt habe an sich vorübergehen lassen und sich seines moralischen Mutes zu rühmen keinen Grund habe; der Schmiß heißt dann nichts anderes als: ich armseliger Tropf habe wenigstens einmal in meinem Leben ein bißchen physischen Mut gezeigt!

Daß aber die Studenten es mit diesem Waffen- und Kampfspiel so ernst nehmen, als wäre es etwas, und ihm eine Wichtigkeit beilegen, als hätte es eine solche, dazu tragen doch auch Behörden und Gerichte bei, wenn sie dieses Spiel durch Verbote und Strafen noch reizvoller und gefährlicher machen, statt ruhig zu erklären: Kampfspiele sind erlaubt und können öffentlich, d. h. coram corpore academico abgehalten werden. Daß infolge davon unsere germanische Jugend an solchen blutrünstigen und nicht allzu ästhetischen Spielen wie einst die alten Römer an Gladiatorenkämpfen und Tierhatzen oder die heutigen Spanier an Stiergefechten übermäßiges Gefallen finden könnte, das glaube ich nicht, sobald nur der Reiz der Neuheit weg wäre, obgleich mein Vertrauen auf unsere ästhetische Bildung in dieser Hinsicht stark erschüttert worden ist durch die sicher beglaubigte Mitteilung, daß unter der Korona bei Bestimmungsmensuren auch junge Damen sich einfinden und mit Behagen zusehen, wie ihre Freunde „abgestochen" werden. Aber immerhin, daß viel mehr von Ihnen als es schon sind, zu Gladiatoren und Raufbolden würden, wenn auch dieser Sport wie jeder andere ein öffentlicher und erlaubter wäre, das scheint mir unwahrscheinlich; selbst in Rom galt das Handwerk des Gladiators nicht für honorig, auch ein Kaiser wie Commodus konnte es trotz persönlicher Beteiligung nicht dazu machen.

Seine relative Harmlosigkeit aber verliert dieser Fechtsport erst, wenn er sich die Alleinherrschaft über alle andern anmaßen möchte und gewissermaßen zwangsmäßig geübt werden soll. Und das geschieht dann, wenn derjenige für ehrlos erklärt wird, der sich nicht daran beteiligt, der sich nicht schlagen will. Was würden Sie zu dem Turnerbund sagen, der jeden in Verruf täte, dem es an Mut zum Riesenschwung fehlt? In gewissen Zeiten hat deshalb in der Studentenschaft geradezu mehr Mut dazu gehört, eine Ausforderung abzulehnen als sie anzunehmen. Heute ist das nicht durchweg mehr der Fall. Die Sitten sind doch mildere, der Ehrbegriff ist doch ein innerlicherer geworden, und so kann einer wirklich seine acht Semester auf der Hochschule verbringen, ohne an-kontrahiert zu werden oder seinerseits kontrahieren zu müssen. Auch unter den Verbindungen gibt es neben den schlagenden nichtschlagende. Und auch das muß konstatiert werden, daß es wirklich nicht immer ehrenhafte — sittliche oder religiöse oder ästhetische — Gründe sind, die zur Ablehnung des studentischen Duells führen, sondern daß mancher tatsächlich doch aus Mangel an physischem Mut die Satisfaktion mit dem Schläger verweigert und sich hinter jene prinzipiellen Bedenken nur zu verstecken und durch sie zu decken sucht. Das ist bei der Bewegung zur Beseitigung des Duells der leidige Bodensatz, der sie den andern von vornherein verdächtig macht und darum manchen dazu bringt, auch gegen seine bessere Überzeugung sich zu schlagen, weil er nicht wünscht, daß seine guten und lauteren mit solchen schlechten und unlauteren Gründen vermengt und verwechselt werden. Und so haben denn auch historisch die Bestrebungen eines Teiles der Studentenschaft, das Duell zu beseitigen, vielfach nur eine Vermehrung desselben zur Folge gehabt. Man könnte das die unausbleibliche Antinomie des Studentenduells nennen, von dem wir nun im Unterschied von den Kampfspielen als von einer ernsthaften Sache zu reden haben, nachdem wir unvermerkt von diesen dazu weitergeführt worden sind.

Das Duell ist auf dem religiös-romantischen Boden der Gottesurteile entstanden; da hatte es einen guten Sinn, Streitigkeiten dadurch zum Austrag zu bringen, daß man im Zweikampf die göttliche Entscheidung herausforderte und sich ihr in gutem Glauben unterwarf; der Sieg bewies das Recht, die Niederlage das Unrecht. Heute glauben wir daran nicht mehr, sondern wissen aus vielen Erfahrungen, daß gar oft das Unrecht siegt und das Recht unterliegt. Was leistet es also als Mittel zur Wiederherstellung der Ehre heute noch? Zunächst zeigt es nur, wer besser fechten oder schießen kann, für Recht oder Unrecht beweist der Ausgang gar nichts; und darin liegt ja auf den ersten Blick das Unsinnige und Irrationale dieses Mittels. Allein es tut doch mehr. Es ist die Erklärung, daß der Beleidigte bereit ist, mit seinem Leib, nötigenfalls mit seinem Leben für seine Ehre einzutreten; und das ist immer etwas, das ist noch heute die Wurzel seiner Kraft, durch die es sich erhält, das ist sozusagen seine ideale Seite. Und der Jugend empfiehlt es sich außerdem, ihrem Wesen entsprechend, als ein heroisches Mittel und als ein Akt kühner Selbsthilfe. Aber nun zwei Gegenfragen. Einmal, tritt der Student bei der Schlägermensur wirklich mit seinem Leben für seine Ehre ein? Nein, der ungefährliche Charakter derselben wird ja von ihren Verteidigern — wie ich glaube, mit Recht — stets betont; was beweist also ein solches nur eben nicht gerade ganz gefahrloses Spiel? Wirklich nicht mehr als der Riesenschwung des Turners. Zur Austragung eines wirklichen Ehrenhandels ist somit diese Art des Duells kein geeignetes Mittel. Sagt man aber, es handle sich beim studentischen Duell auch nicht um die Ehre, sondern um die Freiheit und Unabhängigkeit des Studenten, der verlangt, daß man diesem seinem Gefühl Rechnung trage und es weitgehend respektiere, so verwandelt diese Verteidigung das Duell alsbald wieder zurück in Sport und Spiel und gehört dann nicht hierher, oder sie redet dem Raufbold das Wort und ist dann ein Anachronismus, dem wir doch nicht mehr anheimfallen dürfen. Fürs zweite aber: sind die Beleidigungen und Ehrenhändel der Studenten im allgemeinen so schwerwiegend, daß es dabei wirklich gleich ans Leben gehen, daß man statt zum harmlosen Schläger darob gleich zu Säbel und Pistole greifen muß? Der Student ist jung, seine Leidenschaft flammt gar rasch auf, ein unbedachtes Wort und dafür — ein hoffnungsvolles Leben! Daß das zu viel ist, das beweist in jedem einzelnen Fall, wo ein studentisches Duell zu tödlichem Ausgang führt, Ihr eigenes gesundes Urteil, Ihr eigenes tödliches Erschrecken; Sie alle stehen entsetzt und sagen: so haben wir es eigentlich nicht gemeint und nicht gewollt. Und wenn Sie in Ihren Ehrengerichten vielfach in erfreulicher Weise auf Abminderung solcher schweren Forderungen hinzuwirken suchen, so erkennen Sie auch damit an, daß in den meisten Fällen der Einsatz des Lebens ein viel zu hoher ist. So erscheint das studentische Duell fast in allen Fällen ohne weiteres als ein ungeeignetes Mittel zur Schlichtung Ihrer Streitigkeiten und zur Wiederherstellung Ihrer Ehre: bald werten Sie diese zu hoch, indem Sie an die kleinste Verletzung der Ehre das Allerhöchste, das Leben setzen, bald zu niedrig, indem Sie Ehrenfragen auf dem Wege des Spiels zum Austrag bringen. Ein moralischer Feigling bleibt feige, auch wenn er zeigt, daß er fechten kann; erklärt mich aber einer aus Rauflust mutwillig und grundlos für feige, so ist es ein Zerrbild des Ehrgefühls und eine Hypertrophie an Empfindlichkeit, wenn ich dafür mein und sein Leben in die Schanze schlagen wollte. Jenes ist zu spielerisch für eine ernsthafte Sache, dieses zu ernsthaft für einen dummen Jungenstreich. Nichts an nichts! nichts an alles! alles an nichts! das entspricht zwar dem Radikalismus der Jugend, aber darum ist doch jedes von den dreien falsch und unvernünftig.

So liegen — ausnahmsweise schwere Beleidigungen abgerechnet, wie sie im Studentenleben noch kaum vorkommen können — die Dinge tatsächlich. Darum ist meine Meinung allerdings die, daß bei Ihnen ein ernsthaftes Duell ein sittlich Verwerfliches sei; und deshalb wäre mein Wunsch freilich der, es auch so rasch als möglich aus der Welt geschafft zu sehen. Aber ich will fürs erste konstatieren, daß diese Meinung keine unbestrittene ist. Selbst ein so fein organisierter Mensch wie Jacob Grimm war aus romantischen Gründen für Beibehaltung des Duells, Heinrich v. Treitschke, der auch als Geschichtschreiber immer auf der Mensur stand und Hieb auf Hieb auf seine Gegner niedersausen ließ, bricht im fünften Band seiner „Deutschen Geschichte" eine derbe Lanze für das Duell; der opportunistische und derartige Fragen kasuistisch klug und fein abwägende Ethiker Paulsen erklärte es wenigstens für das kleinere Übel; und der bekannte Theologe Schrempf kam mit seinen „Gedanken über den Zweikampf" mindestens zu keinem klaren Ende. Ihrer aller Gründe überzeugen mich freilich nicht: der sittliche Mensch muß ohne dieses Mittel auskommen, und er kann es um so mehr, weil er gerade da, wo er mit dem Schwert dreinschlagen möchte, es nach dem verdrehten Ehrenkodex unserer Gesellschaft doch nicht darf, und da, wo er es darf, es meistens nicht für der Mühe wert halten kann. Aber ich erkenne allerdings auch die Schwierigkeiten an, sehe auch die Gefahr wohl ein, daß uns seine plötzliche Aufhebung in der Studentenschaft mit dem sehr unerfreulichen Holzkomment bedrohen könnte, obgleich dieser meines Wissens doch auch unter jungen Kaufleuten so ziemlich verschwunden ist; und ich kenne endlich auch die Welt und die Menschen so weit, um zu wissen, daß jener Wunsch auf rasche Beseitigung des Studentenduells vorläufig ein frommer Wunsch bleiben wird. Solange sich andere Leute, solange sich namentlich Offiziere duellieren, wird das Duell trotz der Antiduell-Liga auch unter den Studenten nicht aufhören.

Daher bekämpfe ich meinerseits auch viel mehr das Philister- als das Studentenduell und bekämpfe namentlich jene bei uns vorhandene innere Unwahrheit, daß es staatlich verboten ist und doch gewissen Ständen geradezu zur Pflicht gemacht und erzwungen, seine Bestrafung also zu einer illusorischen wird. Diese, die Rechtsbegriffe und das Rechtsgefühl unseres Volkes tief erschütternde und unterwühlende Zweideutigkeit immer wieder aufzudecken und sie als unsittliche und in hohem Grad gefährliche zu bekämpfen, das scheint mir viel notwendiger und nützlicher, als über die meist harmlosen weil spielerischen Studentenmensuren wehzuklagen und Zeter und Mord zu schreien; es gehört auch etwas mehr Mut dazu. Überzeugt bin ich, daß, wenn das Duell im Heer aufhörte erlaubt, geboten, honorig zu sein, es so, wie die Dinge und Anschauungen heute liegen, bald genug auch bei Ihnen seinen Nimbus einbüßen würde. Denn im Heer, nicht bei Ihnen hat das Duell, trotz aller Beschränkungen auch dort, gegenwärtig noch seinen festesten Halt, was natürlich nicht soviel heißt als: seine größte Verbreitung und sein häufigstes Vorkommen.

Wenn Sie mich aber fragen, wie denn dann der Student wirklich ernsthafte Streitigkeiten austragen könne und solle, so antworte ich darauf noch besonders an anderer Stelle. Dagegen hier noch eine Etikettenfrage. Ich meine nicht den Streit über die Wahl der Waffen, über Kavalierwaffen und Waffenverruf, das hängt weniger mit der Ehre, als mit der Stellung der schlagenden Verbindungen und ihrem Anspruch auf eine gewisse heute nicht mehr berechtigte und auch schwerlich mehr zu behauptende Vormachtstellung zusammen. Sondern es handelt sich um etwas, was nach mehrfach an mich gelangten Äußerungen aus Ihrer Mitte für den einen Teil von Ihnen offenbar etwas besonders Anstößiges hat. Wie können, so fragt einer, der unbedingte Satisfaktion gibt, Leute, die das Fechten, auch als Sport betrachtet, völlig verwerfen, es verantworten, wenn sie bei allen Festen, Aufzügen u. dgl. mit Schlägern chargieren? Darin sehen viele von Ihnen etwas wie Mangel an Mut und Ehrlichkeit, daß diese Leute vor der Welt nicht zu ihren Prinzipien stehen, sondern den Schein erwecken wollen, als hätten auch sie — das Schwert nicht umsonst in der Hand. Die Sache hat aber meines Erachtens auch ihre Kehrseite und kann auch ganz anders verstanden und gedeutet werden: man kann es als eine Konzession der nichtschlagenden Verbindungen an ihre schlagenden Kommilitonen und an die studentische Tradition überhaupt ansehen, als die Erklärung: nach außen stehen wir zu euch und wollen daher den unter uns bestehenden Gegensatz der Welt der Philister nicht zeigen. Wenn es die einen so betrachten, dann werden sie diese Sitte milder beurteilen; die andern aber mögen sich doch überlegen, ob in dem Unmut ihrer schlagenden Kommilitonen nicht am Ende doch ein richtiger Kern steckt und mögen darauf denken, ob sie nicht vielleicht doch besser auf dieses kriegerische Abzeichen verzichten würden. So könnten sich die beiden Seiten hin und her leicht näherkommen und das Skandalon auf friedlichem Wege beseitigt werden. Ich würde mich freuen, wenn ich durch diese meine Worte etwas dazu beitragen könnte.

Achte Vorlesung.

Wissenschaft und Vaterland, Sittlichkeit und Ehre habe ich als diejenigen Ideen genannt, die allen Ihren Korporationen gemeinsam sind und sein müssen und die daher im Programm und auf der Fahne keiner Ihrer Verbindungen fehlen dürfen. Da erhebt sich nun eine Frage, die vor einiger Zeit die deutsche Studentenschaft lebhaft erregt und fast gar in zwei große Heerlager auseinandergerissen hat, die Frage, ob zu einer Studentenverbindung nicht auch eine bestimmte Weltanschauung gehöre; denn eine Gemeinschaft und Gemeinsamkeit darin bindet besonders fest; und ob diese gemeinsame Weltanschauung nicht die christliche, oder da es eine allgemein und gemeinsam christliche nicht gibt, die katholische oder die protestantische sein soll? Es ist die große Frage nach dem Existenzrecht konfessioneller Studentenverbindungen auf unseren deutschen Hochschulen.

Dabei ist eines vorwegzunehmen. Ich habe das Recht der Fachvereine zugegeben: sie sind nicht das Höchste und das Beste, sind einseitig und eng; aber item: es können sich Philologen zu einem philologischen, Mediziner zu einem medizinischen, also natürlich auch Theologen zu einem theologischen Verein zusammentun. Und diese theologischen Kollegia sind dann notwendigerweise entweder katholisch oder protestantisch, wie auch die theologischen Fakultäten konfessionell geschieden sind. Das erwartet niemand anders und daran nimmt niemand Anstoß. Und doch droht schon hier, namentlich auf protestantischer Seite, eine große Gefahr. Medizinische Vereine werden sich nie sondern nach Allöopathen oder Homöopathen, Naturärzten oder Kunstärzten: wohl aber tun es die Theologen, indem sie Vereine für Liberale oder Orthodoxe oder Pietisten gründen und die Andersgläubigen von sich ausschließen. Dann gilt auch von ihnen, was nachher von den konfessionellen Verbindungen zu sagen ist.

Bei diesen handelt es sich nicht um theologische Fachvereine, sondern ganz allgemein darum, ob eine aus Mitgliedern der verschiedenen Fakultäten bestehende Korporation sich auf eine bestimmte religiöse Weltanschauung gründen und dann natürlich auch ihre Mitglieder zu derselben verpflichten solle oder dürfe. Darauf antworte ich mit einem entschiedenen, glatten Nein. Denn das widerspricht dem Begriff des Studenten als eines Studierenden und als eines Freien, widerspricht dem Wesen eines deutschen Studenten und ebenso dem Wesen und der Aufgabe unserer Universitäten überhaupt.

Wer hat eine Weltanschauung? Vielleicht der fertige Mann, sei es nun in der volkstümlichen Fassung seiner Religion oder in der wissenschaftlichen Form einer Philosophie. Ich sage: vielleicht, weil ich aus persönlicher Erfahrung weiß, daß auch bei mir noch nicht alles fertig und fest steht, ich lerne noch täglich hinzu, gebe immer noch das eine und andere preis, eigne mir Neues an und fühle und weiß, wie sich noch fortwährend, jetzt mehr leise und still, früher mehr sprunghaft und revolutionär, Wandlungen in mir vollziehen. Wenn nun das bei mir, dem alten Mann, der Fall ist, habe ich dann unrecht, von Ihnen als den Jungen dasselbe anzunehmen? Aber ich gehe weiter und sage: bei Ihnen darf noch nichts fertig, soll noch alles im Fluß sein. Wir alle werden in eine bestimmte religiöse Weltanschauung hineingeboren;

es hängt, wie schon gesagt, lediglich von der Geographie unseres Geburtsorts, also vom Zufall ab, ob ich Protestant oder Katholik bin. So mag es bei den Gedankenlosen oder bei solchen, die des Lebens harte Arbeit nicht zum Nachdenken über sich kommen läßt, bleiben; aber Sie sind Studenten, Sie haben die Pflicht, das Gewohnheitsmäßige in ein Bewußtes und Selbstgewolltes zu verwandeln, sich eine Weltanschauung — ich wiederhole es immer wieder — zu erwerben, um sie zu besitzen, sie wissenschaftlich durchzudenken und zu dem Zweck erst einmal in den Schmelztiegel kritischer Prüfung zu werfen, meinetwegen sie auch nur, wenn sie Ihnen festzustehen scheint, vor anderen als die richtige und wahre zu erweisen und gegen Angriffe zu verteidigen. Wer dazu nicht die Kraft und den Mut hat, der hat überhaupt nicht die Fähigkeit und die Kraft zu studieren: der Fluß aller Dinge — der Student muß sich in ihn als kühner Schwimmer hineinstürzen, der Zweifel — der Student muß sich als mutiger Schiffer auf dieses Meer hinauswagen; denn der Zweifel ist keine Sünde, für den Studenten ist er vielmehr Pflicht. Das alles ist ja nur der Sinn der akademischen Lehr- und Lernfreiheit auf diese Frage angewendet, ist nichts anderes neues, nichts anderes mehr, als was schon früher gesagt wurde.

Daraus ergibt sich nun, daß Weltanschauungsprobleme, religiöse Fragen ganz sicher in Ihren Verbindungen als Debattierklubs besprochen werden müssen. Das wäre mir eine saubere Verbindung, in der in den Jahren des Motu proprio und des Modernisteneides, des Falles Jatho und des Irrlehregesetzes nicht auch religiöse und philosophische Gegenstände ernsthaft und vielfach von Ihnen diskutiert würden. Aber zur Grundlage einer Verbindung eignen sie sich eben darum nicht, weil sie bei jedem einzelnen von Ihnen im Fluß, wie es in der Art der Jugend liegt, radikalen Umkippungen, plötzlichen Übergängen und Umschlägen ins Gegenteil ausgesetzt sind: heute radikal, morgen konservativ und übermorgen gemäßigt — solche Sprünge nimmt man der Jugend nicht übel; das ist das Zeichen eines lebhaft arbeitenden Geistes. Und nun nehmen Sie an, es haben sich so geartete junge Leute zusammengeschlossen auf Grund einer konservativen Weltanschauung. Heute sind sie alle dieser Meinung. Aber morgen?! Und wenn sie dann beim einzelnen ins Wanken kommt, Zweifel und kritische Bedenken aufwachen und stärker und immer stärker in ihm werden, darf er sie dann in diesem Kreise aussprechen? Tut er es nicht, so führt das schließlich zur Heuchelei und inneren Unwahrheit, einem jener drei Fichteschen Grundlaster des Menschen; tut er es, so kommt es zu Konflikten und schließlich zum Bruch mit dem bisherigen Freundeskreis, dieser wird gestört, löst sich unter heftigen Kämpfen auf oder stößt einzelne als Abtrünnige von sich aus. So verknüpfen sich mit dem an sich schon schweren Ringen um eine Weltanschauung persönliche Differenzen und Konflikte, und diese erschweren dann und fälschen den Kampf, entkleiden ihn seiner reinen Sachlichkeit und seiner reinigenden Wirkung und geben ihm durch den persönlichen Zusatz eine ganz unnötige Schärfe und Bitterkeit. Das ist auch beim Katholiken nicht anders als bei uns Protestanten. Zwei Romane aus den letzten Jahren, „Krauskopf" (III. Teil) und „Katholische Studenten", haben das mit viel innerer Wahrheit dargestellt und dabei gerade auch das Ungesunde und Gefährliche solcher auf einer bestimmten Weltanschauung sich aufbauender Verbindungen mit voller Deutlichkeit aufgezeigt.

Ausgesprochen konfessionelle Verbindungen widersprechen aber weiter auch dem modern simultanen Charakter unserer deutschen Hochschulen. Es ist fraglos ein politisches Unglück für unser Volk, daß wir religiös in zwei große scharf geschiedene Konfessionen zerspalten sind; dafür entschädigt auch der Gewinn an Schärfung der geistigen Beweglichkeit nicht; aber item, es ist eine historische Tatsache, an der wir Lebenden alle nicht schuld sind, sondern mit der wir uns so gut als möglich abfinden müssen. Nachdem wir in einem 30jährigen Ringen gesehen haben, wohin die gegenseitige Unduldsamkeit führt und führen kann, und gesehen haben, daß wir uns hin und her nicht ausrotten und nicht bekehren können, sind wir zu einem modus vivendi, zum friedlichen Zusammenleben und Zusammenarbeiten gezwungen; und es ist die Aufgabe des Staates, der beide Teile als umfassendes Ganzes in sich schließt, diesen modus vivendi möglichst herbeizuführen und zu befördern. Wir müssen uns vertragen lernen und müssen in allen weltlichen Geschäften uns fühlen und halten als Glieder eines Volkes, müssen das Zusammengehörige betonen, das Trennende zurücktreten lassen. Dazu müssen wir aber erzogen werden und uns hin und her erziehen. Das geschieht erfreulicherweise auf unseren Mittelschulen — einige meist auf alten Stiftungen beruhende konfessionelle Anstalten bestätigen als Ausnahmen nur die Regel. Da sitzen in allen weltlichen Fächern die Schüler der verschiedenen Glaubensbekenntnisse auf einer Schulbank zusammen und bilden eine einheitliche Arbeitsgemeinschaft; auch beim Spiel müssen sie sich untereinander vertragen, und ebenso haben die protestantischen Lehrer z. B. im Geschichtsunterricht auf die Gefühle ihrer katholischen Schüler und die katholischen auf die der Protestanten Rücksicht zu nehmen, im Ausdruck und Ton maßzuhalten und nach tunlichster Unparteilichkeit zu streben. Das erzieht Lehrer und Schüler zur Duldsamkeit, und so wird der Schulstaat im kleinen zum Muster und zur Vorschule für das spätere friedliche Zusammenleben im Staat der Erwachsenen. In Baden und Hessen ist das erfreulicherweise auch in der Volksschule durchgeführt, auch sie ist dort simultan, während sie anderswo konfessionell gestaltet und z. B. in Preußen und Württemberg noch neuerdings in diesem konfessionellen Charakter verfestigt worden ist oder in Sachsen darin verfestigt werden soll. Ich halte die konfessionelle Schule für ein großes nationales Unglück und fordere daher überall und durchweg auch für die Volksschule die Simultaneität.

Jedenfalls aber scheint es selbstverständlich, daß unsere Hochschulen simultanen Charakter haben und nur in den beiden theologischen Fakultäten auf die Konfession Rücksicht nehmen. Und nun wird auch daran gerüttelt. Von oben her durch konfessionelle Professuren in der philosophischen Fakultät, wie hier in Straßburg sogar noch im zwanzigsten Jahrhundert im Fach der neueren Geschichte die Trennung nach Konfessionen eingeführt worden ist; von unten her aber rüttelt daran das Aufkommen und die neuerdings immer mehr wachsende Zahl konfessioneller Studentenverbindungen. D. h. weder im Hörsaal soll die akademische Jugend die Geschichte unseres Volkes, des Krieges von 1870/71 etwa, einheitlich von demselben Professor vortragen hören, noch sollen Sie als Katholiken und Protestanten kameradschaftlich und freundschaftlich in ihren Verbindungen zusammenleben und miteinander verkehren, die gemeinsamen studentischen Interessen gemeinsam pflegen und sich zusammen Ihres Lebens freuen dürfen. So wird der Riß, der durch unser Volk geht, wie überall so auch unter seinen künftigen geistigen Führern künstlich erweitert, unser Volk wird in zwei Nationen auseinandergerissen und der modus vivendi, der draußen im Leben und in der Arbeit des Lebens so notwendig ist wie das tägliche Brot, systematisch verhindert und erschwert. Und es ist dann schließlich nur die letzte Konsequenz, wenn wie die Lebenden so auch die Toten auseinandergezerrt und das Zusammenliegen von Katholiken und Protestanten auf den Friedhöfen für eine Befleckung des einen Teils erklärt wird.

Was aber für den Einzelnen und seine Entwicklung, und was für unser Volk und seine Einheit und Einheitlichkeit ein Unglück ist, diese konfessionelle Scheidung, ist auch vom Standpunkt der universitas magistrorum et scholarium aus durchaus unerfreulich und mit ihrem Wesen und ihrem Erziehungszweck schlechterdings unvereinbar. Kommilitonen nennen Sie sich und wollen mit dieser Bezeichnung Ihre Waffenbrüderschaft gegen außen und die Anerkennung Ihrer Gleichberechtigung untereinander aussprechen. Die konfessionellen Verbindungen aber erkennen nur ihre Glaubensgenossen als gleichberechtigt an, alle andern schließen sie als Andersgläubige von der Verkehrs- und Bundesgemeinschaft aus. So steckt in ihnen ein Exklusives und Unduldsames, steckt darin das harte Wort, daß diese Konfessionellen mit den andern nicht intim verkehren können und wollen. Das müssen die andern natürlich stark empfinden und übelnehmen; es liegt daher in der Existenz solcher Verbindungen eine beständige Reizung und Provokation für die andern.

Es ist aber auch um deswillen ein Unstudentisches, weil diese Unterschiede nicht im Tun und Treiben, im Wesen des Studenten selbst liegen, sondern von außen her an denselben herangetragen werden. Als Katholiken oder Protestanten sind wir geboren, das ist weder unsere Schuld noch unser Verdienst; der Student aber, herausgerissen aus der Heimat und allen heimatlichen Beziehungen, soll auch einmal vier Jahre lang wie von allen anderen so auch von diesen angeborenen und anerzogenen Verschiedenheiten absehen und soll auch darin in Gegensatz zu der Welt und der Gepflogenheit der Philister treten, daß er sie eine Zeitlang hinter sich wirft und ignoriert, und auf sich selber dasteht, er ganz allein, als Mensch, der nichts Menschliches um sich ausschließt.

Im Widerspruch mit dieser Anschauung vom Beruf des Studenten, offen für alles und nicht fertig zu sein und abgeschlossen zu haben mit irgend etwas, steht somit dieses prinzipielle Festhalten an den konfessionellen Unterschieden und ihr Betonen und das Pochen darauf in den konfessionellen Verbindungen. Aber es kommt noch etwas anderes, ganz besonders Fremdartiges hinzu. Die, die das tun, bleiben dadurch im Zusammenhang mit und in vielfacher Abhängigkeit von nichtstudentischen, außerhalb der Universität stehenden Kreisen und Tendenzen. Schon zum Eintritt lassen sich manche durch solche Einflüsse von außen bestimmen, fast gar wie eine religiöse Pflicht wird ihnen das imputiert und suggeriert, Außenstehende reden in ihre Lebenshaltung hinein und dirigieren ihre Studien und die Wahl der zu hörenden Professoren und beeinflussen sie dabei nicht nach studentischen und am allerwenigsten nach wissenschaftlichen Gesichtspunkten. Man sieht das alles vielleicht am deutlichsten an der Beteiligung dieser katholischen Studentenverbindungen an den Katholikentagen. Wie immer man über den Zweck dieser großen Paradetage des deutschen Katholizismus denken mag, mit der Universität und ihren

Aufgaben haben sie jedenfalls nichts zu tun. Wenn sich trotzdem Studenten einfügen lassen in den Rahmen dieser großen Demonstration, so begeben sie sich damit in den Dienst außerakademischer Zwecke und nehmen an einer der Universität und dem Wesen des Studentseins durchaus fremden Veranstaltung offiziell und demonstrativ teil. Wenn man dazu nimmt, daß dort die politischen Wortführer des Zentrums vielfach die Hauptredner sind, so darf man sich nicht wundern und kann es Fernerstehenden nicht verargen, wenn sie die Katholikentage für eine Parteiveranstaltung halten und nun auch die katholischen Studentenverbindungen mit jener Partei in Zusammenhang bringen und an eine Abhängigkeit von ihr glauben. Und wenn man vollends die Kritik hört, die auf den Katholikentagen oft so verständnislos und natürlich ohne alle Pietät an den deutschen Universitäten, an unserer Universitätswissenschaft und an uns Professoren geübt wird, so wird man doch fragen dürfen, ob diese Beteiligung der Studenten dabei etwas ganz Harmloses und der Erziehung des deutschen Studenten Zuträgliches und Förderliches sei. Wenn dann abends die Geister unter der Einwirkung des Alkohols sich erhitzen, so werden gelegentlich anonyme Postkarten an mißliebige, weil „ungläubige" Professoren geschrieben, wie diese hier in meiner Hand an mich, die ich mir übrigens nur als postalisches Unikum aufbewahrt habe — wegen des Stempels: „Straßburg, 52. Katholikentag, 20. 8. 05. 11 bis 12 N." !

Und auch das möchte ich den katholischen Studentenverbindungen zu bedenken geben, daß durch den Modernisteneid auch ihre Position erheblich verschlechtert worden ist. Sie stehen, wie allgemein bekannt, in vielfacher Abhängigkeit von den theologischen Fakultäten; wenn in diesen über kurz oder lang nur noch Antimodernistengeschworene sitzen, so wird von diesen die Opposition gegen die voraussetzungslose Wissenschaft auch auf sie überstrahlen und die unausbleibliche Katastrophe, die dann kommen muß — denn das läßt sich der deutsche Geist und der deutsche Professor auf die Dauer nicht gefallen — auch sie mittreffen. Und umgekehrt: diese Verbindungen gefährden ihrerseits die Existenz der katholischen Fakultäten. Ich denke hier ähnlich, wenn auch letzten Endes nicht so optimistisch, wie der badische Kultus- und Unterrichtsminister Dr. Böhm, der in der Budgetkommission der zweiten Kammer (1912) erklärt hat: „Was die Frage anlangt, ob das Fortbestehen der katholisch-theologischen Fakultät auch dann noch für die Regierung von großem Wert ist, wenn die Mitglieder dieser Fakultät durch den Antimodernisteneid in ihrer wissenschaftlichen Tätigkeit gebunden sind, so glaubt die Regierung sie bejahen zu sollen. Sie betrachtet es als einen Vorteil, wenn die Studierenden der katholischen Theologie die wissenschaftliche Vorbildung für ihren Beruf auf denselben hohen Schulen erhalten, wie die Studierenden der andern akademischen Berufsarten, mit denen sie in ihrem späteren Beruf zusammenzuwirken genötigt sind. Auch für die Theologieprofessoren kann die Berührung mit den Professoren der andern Fakultäten, mit denen sie philologische, geschichtliche und andere wissenschaftliche Interessen verbinden, gewiß nur förderlich sein. Wenn auch bedauerlicherweise die Wechselbeziehungen zwischen Lehrern und Studierenden der katholisch-theologischen Fakultät einerseits und der andern Fakultäten andererseits nicht mehr so lebhafte sind, wie früher, so sind sie doch keineswegs ganz erloschen, und es ist zu hoffen, daß sie wieder lebhaftere werden.“ Die Beobachtung, daß die Wechselbeziehung zwischen den Studierenden der katholisch-theologischen Fakultät und denen der übrigen Fakultäten keine lebhaften sind, habe ich hier in Straßburg leider auch gemacht. Die Hoffnung, daß sie wieder lebhaftere werden, kann ich aber deswegen nicht teilen, weil durch das Zwischenglied der katholisch-konfessionellen Studentenverbindungen diese Beziehungen hin und her immer mehr unterbunden und durchschnitten werden: statt die Kluft zu überbrücken, erweitern sie sie vielmehr. Und doch beruht auf dieser Hoffnung die Bejahung der Frage, ob auch nach dem Antimodernisteneid das Fortbestehen der katholisch-theologischen Fakultäten für die Regierungen noch von Wert sei. Wenn sich diese Hoffnung — wesentlich durch die Schuld des in der Konfessionalisierung der Studentenverbindungen sich offenbarenden Hyperkonfessionalismus — immer weniger erfüllt, so werden auch die Regierungen nach und nach aufhören müssen, diese Frage zu bejahen und auf die Weiterexistenz der katholisch-theologischen Fakultäten keinen Wert mehr legen können. So werden die katholischen Studentenverbindungen die Totengräber der katholisch-theologischen Fakultäten werden, wie sie ihrerseits in die Katastrophe, die der Antimodernisteneid über diese heraufbeschwört, mit verwickelt werden werden.

Wenn es nun so ein höchst Unerfreuliches ist um das Aufkommen und Zahlreichwerden der konfessionellen Studentenverbindungen, so begreift es sich auch, daß die anderen Studenten über diese Exklusivität, die sich gegen sie richtet, aufgebracht sind und dagegen Opposition machen. Das ist ihr gutes Recht, dazu sind sie durch die Unduldsamkeit und Ausschließlichkeit auf der Gegenseite provoziert. Allein eine andere Frage ist, ob das bei der antikonfessionellen Bewegung des Jahres 1905 und dem daran sich anschließenden „Hochschulstreit" in der richtigen Weise geschehen ist und die Antikonfessionellen sich dabei nicht allzusehr von Stimmungen statt von ruhigen Erwägungen haben leiten und zu falschen Schritten haben hinreißen lassen. Zunächst, Rektor und Senat mobil machen zu wollen, daß sie die konfessionellen Verbindungen verbieten, neue nicht genehmigen, bestehende auflösen sollen, das war natürlich unmöglich. Sollen vielleicht auch alle die Verbindungen verboten und aufgelöst werden, die unserm Ideal wissenschaftlichen Arbeitens nicht entsprechen? Der Student hat die Koalitionsfreiheit, muß sie haben, das gehört mit zu seiner Lebensfreiheit; also wäre es ein Verstoß gegen den Geist der akademischen Freiheit, wenn die Rektoren und Senate in dieser brutalen Weise eingreifen wollten. Und war denn auf der andern Seite alles in Ordnung? Haben nicht auch bei dieser Bewegung fremde Elemente von außen her sich zugedrängt und gegen den furor catholicus den furor protestanticus zu entfachen versucht? Und sind denn die anderen Korporationen von aller Schuld und Sünde der Unduldsamkeit rein und frei? Auch als Jude wird man geboren, auch der Antisemitismus ist eine von außen in die Studentenschaft hereingetragene Bewegung, wenn auch seit den Tagen der Urburschenschaft antisemitische Neigungen in ihr nie ganz gefehlt haben. Aber erst unter dem Einfluß Treitschkes und Stöckers ist er in den achtziger Jahren zu einer Macht in der Studentenschaft geworden und hat dann sogar einen Menschen wie Ahlwardt als „Rektor aller Deutschen" kritiklos, wie der Student zu sein pflegt, auf den Schild gehoben. Und nicht bloß der Verein deutscher Studenten, fast alle Korporationen haben die Juden — nicht bloß diesen oder jenen einzelnen, der ihnen unangenehm war, das ist natürlich ihr gutes Recht, sondern prinzipiell alle Juden — ausgeschlossen und ihnen die Aufnahme in ihre Reihen verweigert. Und was war die Folge? Daß nun auch die jüdischen Studenten sich erst recht wieder als Juden fühlten und sich zu jüdischen Studentenverbindungen zusammenschlossen. Statt sie zu assimilieren und in den Rahmen unserer deutschen Kultur einzufügen und den Aufsaugungsprozeß zu fördern und zu beschleunigen, hat man dadurch nur den jüdischen Sondergeist gestärkt und nun auch noch den furor iudaïcus entfacht. Damit drang dann natürlich auch in den „Hochschulverband" die Judenfrage als Sprengpulver ein, und dieser mußte sich, als er dabei lavierte, von den jüdischen Studenten sagen lassen: er solle zuerst „den Mist mittelalterlicher Denkart" vor seiner Türe wegschaffen, ehe er sich als Hüter der akademischen Freiheit den katholischen Verbindungen gegenüber aufspiele. So rächt sich alle Schuld auf Erden! Wenn das Tafeltuch zwischen allen anderen und den konfessionellen Verbindungen entzweigeschnitten werden soll, was heißt das anders, als den konfessionellen Sondergeist hin und her stärken und damit geradezu mithelfen zu dem, was die katholischen Verbindungen anstreben? Es kommt mir vor, als sei dies eine Spekulation à la baisse; ein solcher Pessimismus ist aber in der Politik und in allen derartigen Lebensverhältnissen stets vom Übel, er taugt am allerwenigsten für die Jugend: diese muß immer hoffen, immer glauben, immer wagen, nur so gewinnt sie das Spiel. Und so muß sie auch hier glauben, daß sie den Geist der Unduldsamkeit in ihren Reihen überwinden werde: das geschieht aber nicht selber wieder durch Unduldsamkeit und Exklusivität, sondern dadurch, daß man sich als den Stärkeren und Besseren, d. h. in diesem Fall als den Duldsameren und Vernünftigeren beweist, daß man die Konfessionellen vielmehr in die studentische Gemeinschaft hereinnötigt, im Zusammenarbeiten und Zusammengehen mit ihnen den Geist der Gemeinschaft stärkt und schließlich mit den Waffen eines überlegenen Geistes arbeitet an der Überwindung und Zurückdrängung des konfessionellen Hadergeistes. Denn dieser ist in der Tat der innere Feind und der schlimmste Feind unseres Volkes seit Gründung des Reichs. Den Feind aber besiegt man nicht, indem man mit flatternden Fahnen zu ihm übergeht und seine Farben, seine Prinzipien annimmt. Der Student soll als Student weder „hie Rom!" noch „hie Wittenberg!" rufen, für ihn gibt es nur vier Worte, unter denen er siegen kann, sie heißen: Wissenschaft, Vaterland, Sittlichkeit und Ehre; und es gibt nur eine Luft, in der er gesund und rein atmen kann, es ist die Luft wahrer akademischer Freiheit. Wie es der Student mit der Religion halten soll, darüber reden wir wohl noch; vom Verbindungsstandpunkt aus muß jedenfalls gelten: Religion ist Privatsache, nicht trennendes oder einigendes Verbindungsprinzip. Religiös gefärbt aber kann die studentische Sittlichkeit darum doch sein, wo ein Kreis Gleichgesinnter sie dadurch besonders gut gewahrt glaubt, wenn nur das Dogmatische dabei dem einzelnen überlassen bleibt, wie dies z. B. bei den Verbindungen des Schwarzburgbundes der Fall ist.

Denn daß es neben jenen allgemeinen Prinzipien, die für jede studentische Korporation gelten müssen, noch besondere Zwecke und Tendenzen sind, die von einzelnen Korporationen im Unterschied von anderen gepflegt werden und sie differenzieren und individualisieren, versteht sich von selbst. An Stelle des immer mehr zur Nebensache herabsinkenden und veraltenden Unterschieds zwischen schlagenden und nichtschlagenden

Verbindungen zerfallen sie naturgemäß in solche, die ohne besonderes Prinzip kameradschaftliches Zusammenleben und die Erziehung aller ihrer Mitglieder zu honorigen deutschen Studenten und über das Studentenleben hinaus zu tüchtigen deutschen Männern zum Zweck haben und pflegen, und solche mit bestimmten Aufgaben, unter denen die Fachvereine mit wissenschaftlicher Tendenz schon besprochen worden sind. Hier nenne ich nur noch zwei andere, den Gesang und das Turnen: nicht willkürlich diese zwei, sondern weil ich meine, daß in gewissem Sinn auch sie eine allgemeinere Bedeutung haben. Platon hat Musik und Gymnastik als die großen Erziehungsmittel der Jugend in der Hand des griechischen Staates bezeichnet. Es liegen darin zwei Aufgaben, deren Pflege sich eigentlich jede studentische Korporation angelegen sein lassen müßte: das ästhetische Element und die Ausbildung von Körperkraft und körperlicher Gewandtheit. Jenes hat Nietzsche in unseren Universitäten vor allem vermißt: „Wie die Universität sich zur Kunst verhält, ist ohne Scham gar nicht einzugestehen: sie verhält sich gar nicht." Etwas besser als zu seiner Zeit ist es damit heute doch schon bestellt; aber daß hier immer noch mehr und viel mehr geschehen könnte und daß in der Tat jeder Student, der nicht ganz stumpf ist, in ein Verhältnis zur Kunst und zur Schönheit kommen muß, das läßt sich doch fordern. Unser deutsches Leben ist überhaupt nicht allzu reich an Schönheit, die Grazien haben nicht an unserer Wiege gestanden, das Schöne versteht sich bei uns nicht von selbst. Jede Kultur aber muß als Kultur eine ästhetische Seite haben; daher müssen nur um so mehr die künftigen Führer unseres Volks zur Kunst erzogen werden und auf der Hochschule sich selber dazu erziehen, müssen ein inneres

Verhältnis zur Kunst gewinnen. Daß der deutsche Student sich für die deutsche Kunst als für eines der wertvollsten Kulturgüter seines Volkes interessiere, das ist wirklich nicht zuviel verlangt. Von welcher Seite aus er diesen Zugang gewinnt, ist Nebensache und ist seine Sache. Aber es ist ein Verdienst der Studentengesangvereine, daß sie ihm einen solchen Zugang geöffnet haben und die Pflege des Schönen von dieser einen Seite aus zur Gemeinschaftssache machen. Und was das Turnen anlangt, so braucht gerade der fleißige Student ein Gegengewicht gegen die einseitige Kopfarbeit. Das wird er in irgend einer energisch und regelmäßig betriebenen körperlichen Übung, heiße sie nun Turnen oder Fechten oder Rudern oder Wandern oder wie sonst immer, suchen müssen, und es gemeinsam zu pflegen wird daher in irgend einer Form wiederum die Aufgabe jeder Korporation sein können und müssen. Weil es aber nicht alle tun, so ist es ein besonderes Verdienst der Turnerschaften und Turnverbindungen, daß sie in vorbildlicher Weise ihren Angehörigen Leibesübungen zur Pflicht machen und das Turnen eifrig und systematisch als Verbindungssache treiben.

Im Anschluß daran ließe sich über die moderne Epidemie des Rekord-Sports und seine törichten Kinkerlitzchen, Übertreibungen und Gefahren allerlei zur Mahnung und Warnung auch hiergegen sagen. Das eine Wort mag genügen, daß Sport und Spiel nicht der letzte und höchste Lebenszweck und Lebensinhalt eines deutschen Studenten sein dürfen.

Nun aber genug von den einzelnen Verbindungen und Verbänden. Das nächstemal reden wir von der studentischen Gesamtvertretung, wie sie ist und nicht ist, sein soll und nicht sein soll.

Neunte Vorlesung.

Die einzelnen Korporationen haben die Neigung zur Absonderung voneinander, zum echt deutschen Partikularismus und Fraktionsgeist. Vermehrt wird diese neuerdings noch durch die lokale Absonderung der einzelnen Verbindungen in ihren eigenen Korps- und Verbindungshäusern, mit denen ich mich daher grundsätzlich nicht befreunden kann. Sie sondern die Studenten mehr als gut ist von der Welt der Philister ab, verlegen ihr Tun und Treiben aus der Öffentlichkeit und ihrer Kontrolle weg in die Verborgenheit der eigenen vier Wände und befördern hier leicht ein formloses Sichgehenlassen, ein hemdärmeliges Junggesellen- und Sansfassonleben. Vor allem aber lassen sie das Bedürfnis und die Verpflichtung des Verkehrs mit und unter den übrigen Kommilitonen nicht aufkommen, unterdrücken es vielmehr und lassen so die einzelnen Korporationen nur immer sonderbündlerischer und gegeneinander abgeschlossener werden. Wozu dann noch kommt, daß sich der Student die Erbauung solcher Korps- und Verbindungshäuser doch nicht aus eigenen Mitteln leisten und schaffen kann, sondern sie sich von seinen alten Herrn schenken lassen muß oder ganze Generationen dadurch schwer belastet und in Schulden gestürzt werden. Helfen freilich, das weiß ich wohl, wird mein Protest dagegen gar nichts: viele haben schon solche Häuser, die anderen sehen darin so etwas wie die Krönung ihres ganzen Verbindungslebens — nicht bloß um der unleugbaren Annehmlichkeiten willen, die sie gewähren, sondern auch aus einem, so wie die Dinge liegen, nicht einmal ganz unberechtigten Stolz.

Die Hauptsache aber ist mir in diesem Zusammenhang nicht die Frage: Haus oder Nicht-Haus?, sondern der darin sich offenbarende partikularistische Geist, durch den die deutsche Studentenschaft in der Tat recht rückständig ist und, wie schon einmal gesagt, eher an die Zeiten des seligen Bundestags als an das seit 1871 geeinigte Deutsche Reich erinnert. Hier in Straßburg könnte er sich allerdings auf das Vorbild des neu auflebenden elsässischen Partikularismus berufen, würde aber nach meiner Kenntnis der Dinge dadurch nicht entlastet, sondern erst recht in seiner rückständigen Blöße offenbar. An den alten deutschen Bundestag erinnern aber auch die allgemeinen Studentenausschüsse, die immer noch das einzige Organ und der einzige Ausdruck der universitas scholarium zu sein pflegen und von denen nun auch hier eigehend gesprochen werden muß.

Dreierlei Mängel haften dieser Institution, so wie sie ist, an; sie liegen im Zweck, in der Zusammensetzung und in der Art, wie sie tatsächlich funktioniert.

Beginnen wir mit dem letzten. Was hat denn dieser Ausschuß für gewöhnlich zu tun? Die Feste und Auffahrten, die allgemeinen Kommerse und die Vertretung nach außen vorzubereiten und zu übernehmen. Er ist also — nehmen Sie es mir nicht übel, wenn ich es sage — nichts als ein Vergnügungskomitee und ein Dekorations- und Repräsentationsapparat, somit etwas ganz Äußerliches, wie die Einheit selbst, die er zum Ausdruck bringt. Damit hängt zweierlei zusammen: einmal die Wursthaftigkeit, mit der der überwiegend größere Teil der Studentenschaft seinem Ausschuß gegenübersteht, und fürs andere die Unbedeutendheit, ja Nichtigkeit seiner Lebensbetätigung. Wenn es sich bei seinen Beratungen und Beschlüssen nur um Äußerlichkeiten handelt, so erschöpfen sich diese in Äußerlichkeiten und Nichtigkeiten, in Etikettefragen und kleinlichen Streitigkeiten, in Eifersüchteleien und Empfindeleien der erbärmlichsten Art — also ganz wie bei dem selig oder unselig verstorbenen Bundestag: wer den Vortritt hat, wer präsidiert, wer einladen darf, in welcher Ordnung die Korporationen aufmarschieren, ob als einzelne oder in gewissen zusammengehörigen Kategorien und Verbänden, ob nach dem Los oder in alphabetischer oder in einer sonstwie ausgeklügelten und ausgetiftelten Reihenfolge und Rangordnung u. dgl. mehr. Und über solche Lappalien kommt es dann zu den ernsthaftesten Streitigkeiten, man tritt aus, man tut einander in Verruf und ganze Semester lang ist dadurch der Frieden der Universität aufs schwerste gefährdet und der Ausschuß funktionsunfähig; Feste werden verhindert oder gestört, man tut nicht mit, man feiert Kaisers Geburtstag in vier verschiedenen Lokalen, und so geht das Streiten und Händeln fort in infinitum. ohne alle Grazie über lauter Ärmlichkeiten und Nichtigkeiten. Und das tritt dann auch in der Öffentlichkeit in die Erscheinung; dieser Öffentlichkeit aber ist es so unsäglich gleichgültig, sie lacht und spottet und geht mit Achselzucken über die Studentenschaft und ihre ewigen Händel zur Tagesordnung über und denkt über sie etwa wie über eine Anzahl törichter Frauen, die sich über die Frage verfeinden, welche von ihnen in der Kaffeeschlacht den Platz auf dem Sofa erhält. Das, meine Herrn, ist das — nicht karikierte — Bild von vielen Ihrer Ausschüsse und dem, was deutsche Studenten semesterlang bewegt und in feindliche Lager auseinandertreibt.

Aber nun die Hauptfrage. Ist denn dieser Ausschuß das, was er sein soll, eine Vertretung der ganzen Studentenschaft einer Hochschule? Der Idee nach ja, in Wirklichkeit nein. An jenen äußeren Fragen und Aufgaben hat doch nur ein Teil der Studentenschaft Interesse und legt Wert darauf; in erster Linie natürlich die Korporationen, die Finkenschaft nicht, daher kümmert sich diese — oder hat sich um die Ausschüsse fast gar nicht gekümmert; und so wurden ihr auch eine ihrer Gesamtzahl keineswegs entsprechende Anzahl von Vertretern im Ausschuß zugebilligt, und auch diese waren ihrer vielfach noch zuviel, ihre Wahl kam gar nicht oder wenn, nur mit lächerlich kleinen Wählerzahlen zustande. Wer sind denn aber die Wahlkörper für diese Ausschüsse? In der Hauptsache die Verbindungen; und die sogenannten Gesamtausschüsse sind vielmehr Korporationsvertretungen, nicht Vertretungen der gesamten Studentenschaft; das wären sie nur dann, wenn alle Studenten mit gleichen Rechten an der Wahl teilnehmen dürften und wollten, die Basis also das allgemeine Stimmrecht wäre. Das entspräche ja auch dem modernen Zug der Zeit in der Politik: das allgemeine Stimmrecht wird überall gefordert und allmählich auch in den meisten deutschen Staaten durchgeführt, warum nicht auch bei den Studenten? Natürlich müßte eine Schranke da sein. Auch hier kommt die Ausländerfrage in Betracht, und da versteht es sich von selbst, daß Ausländer an deutschen Hochschulen nur Gäste sind, also kein Stimmrecht haben. Sodann müßten, wie die Unmündigen von allen politischen Wahlen ausgeschlossen sind, so auch studentisch Unmündige und Unreife, d. h. die Füchse vom studentischen Stimmrecht ausgeschlossen sein. Weiter würde ich nicht gehen, keine nochmalige Gliederung unter den übrigen vornehmen, wie Ewald Horn nach schwedischem Muster eine solche in Zweijährige mit aktivem und Drei- und Mehrjährige mit aktivem und passivem Wahlrecht befürwortet; gerade im zweiten Jahr pflegt das Interesse für allgemein studentische Angelegenheiten am lebhaftesten zu sein. So würde ich einfach sagen: aktives und passives Wahlrecht hat jeder immatrikulierte Student (und Studentin) vom Schluß des zweiten Semesters an.

Allein nun erhebt sich noch einmal eine doppelte Schwierigkeit. Wie soll gewählt werden? nach Fakultäten? Das würde in die Studentenschaft eine Scheidung hineintragen, die für sie gerade in allgemeinen Fragen keine Bedeutung hat. Und wie soll die Gleichgültigkeit überwunden werden, die in ruhigen Zeiten, wenn keine besonders aufregenden Fragen vorliegen, auch bei dem neuen Modus vorhanden sein würde? Mit dem Haufen Flugsand, wie ihn die nichtinkorporierten Studenten darstellen, läßt sich nichts anfangen: die Behörden können nicht an sie herankommen, nicht einmal einen allgemeinen Kommers mit ihnen zustande bringen; auf sie ist kein Verlaß, es fehlt nicht nur der Gemeinsinn, sondern vor allem auch der Wille und die Möglichkeit, die Jüngeren zu solchem Gemeingefühl zu erziehen. Daher halten sich die Behörden mit Recht an die Korporationen, die diesen Gemeinsinn haben und betätigen und die Pflichten, die die Gemeinsamkeit fordert, zu tragen gewillt sind. Und daher ist es doch nicht bloße Gewalttätigkeit und übler Wille zur Macht, der die Korporationen in den Ausschüssen dominieren läßt und ihnen den Vorzug im Wahlrecht verschafft hat.

Angesichts dieser Schwierigkeiten und Antinomien hat die Finkenschaft seit Ende des vorigen Jahrhunderts angefangen, sich nach dem Vorbild der Arbeiterschaft, in der auch nur die Organisierten und in Gewerkschaften Gegliederten etwas erreichen, ebenfalls zu organisieren und dadurch Rechte für sich in Anspruch zu nehmen, daß sie auch Pflichten für die Gesamtheit auf sich zu nehmen bereit ist. Das ist ein sehr Erfreuliches, ist ein Zeichen von dem wachsenden Interesse und Verständnis der Studentenschaft für ihre allgemeinen Standesangelegenheiten. Aber nun auch hier gleich wieder der Streit um das sogenannte Vertretungsprinzip. Das Präsidium dieser organisierten Finken, der sogenannten Freistudentenschaft erhebt den Anspruch, alle nichtinkorporierten Studenten zu vertreten. Das ist in der Idee richtig, namentlich wenn diese Vertretung keine Personalvertretung, sondern lediglich die Vertretung der Interessen aller Freistudenten sein soll. Aber wenn in der Realität dieses Präsidium keine Massen als Hintermänner hat und die Mehrzahl der Freistudenten diese Vertretung nicht anerkennt und überhaupt nicht vertreten sein will, so ist dieser Anspruch einfach nicht durchzuführen, die paar Freistudenten sind Offiziere ohne Soldaten, und daher wird auch von den Behörden dieser Anspruch nicht anerkannt; und die inkorporierten Studenten werden ohnedies von einer solchen fiktiven Vertretung nichts wissen und sich durch sie nicht majorisieren lassen wollen. Sollen aber nur diejenigen als von dem Präsidium der Freistudentenschaft vertreten angesehen werden, welche sich ausdrücklich zu ihr bekennen und an der Lösung der von ihr in die Hand genommenen Aufgaben sich beteiligen, so wird aus der organisierten Finkenschaft, im Gegensatz zu der nichtorganisierten, selber wieder eine Korporation, ein Verein von mehr oder weniger kleinem Umfang; und dann hätten wir nur — eine Studentenverbindung mehr, womit ja nichts gewonnen wäre. Und überdies erhebt sich dann aufs neue die Frage: Soll nur diese geschlossene Freistudentenschaft nach der Zahl ihrer eingetragenen Mitglieder im Ausschuß vertreten sein? Damit wäre auch hier am bisherigen Zustand nichts geändert und nichts gebessert. Oder soll neben der organisierten und inkorporierten noch einmal der nichtinkorporierten Finkenschaft eine Vertretung im Ausschuß zugestanden werden? Dann hätten wir für diese nur wieder die alten Schwierigkeiten und dieselben unlösbaren Antinomien.

Vielleicht ist aber jener Gleichgültigkeit der Wilden gegen den studentischen Ausschuß und die Wahlen zu demselben auf einem anderen Wege beizukommen, den die Freistudentenschaft denn auch mit richtigem Verständnis und teilweise schon mit gutem Erfolg eingeschlagen hat: wenn dem Ausschuß andere höhere und wichtigere Funktionen zugewiesen werden und er aufhört, ein bloßes Vergnügungs- und Repräsentationskomitee zu sein. Wir werden später noch auf die soziale Lage der Studenten zu sprechen kommen; hier nehme ich nur die eine Tatsache vorweg, daß es viele arme, sagen wir offen heraus: geradezu bettelarme Studenten gibt. Wer sorgt für sie? Einigermaßen wir Professoren offiziell durch Verleihung von Stipendien oder auch inoffiziell durch Flüssigmachung von allerlei privaten Unterstützungen. Wer hätte aber die nächste Pflicht für sie zu sorgen? Natürlich die andern Studenten, die als Kommilitonen auch in diesem Kampf ums Dasein den minder begünstigten Studiengenossen helfen und zur Seite stehen sollten. Das kann ja im einzelnen und von einzelnen in der Form von Schenkungen oder Darlehen geschehen; aber im sozialen Zeitalter haben wir gelernt, daß es sich bei Armenunterstützung nicht länger um Almosen und um Zufall handeln darf, sondern um eine geordnete und organisierte Hilfe, auf die man sich verlassen und die der Notleidende von Rechts wegen in Anspruch nehmen kann. Die Korporationen haben sich dieser Pflicht aufs einfachste dadurch entzogen, daß sie solche ganz armen Studenten nicht bei sich aufnehmen und um die draußen sich nicht kümmern. Daher wäre es Sache der Gesamtheit und ihrer Vertretung, des Ausschusses. Aber auch die von den Korporationen gebildeten Ausschüsse haben sich dieser Aufgabe bisher nicht angenommen, erst die Freistudentenschaft hat sich ihrer erinnert und begonnen, den wirtschaftlich Schwächeren in der Studentenschaft planmäßig zu helfen. Darin zeigt sie sich moderner und sozialer als ihre Genossen in den alten Korporationen. Solche Hilfe kann nun auf doppelte Weise geleistet werden: einmal durch Schaffung von Arbeitsämtern, durch Erteilung von Arbeitsnachweis und durch Schutz gegen Ausbeutung und standesunwürdige Bezahlung der Studentenarbeit, damit sich diese Armen und Ärmsten das Nötige verdienen und sich so selber weiter helfen können. Fürs zweite aber hätten die Ausschüsse einen Fonds zu sammeln und mit seiner Hilfe da einzutreten, wo unverschuldete Not vorhanden und augenblickliche Hilfe notwendig ist. Hierher hat sich dann jeder zu wenden und kann sich jeder wenden, der in Not ist; wie ihm zu helfen ist, das zu untersuchen und dazu die Mittel zu finden, ist die Aufgabe des Gesamtausschusses oder einer von ihm ad hoc ernannten besonderen Kommission. Schon hier erhebt sich freilich die Frage: Können die Studenten das allein von sich aus richtig leisten und besorgen, oder brauchen sie dabei nicht den Rat und die Unterstützung von solchen, die mehr Menschenkenntnis und Lebenserfahrung haben als sie und mit den Verhältnissen der Universitätsstadt und ihren Arbeitsgelegenheiten und Arbeitsbedingungen besser vertraut sind? Schon das führt auf die Frage von Ausschüssen und Kommissionen, die aus Dozenten und Studenten zusammengemischt sind, wie das bei der Verwaltung unseres Lesezimmers ja bereits der Fall ist. Noch vorher aber handelt es sich um die Frage, wie zu solcher sozialen Hilfeleistung die Mittel aufzubringen sind. Dazu muß der Ausschuß das Recht der Besteuerung haben — nicht bloß ganz schablonenmäßig 1 Mark pro Kopf, sondern etwa proportional dem Einkommen jedes einzelnen, wobei sich ja durch die Selbsteinschätzung die Tugend der Wahrhaftigkeit in Steuerangelegenheiten zum erstenmal lernen und üben ließe; und die Erhebung und Verwaltung dieser Gelder würde schon jetzt manches künftige Steuer- und Finanzgenie entdecken und sich schulen lassen.

Aber die einzige Aufgabe eines solchen Studentenausschusses ist das nicht. Studenten sind jung, sind temperamentvoll und leidenschaftlich, und so kommt es leicht und oft zu Streitigkeiten. Wenn solche zwischen Angehörigen einer Korporation entstehen, so wird diese ja selber so etwas wie ein Ehrengericht haben, da ist also gesorgt; und ebenso macht es sich leicht, wenn die Streitenden Angehörige von Korporationen mit ähnlichen Prinzipien sind; die werden sich so oder so zu verständigen wissen. Wo aber das nicht der Fall ist und wo überdies Beleidigungen schwererer Art vorliegen, da benützt man ja mit Vorliebe die günstige Gelegenheit, um die agonale Betätigung des Fechtsports als eine Art Austrag durch Wetten und Wagen eintreten zu lassen; und wenn der Vorwurf oder der Schein eines Mangels an Mut den Ausgangspunkt des Streites bildet, so ist das vielleicht ein ganz passendes Mittel. Aber aus der Mensur, die, wie früher schon ausgeführt, kein Duell, sondern Spiel und Sport ist, wächst bei Streitigkeiten schwererer Art das Säbel- und das Pistolenduell hervor, und darin vermag ich, wie ebenfalls schon gesagt, weder ein vernünftiges noch ein moralisches Mittel zum Austrag Ihrer Streitigkeiten zu erblicken. Selbst wenn ich kein prinzipieller Gegner des Duells wäre, wie ich es letzten Endes allerdings bin —: sind denn auch die ernsthaftesten Streitsachen unter Studenten ernsthaft genug, daß sie nur mit Blut und eventuell gar mit dem Tod gesühnt werden können? Und dann, es gibt auch unter Ihnen Gegner des Duells genug, die nicht aus Mangel an Mut, sondern aus ehrenwerten Gründen sich weigern, zu diesem Mittel zu greifen: wie sollen sie Streitigkeiten zum Austrag bringen? Wenn Sie solche Duellverweigerer für satisfaktionsunfähig erklären, so ist das ein analytisches Urteil und hat weder Sinn noch Wert noch irgendwelchen faktischen Effekt. Soll aber mehr darin liegen, nämlich so etwas wie eine Verruferklärung, so tun Sie damit dem, der aus ehrenwerten Gründen das Duell ablehnt, einfach schnödes Unrecht und vergewaltigen wieder einmal die akademische Freiheit aufs übelste. Wenn aber vollends zwei mit einander in Streit geraten, die keine Satisfaktion geben, was dann? Es bleibt ja auch dem Studenten unbenommen, zu klagen, — wie jeder andere Staatsbürger kann auch er die Sache vor Gericht oder als Student vor das Disziplinaramt bringen. Aber ob das unter Ihnen für besonders honorig gilt, weiß ich nicht, ich glaube es kaum; in gewissen Fällen würde auch ich darin so etwas wie eine üble Denunziation sehen.

Daher müssen Sie ein Mittel, eine Instanz haben,

um Ihre Streitigkeiten unter sich auszutragen, und das ist der von Ihnen selbst eingesetzte und gewählte Studentenausschuß, als das von Ihnen und von uns, d. h. also wirklich von der universitas scholarium et magistrorum anerkannte Forum. Er hätte somit in diesem Fall — ob in corpore oder besser als besondere Kommission innerhalb des Ausschusses — als Ehrengericht zu funktionieren. Vor dieses Gericht studentischer Selbstverwaltung Ihre Händel zu bringen wäre natürlich durchaus ehrenhaft und müßte geradezu wie bei den Offizieren für obligatorisch erklärt werden. Und dieses Gericht hätte dann zu vermitteln, zu entscheiden und zu richten.

Aber welche Mittel stünden ihm dafür zu Gebot? Ich denke, ihrer vier: 1. der mündliche Verweis vor dem Gericht selbst; 2. eine durch öffentlichen Anschlag am schwarzen Brett bekannt zu machende Rüge; 3. die ebenfalls zu veröffentlichende Androhung des Verrufs, das Ultimatum; und endlich 4. dieser Verruf selber, der nun nichts mehr und nichts weniger bedeutet als die Ehrloserklärung des Betreffenden und die Aufforderung an alle Kommilitonen, mit dem so ehrlos gewordenen jeden Verkehr abzubrechen und jede Gemeinschaft aufzuheben, die Ausstoßung aus Ihren Reihen, die aber nicht identisch ist mit der Verweisung von der Universität; über diese hat selbstverständlich nicht ein Ehrengericht, sondern haben nach wie vor allein die akademischen Behörden zu befinden.

Die Verruferklärung wäre natürlich eine der schwersten und furchtbarsten Strafen, die einen jungen Menschen treffen könnte. Darum müßten dafür Kautelen aller Art geschaffen werden. Vor allem schiene es mir im höchsten Grad bedenklich, diese Machtbefugnis bedingungs- und schrankenlos Studenten über Studenten in die Hand zu geben. Darum würde ich einmal die Bildung einer höheren Instanz vorschlagen, an die der vom studentischen Ehrengericht Verurteilte appellieren könnte — das Disziplinaramt, das dadurch im wesentlichen zu einer Appellinstanz würde; und dann vor allem eine Mischung etwa in der Weise, daß das rein studentische Ehrengericht für sich nur die Bagatellsachen abzuurteilen hätte; dagegen hätte es in allen schwereren Fällen einen oder mehrere Professoren beizuziehen, entweder Beisitzer aus der juristischen Fakultät oder die Dekane der Fakultäten, denen die Streitenden angehören oder auch von den Studenten oder vom Senat gewählte Vertrauensmänner aus den vier (oder mehr) Fakultäten. Diese hätten, wenn es sich um eine Verrufserklärung handelte, nicht nur Sitz und Stimme, sondern auch das Vetorecht gegen die Beschlüsse des Ehrengerichts, wodurch der Prozeß dann von selber an die höhere Instanz weiterzugehen hätte. Dieser Vorschlag einer Mischung bedeutet aber nicht bloß etwas wie ein Mißtrauensvotum gegen die jugendliche Unerfahrenheit und Leidenschaftlichkeit dieser studentischen Richter, sondern sie würde auch das Gewicht ihrer Urteile und die Autorität des Ausschusses in eminenter Weise stärken und vermehren und die allgemeine Anerkennung seiner Entscheidungen rascher und leichter durchsetzen. Die Beleidigten aber könnten sich mit einer von dieser Stelle ausgehenden Sühne und Satisfaktion durchaus zufrieden geben; damit würden die studentischen Duelle auf ein Mindestmaß reduziert und es, außer in besonders schweren Fällen, auch nicht mehr nötig sein, daß die Studenten ihre Händel vor den Richter draußen tragen.

In dem Gesagten liegt aber noch eines. Alle Strafen und Entscheidungen des Ehrengerichts gelten nur dem Studenten, solange er Student ist, d. h. es darf weder der Versuch gemacht werden, dadurch die bürgerliche oder militärische Karriere des also Betroffenen in der Zukunft zu schädigen, noch dürfen Sie als Philister im Leben draußen dem ehemaligen Kommilitonen es nachtragen und ihn als einen „Vorbestraften" behandeln. Es ist ja klar, daß, wen ich während seiner Studienzeit als schlechten Charakter kennen gelernt habe, ich vor diesem auch später noch auf meiner Hut bin; ja man kann geradezu sagen: der Student ist in diesem seinem heroischen und idealistischen Jugendzeitalter meist besser als je zuvor oder nachher. Aber es ist eben doch zugleich die Zeit jugendlicher Verirrungen und Torheiten, sittlicher Unreife und Ungleichmäßigkeit, impulsiver und unüberlegter Taten. Dadurch kann der Student so schweren Anstoß geben, daß er von seinen Kommilitonen gemieden wird, ohne darum für alle Zeiten ein Verlorener und Ehrloser zu sein. Und deswegen darf namentlich jene härteste Strafe des Verrufs nur gelten für die Zeit des Studentseins. Ein gewisses Mißtrauen und eine gewisse Vorsicht mag bleiben; aber mit diesem Vorbehalt haben wir im Philisterleben draußen dem einst Verfemten so zu begegnen, als wäre das schlechthin vergangen und abgetan; mit dem Übertritt ins Philisterium hört der Verruf auf und hat er seine Wirkung verloren; zum Fluch und zur rasselnden Kette, die der davon Betroffene zeitlebens am Fuß nachzuschleppen hat, darf er ihm nicht werden. Ist er schlecht und gemein geblieben oder es noch mehr geworden, nun so werden sich bald genug Gelegenheiten ergeben, ihn zu durchschauen und aufs neue zu meiden; hat er sich dagegen gebessert, so wäre es eine arge Grausamkeit und ein törichtes Nachtragen, wenn man gegen Recht und Vernunft am studentischen Verdikt festhalten wollte. Es wäre auch praktisch gar nicht durchführbar, wenn z. B. der einst Verrufene später Ihr Vorgesetzter oder — Ihr Untergebener wird. Die militärischen und die Zivilbehörden aber dürfen sich vollends nicht um diese studentischen Dinge kümmern; ihre Maßstäbe sind andere, die Welt des Studenten ist nicht die Welt des Philisters, ihr Ehrenkodex ist hin und her verschieden.

Dies führt mich nebenbei noch auf ein anderes. Daß sich im späteren Leben ein Minister einen „Bundesbruder", den er auf der Universität als besonders zuverlässig und geschickt kennen gelernt hat, zum vortragenden Rat, ein Schuldirektor einen solchen sich zum Lehrer in seinem Kollegium herbeiholt, das ist ja selbstverständlich. Aber anders liegen die Dinge, wenn der Korpsbursch als Korpsbursch, der Burschenschafter als Burschenschafter bei Anstellungen und Beförderungen bevorzugt wird oder der Minister über jeden Assessor Auskunft einholt auf die drei Fragen: War er beim Korps? ist er Reserveoffizier? ist er reich? Daß das ungerecht und ein den Staat Schädigendes ist, geht uns hier nichts an; in unserer deutschen Diplomatie haben wir ja gelegentlich an den Folgen solcher Torheit zu tragen. Aber es ist auch verhängnisvoll für Ihre studentischen Verbindungen. Wenn eine solche als vorteilhaft gilt für die Karriere, so drängen sich streberische Elemente an sie heran, die den Geist und Charakter der Verbindung ruinieren, jene glatten jungen Diplomaten, die schon als Studenten nach oben hin devot und nach unten hin brutal sind und damit sich und die andern um den Segen studentischer Rücksichtslosigkeit bringen. Das Wort Storms an seinen Sohn: „Hüte deine Seele vor dem Karrieremachen" gilt auch für Sie und Ihre Verbindungen.

Ich kehre noch einmal zum Studentenausschuß zurück. Neben den genannten Aufgaben, als Arbeitsamt und als Ehrengericht zu funktionieren, fällt ihm natürlich noch mancherlei anderes zu: die Errichtung und Verwaltung von Wohlfahrtseinrichtungen wie Krankenkassen, die gemeinsame Anschaffung von Lehrmitteln zu ihrer Verbilligung, die Sorge um Wohnungsgelegenheit und um den Schutz der Studenten gegen die Ausbeutung durch deren Vermieter, die Beschaffung billiger Billette für Theater und Konzerte u. dgl. m. Auch die Aufführung von Theaterstücken durch die Studenten selbst wird er namentlich bei festlichen Gelegenheiten in die Wege zu leiten haben und dadurch auch für die im argen liegende künstlerische Erziehung der Studenten etwas tun können. So habe ich es z. B. hier in Straßburg, wo die Schüleraufführungen im sechzehnten Jahrhundert sehr eifrig gepflegt worden sind, sehr vermißt, daß Sie sich am 9. Mai 1905 nicht durch Aufführung eines Schillerschen Stückes noch neben dem Fackelzug an der Schillerfeier des deutschen Volkes auch aktiv beteiligt haben; angesichts der unsere akademische Feier und deren Besuch beeinträchtigenden „Schillerparade" wäre es doppelt angezeigt gewesen. Aber ich will mich nicht in Einzelheiten verlieren. Sie werden sehen: mit der wachsenden Bedeutung des Ausschusses wachsen neue Aufgaben wie Pilze aus dem Boden, und er wird, während er jetzt oft an einer Art marasmus senilis leidet und darum von Zeit zu Zeit dahinstirbt, höchstens unter zu viel Arbeit seufzen. Aber auch dann lernen Ihre Vertreter, daß man fürs Ganze in Ehrenämtern Opfer an Zeit und Kraft zu bringen hat.

Eines aber ist absolut notwendige Voraussetzung: ein solcher Ausschuß muß die Vertretung der Gesamtheit sein, und seinen Entscheidungen hat sich jeder Student zu unterwerfen. Das ist ja an den Bestrebungen der Freistudentenschaft, die durch ihre Arbeitsämter, ihre künstlerischen Darbietungen, ihre Schiedsämter und Vertrauensmänner alle die hier entwickelten Gedanken und Forderungen verwirklichen will, das einzige, aber auch das grundwesentlich Mangelhafte, daß sie nicht Vertretung der Gesamtheit — weder aller Studenten noch auch nur aller Nichtinkorporierten ist und ihre Einrichtungen deshalb nicht von allen benützt werden wollen und benützt werden können. Man kann sagen, die Freistudentenschaft vertrete das modern demokratische, die Korporationen das romantisch-ständische Prinzip in der Studentenschaft. Aber weil die Romantik mit ihrer Farbenpracht zur Jugend und zum deutschen Studententum gehört, deswegen ist es nicht so, als ob das moderne Prinzip über das andere als über ein veraltetes notwendig siegen und es verdrängen müßte; beide werden vielmehr für absehbare Zeit nebeneinander bestehen bleiben und das studentische Leben dadurch nur reicher und inhaltvoller machen. Die alten Korporationen aber werden sich nur dann dauernde Existenz sichern und ihre Existenzberechtigung erweisen können, wenn sie auch das gute Neue anerkennen und an seiner Verwirklichung mitarbeiten. Da war es freilich ein naheliegender Gedanke, den Ausschuß in der Weise aus den beiden Gruppen zu bilden, daß der einen Hälfte die alten Aufgaben eines Vergnügungskomitees zufallen, die andere sich den neuen Aufgaben unterzieht, der Ausschuß also aus zwei Kammern sozusagen, einer ersten ständischen und einer zweiten demokratischen, gebildet wird. Ich halte diesen von Leipzig ausgehenden Versuch weder für durchführbar und lebensfähig, noch für eine wirkliche und ideale Lösung der

Schwierigkeiten. Welchem von den beiden Teilen soll die Rolle des Ehrengerichts zufallen? Werden sich die Korporationen, wenn sie davon mehr oder weniger ausgeschlossen werden, zu seiner Anerkennung verstehen? Und wer vertritt die Masse derer, die weder inkorporiert noch in der Freistudentenschaft organisiert sind? Eine wirkliche Einheit und eine wirkliche Gesamtvertretung aber wäre auch damit nicht hergestellt; die Studentenschaft zerfiele nach wie vor in zwei oder gar in drei Hauptmassen, und der Ausschuß wäre nur das Spiegelbild der auch in ihm nicht zur Einheit gelangenden, in sich gespaltenen und zerklüfteten, ewig weiterhadernden Studentenschaft. Nein, auch die alten Korporationen müssen sich mit dem neuen Geist erfüllen und zusammen mit der vorwärtsdrängenden Freistudentenschaft einen Weg suchen zur Gewinnung einer wirklichen Gesamtvertretung, die neben den alten auch die modernen sozialen und pädagogischen Aufgaben zu erfüllen hat.

Es ist vor einiger Zeit vorgeschlagen worden, den Ausschuß als eine Art „Studentenparlament" zu konstituieren. Auf den Namen kommt nichts an. Die Form seiner Verhandlung muß natürlich durchaus parlamentarisch sein und seine Wahlen und Beschlüsse durch Majorität vollzogen werden, soweit nicht Einstimmigkeit oder Zweidrittelmajorität für bestimmte Fälle vorgeschrieben ist. Nur dürfen die kleinlichen Etikettenfragen und -streitigkeiten nicht immer wieder seine Existenz in Frage stellen; sie werden aber von selber aus seiner Mitte verschwinden, wenn ernste Fragen an ihn herantreten und große Aufgaben ihm zur Lösung anvertraut werden. Und auch die akademischen Behörden werden mit einem so organisierten Studentenausschuß ganz anders verkehren, ihn bei allen studentischen Angelegenheiten hören und so wirklich als eine Art Studentenparlament anerkennen. Der Einfluß der Studentenschaft wird wachsen, während er jetzt gleich Null ist, und das von Rechts wegen, weil sie doch nie einig ist und ihr eigenes Einheitsorgan nicht anerkennt und respektiert.

Natürlich wird es auch an Gelegenheiten zur Vertretung nach außen nicht fehlen, und auch dafür ist der Ausschuß das richtige Organ. Dabei wird es selbstverständlich erlaubt sein müssen und notwendig sein, daß alljährlich eine bestimmte Anzahl von Ausschußvertretern aller deutschen Universitäten zusammenkommt — weniger um Beschlüsse zu fassen, als um sich gegenseitig ihre Erfahrungen mitzuteilen und Anregungen aller Art zu geben und zu holen. Die eigentliche Arbeit wird aber doch immer im eigenen Haus, an der heimischen Universität zu leisten sein. Eine gewisse Ungleichheit und Individualität schadet auch Ihnen wie uns Deutschen allen nicht, im Gegenteil, auch hier gilt: In necessariis unitas, in dubiis libertas.

Freilich, wenn Politik Sache des Studenten wäre, dann würden dieser Vertretung der deutschen Hochschulen auch nach außen hin weit wichtigere Aufgaben zufallen. Wie es damit steht, darüber habe ich das nächstemal besonders zu sprechen.

Zehnte Vorlesung.

III. Verhältnis des Studenten zur Politik und zur sozialen Frage.

Neben der Frage der konfessionellen Verbindungen war es eine **politische** Sache, die im Jahr 1904 den Anlaß zu dem Streit um die akademische Freiheit gegeben hat. In Innsbruck sollte an der Universität eine italienische juristische Fakultät eingerichtet werden. Darin sahen die Bürger und die Studenten Innsbrucks einen nationalen Schimpf und griffen zur Selbsthilfe, wobei es zu Blutvergießen und zu Verhaftungen kam. Das erregte auch bei uns im Reich Teilnahme, und allerlei Sympathiekundgebungen an die Deutschen in Innsbruck gaben dem Ausdruck. Eine solche Sympathiebezeugung für die deutschen Studenten in Innsbruck sandte in Form eines Telegramms auch der studentische Ausschuß der Technischen Hochschule in Hannover ab mit dem Wortlaut: „Mit Stolz und freudiger Genugtuung hat die Hannoversche Studentenschaft die Kunde von Eurem mannhaften Eintreten für die Interessen des Deutschtums vernommen. Wir beglückwünschen Euch und wünschen Euch als den Vorposten im völkischen Kampf herrlichen Erfolg." Das nahm die nervös gewordene österreichische Regierung übel und beschwerte sich darüber in Berlin. Dort nahm man die Sache zwar nicht tragisch, aber einen Verweis glaubte man dem hannoverschen Ausschuß doch geben zu sollen, worin man vielleicht formal recht hatte; denn irgend ein Formfehler gegen die satzungsgemäßen Aufgaben des Ausschusses lag in dieser Einmischung in die inneren

Verhältnisse anderer Länder wohl vor. Aber ihn zu rügen, dazu reichten die lokalen akademischen Behörden aus; das Eingreifen der Berliner Zentralinstanz war ein Schießen mit Kanonen auf Spatzen und mußte die Furcht vor einer Beeinträchtigung der akademischen Freiheit nahelegen. Abgesehen vom Formalen aber ist sachlich kein Grund einzusehen, warum den Studenten solche Kundgebungen nach außen hin zu untersagen sein sollten; sie erschüttern ja die Welt nicht, es sind ungefährliche Gefühlsausbrüche junger Leute. Und diese Jünglinge sind doch auch deutsche Staatsbürger, wenigstens werdende, und mit den deutschösterreichischen Studenten verknüpfen die deutsche Studentenschaft ebenso nahe Bande, wie uns deutsche Professoren mit den österreichischen Kollegen, die uns doch näher stehen als die amerikanischen Austauschprofessoren, über die ja auch hin und her telegraphiert wird: wenn hier das Internationale erlaubt und recht ist, ist es auch dort nicht mehr als billig.

Ich sage das alles um so ungenierter, als ich glaube, daß sachlich die Techniker in Hannover völlig im Unrecht waren. Eine italienische Rechtsfakultät in der deutschen Stadt und an der deutschen Universität Innsbruck ist ungefährlich, viel ungefährlicher als sie es in einer an der italienischen Grenze gelegenen Stadt Österreichs, etwa in Triest oder Trient wäre: da wäre sie ein Herd ewiger Unruhen und Umtriebe und ein Sammelpunkt irridentistischer Gelüste und Putsche. Das erkennen die einsichtsvollen Deutschen in Österreich selber durchaus an. Und auch ein Freund von Einmischungen in die inneren Angelegenheiten anderer Staaten bin ich nicht: wir haben im eigenen Haus genug zu tun. Wohl aber sehen wir, denke ich, an diesem Beispiel ein Allgemeines. Studenten treiben

Gefühlspolitik, Politik aber soll man treiben mit kühlem Kopf und hellem Verstand. Darum sind Studenten — Sie erlauben mir das Wort — schlechte Politiker. Es fehlt ihnen als Kurzlebigen der historische Sinn und fehlt ihnen bei ihrer losgelösten Stellung das Verantwortlichkeitsgefühl. Daher spielen sie auch nur in Zeiten hocherregten Gefühls, in Revolutionszeiten vor allem, eine politische Rolle, so 1848 in Österreich und 1905 in Rußland. Daß sie dabei eine glückliche Hand gehabt und sich zur politischen Führung geeignet gezeigt hätten, wird niemand behaupten. Am besten wird die Welt noch immer regiert von den lebenserfahrenen Männern zwischen 50 und 60 Jahren; Deutschland hat sogar seine höchste Stufe erreicht unter der Führung von 70- und 80jährigen! Deshalb ist es gut und richtig, daß sich bei uns in Deutschland die Studenten im allgemeinen nicht aktiv an der Politik beteiligen. Auch die Burschenschaft hat bei ihrer Gründung nur an die politische Erziehung und an die Vorbereitung auf die Arbeit im Dienst eines einigen freien Vaterlands gedacht. Als die „Unbedingten" zu terroristischen Taten drängten und Sand im Jahre 1819 mit der Ermordung Kotzebues zur Aktivität überging, da hat er nur der Reaktion einen Dienst geleistet und über Tausende von Unschuldigen Not und unsägliches Elend heraufbeschworen.

Aber soll sich deshalb der Student gar nicht um Politik kümmern? Ich habe eben gesagt, daß die Urburschenschaft seinerzeit die politische Erziehung ihrer Mitglieder zum Ausgangspunkt ihrer Bestrebungen gemacht habe; und das wird auch heute noch das Richtige und für alle Studenten ein Notwendiges sein. Sie haben noch nicht die Welt zu regieren, sondern erst sie regieren zu lernen und sich darauf vorzubereiten.

Denn kaum haben Sie aufgehört Studenten zu sein, so sollen Sie als politische Wähler und auch schon als ganz kleine Räder im Mechanismus des Staates an dessen Regierung teilnehmen. Aber eben weil er es erst lernen soll, deshalb soll der Student noch keiner Partei angehören. Darum halte ich das Anwerben von Studenten für die jungliberalen Vereine für ebenso unberechtigt, wie den Zusammenhang der katholischen Verbindungen durch die Katholikentage mit der Zentrumspartei. Wie sich der Student eine Weltanschauung erwerben soll, aber noch keine abgeschlossene haben kann, so ist es auch mit seiner politischen Anschauung: er muß erst einmal alle kennen lernen, ehe er sich einer bestimmten Partei definitiv anschließt. Einer Partei angehören ist Einseitigkeit und Exklusivität, der Student braucht Empfänglichkeit und offenen Blick für alle und für alles, er muß auch hier seinem Namen und Beruf treu bleiben, muß studieren. Sonst läuft er in seinem jugendlichen Feuereifer doppelt Gefahr, ein fanatischer Parteimann zu werden, wie der eingefleischte Bierbankpolitiker unter dem Einfluß seiner Parteipresse glaubt, daß es außerhalb der Partei nichts Gutes und keine anständigen Menschen gebe.

Auch nicht nur eine Zeitung soll er lesen: der Philister liest „seine" Zeitung, der Student soll heute die Kreuzzeitung und morgen den Vorwärts, heute die Germania und morgen die Frankfurter Zeitung lesen; daher müssen auf Ihren Lesehallen auch die Hauptzeitungen aller Parteien und aller Richtungen aufliegen. Was aber nicht heißt, daß er nun jedes demokratische oder ultramontane Lokalblättchen seines Orts, weil er daran gewöhnt ist, hier wiederfinden soll: solche Forderungen würden, wenn sie nicht gar von außen hereingetragen werden, nur beweisen, daß er kein Student, sondern — ein Philister ist. Und ebenso soll er da, wo Gelegenheit sich bietet, politischen Versammlungen verschiedener Richtung beiwohnen und so der Reihe nach möglichst alle und auch einzelne der Führer kennen lernen. Ob er dabei selbst auch an dem Redeturnier einer solchen Versammlung sich beteiligen will, muß seinem Takt und seiner Bescheidenheit, seinem Talent und seiner Selbsterkenntnis, vor allem aber auch der Geduld der Versammlung überlassen werden; ich würde meinen, auch hier sei in der Regel Hören und Schweigen Gold, und Reden — oft nicht einmal Silber. Einen anderen Weg hat die Freistudentenschaft eingeschlagen, indem sie bekannte Parteiführer einlädt, in einer Studentenversammlung das Programm ihrer Partei zu entwickeln. Ich weiß nicht, ob das zum Ziel eines unbefangenen Kennenlernens so besonders geeignet ist; zuweilen ist es mir so vorgekommen, als ob das nicht einmal beabsichtigt sei, sondern eine gewisse Parteinahme der freistudentischen Führer die Auswahl parteiisch bestimme. Jedenfalls aber werden die Berufenen selber durch ihre Reden nicht belehren, sondern Propaganda machen wollen, und dabei wird es nicht der gewinnen, der die besten Gründe, sondern wer die beste Suada hat und jugendliche Gemüter am leichtesten erregen und fortreißen kann. Dafür würden im allgemeinen die Historiker der Universität die geeigneteren Vortragenden und gewiß auch gerne dazu bereit sein; denn daß Sie, auch ohne Historiker zu sein, historische Vorlesungen, auch ohne Juristen zu sein, Vorlesungen über Politik und Staatsrecht hören können, das ist ja eben der Vorzug der universitas literarum, auf der es an solchen Gelegenheiten sich zu belehren und zu orientieren niemals fehlt.

Die Folge jener politischen Weitherzigkeit wird nun die sein, daß Ihnen bald diese bald jene Partei zusagt, bald dieser bald jener Führer imponiert. Der Student wird heute — sagen wir es nur direkt heraus — heute Kreuzzeitungsmann und morgen Sozialdemokrat sein. Solcher plötzlicher Übergänge und schroffer Umkippungen braucht er sich nicht zu schämen, wie ich mich auch nicht schäme, daß ich im Jahr 1866 — um es drastisch übertreibend zu sagen — als Großdeutscher und Anhänger Österreichs eingeschlafen und belehrt durch den Tag von Königgrätz als Kleindeutscher und Anhänger Preußens und Bismarcks aufgewacht bin[1]). Das gehört mit zum raschen und unfertigen Wesen der Jugend: nicht in stetiger, ruhiger Entwicklung, sondern sprunghaft und durch Gegensätze hindurch wird schließlich ein eigener fester Standpunkt gewonnen. Weil aber der Student wie alle jungen Menschen unerbittlich konsequent ist, deshalb ist er jedesmal und in jedem Augenblick innerhalb des Standpunkts, den er gerade einnimmt und den er eben jetzt für den höchsten und besten hält, auch wenn er ihn schon im nächsten Augenblick wieder verläßt, Feuer und Flamme dafür und gehört zu seinen enragiertesten und extremsten Anhängern. Er ist — ob konservativ oder liberal oder sozialdemokratisch — immer ganz radikal.

Zugleich sehen Sie aber daran noch einmal, wie verkehrt es wäre, wenn Sie Ihre Verbindungen auf bestimmte politische Anschauungen gründen und an bestimmte politische Parteien anlehnen wollten. Zu welchen inneren und äußeren Konflikten das führen

[1]) Übrigens schrieb der Historiker K. W. Nitzsch im Juli 1866 ganz allgemein: „Ich hoffe, daß diese Tage für viele, viele Geister einen Wendepunkt bezeichnen werden."

und wie es Sie hemmen würde an eigener selbständiger und freier politischer Entwicklung, wie es Sie von vornherein einseitig und intolerant machen müßte, das alles liegt auf der Hand und ist auch schon gesagt. Auch in dieser Beziehung müssen Ihre Verbindungen Debattierklubs sein: hier müssen die politischen Ansichten und Gegensätze erörtert, verteidigt und bekämpft, es muß aber dabei auch jede, selbst die extremste Anschauung geduldet und respektiert werden. So allein können Sie sich durch das politische διαλέγεσθαι zu politischer Klarheit durchstreiten und durchkämpfen. Bei Ihnen darf nicht gelten: Pfui, ein politisch Lied, ein häßlich Lied: das sagen nur die Banausen und Saufkumpane in Auerbachs Keller, denen irgendeine Dummheit oder Sauerei lieber ist als ernsthafte Dinge. Das Studentenleben ist ja nichts als ein großer Kampf um die Weltanschauung, ein Stück Weltanschauung ist aber auch das Politische; also kämpfen Sie auch darum. Es tut aber auch unserem politischen Parteileben selber not und gut, wenn viele und immer mehrere in ihrer Jugend an den verschiedenen Parteien neben dem Berechtigten auch das Endliche und Mangelhafte durchschaut haben. Dann gehen sie später als freie Männer in die Partei herein, die ihnen am meisten zusagt, ohne sich ihr darum mit Leib und Seele gefangen zu geben. Wir brauchen in der Politik Männer, die selbst dann über den Parteien stehen, wenn sie Mitglieder einer Partei sind, um von innen heraus auf ihre Partei reinigend und mäßigend zu wirken. Das kann aber nur geschehen, wenn Sie als Studenten der Reihe nach allen gegenüber kritisch sich verhalten haben[1]).

[1]) Es ist, wie wenn zu diesen meinen obigen Ausführungen der seit 1907 bestehende „Deutsche akademische Freibund" in Satz 2 und 3 seines Programms die Probe aufs

Selbstverständlich ist, was schon in anderem Zusammenhang ausgeführt wurde, daß der Student immer ein deutscher Student ist und bleibt und der Gedanke ans Vaterland auch bei diesen politischen Studien und Debatten über allem schwebt. Der Philister ist Parteifanatiker und vergißt nur zu oft über seiner Partei das Ganze und das Wohl des Ganzen. Der Student soll auch darum keiner Partei angehören, weil er erst einmal dieses Ganze nach allen Seiten hin und von den verschiedensten Standpunkten aus auf sich wirken lassen und in sich aufnehmen muß. Dann wird er auch später als Parteimann kein Knecht der Partei, sondern immer zuerst bereit sein, das Vaterland über alles, also auch über die eigene Partei zu stellen, und fähig bleiben, auch im späteren Leben noch zu lernen und umzulernen, und wo es nötig sein sollte, sogar

---

Exempel liefern wollte. Hier heißt es: Der Bund „sieht den Schwerpunkt seiner Aufgabe in der Erziehung seiner Mitglieder zu selbständigem politischen Urteile. Er schließt sich keiner der politischen Parteien an und beteiligt sich von Vereins wegen nicht an ihrer praktischen Arbeit". Aber leider steht zu diesen schönen Worten der erste Satz in doppeltem Gegensatz, wonach der Bund „die Verbreitung liberaler Gesinnung unter den Akademikern erstrebt." Und noch viel schlimmer klingt es in dem Vortrag von Martin Rade, den er über den Freibund als Vorsitzender der Zentrale desselben am 15. November 1911 in Heidelberg gehalten hat. Da handelt es sich wirklich um Propaganda für den politischen Liberalismus und – nicht genug damit – um ausdrückliche Bekämpfung der Konservativen als „einer Partei des Klassenkampfes". Muß denn das ganze Elend unserer politischen Parteibildung zu weiterer Spaltung und Zerklüftung auch schon in unsere Studentenschaft hereingetragen und damit überdies noch dem Prinzip der katholischen Studentenverbindungen nachträglich Recht gegeben und ihr Zusammenhang mit der Zentrumspartei sanktioniert werden? und das ausgerechnet durch einen protestantischen Theologen!

mit seiner eigenen Partei zu brechen, wenn sie über sich selbst das Vaterland aus dem Auge verliert oder er durch bessere Einsicht über sie hinausgewachsen ist.

Zur Erwerbung einer solchen patriotischen und staatsbürgerlichen Gesinnung und zum Bewußtwerden der Zugehörigkeit zum Staat trägt nun bei einer großen Anzahl von Ihnen auch das bei, daß Sie als Studenten dienen, Ihr Einjährig-Freiwilligen-Jahr ableisten dürfen und vielfach auch wirklich ableisten. Über unserem Kollegiengebäude steht: Literis et patriae! Solange an den Fürsten Bismarck offiziell telegraphiert wurde und er ebenso zu antworten pflegte, hat er in diesen seinen Antworten mit Vorliebe die Devise umgedreht: Patriae et literis! Ich habe einmal die philologische Konjektur aufgestellt — ich mache selten Konjekturen —, Bismarck habe nur patriae für den Dativ, literis dagegen für den Ablativ angesehen und seiner eigenen Devise „patriae inserviendo consumor" entsprechend übersetzt: Dem Vaterland dienen wir wie mit dem Schwert (et armis) so auch mit der Feder — et literis. Und wenn wir draußen in der Orangerie einen Ihrer offiziösen Kommerse feiern, so pflegen wir — ich glaube regelmäßig an vierter Stelle — den Toast auf die Armee auszubringen und dabei mit Stolz auf die Mischung der bunten Uniform des Soldaten und der bunten Mütze des Studenten hinzuweisen: ein Bild des Volkes in Waffen! Verbindung von Wehr- und Lehrstand!

Und doch beschleicht mich hierbei zuweilen das Gefühl, als ob hier nicht alles in Ordnung sei. Ich würde vielleicht an diesem Punkte zaghafter sein, demselben im Widerspruch mit dem Bestehenden und mit den Anschauungen der Zeit Worte zu leihen, wenn ich nicht sähe, daß ich damit doch nicht allein stehe, sondern daß unter anderen mein theologischer Kollege Kähler in Halle in seiner anregenden Schrift „Die Universitäten und das öffentliche Leben“ (1891) zu ähnlichen nachdenksamen Erwägungen und Bedenken gekommen ist, wie ich sie Ihnen vortragen möchte. Vorausschicken will ich, daß ich den Heeresdienst in vieler Beziehung für eine unvergleichliche Schule in allerlei äußerlichen Tugenden halte und glaube, daß die Gewöhnung an Ordnung und Disziplin, an strammes Wesen und äußere Form der Selbstdisziplinierung dem jungen Manne — er lernt vor allem schweigen! — in hohem Maße zugute kommt und ihm namentlich dann einen Halt mitgibt auch für das studentische Leben, wenn er dieses Dienstjahr zwischen Schule und Universität einschieben kann. Ich will aber auf der andern Seite allerdings auch nicht bergen, daß bei manchem die Wirkung keine unbedingt günstige ist. Jener militaristische Geist und Ton, der den jungen Assessor und Lehrer auf seiner Visitenkarte seine Qualität als Reserveleutnant in den Vordergrund stellen läßt, als ob der etwas Höheres und Besseres wäre als der Zivilist bis hinauf zum Minister, ist auch in die Studentenschaft eingedrungen und trägt nicht zum wenigsten die Schuld an jener unstudentischen und unjugendlichen Steifheit und Förmlichkeit, die zu der militärischen Subordination, aber nicht zu der akademischen Freiheit und Gleichheit paßt. Und bei einzelnen mag sogar ein solcher Geist der Subordination in das wissenschaftliche Arbeiten mit herübergenommen werden und hier zu einem subalternen Respekt vor äußerer Autorität verführen.

Aber von allem dem wollte ich eigentlich nicht reden, sondern ganz prinzipiell und geschäftsmäßig fragen, ob denn der einjährig-freiwillige Student oder

der studierende Einjährig-Freiwillige ein berechtigtes mixtum compositum sei. Gewiß war es ein humaner Gedanke, daß es den Studenten gestattet wurde, ihr Militärjahr während des vorgeschriebenen Trienniums oder Quadrienniums abzudienen und das erstere in die Studienzeit einzurechnen. Diese Erlaubnis stammt aus Zeiten, wo selbst im preußischen Heer der Dienst noch erheblich leichter, die Ansprüche an die soldatische Ausbildung und Leistung noch erheblich kleiner waren, so daß wenigstens in der zweiten Hälfte des Jahres Zeit genug zum wirklichen Studieren übrigblieb. Das ist, wie wir alle wissen, anders geworden: auch der einjährige Student ist das ganze Jahr hindurch ganz nur Soldat, zum Besuch der Vorlesungen ist kaum gelegentlich eine Stunde frei, zum Studieren im allgemeinen so gut wie keine Zeit mehr übrig; der Dienst nimmt alle Zeit und alle Kraft für sich in Anspruch. So bleibt höchstens noch die Möglichkeit, abends und Sonntags mit den Kommilitonen von der Universität zusammen zu — kneipen, was ich ja nicht zu niedrig anschlage, wenn Ihre Verbindungen wirklich wissenschaftliche Debattierklubs und erfüllt sind vom Geist, von der Atmosphäre wahrer Wissenschaftlichkeit. Dann findet so etwas wie ein geistiger Rapport, eine geistige Endosmose statt. In allem übrigen ist der Einjährige Soldat und nicht Student; und dennoch wird er immatrikuliert, mit zur Universitas magistrorum et scholarium gerechnet und belegt 1—2 Vorlesungen.

Was ist das anders, meine Herrn, als Täuschung und Schein? Scheinwesen aber ist jederzeit und überall vom Übel, am meisten da, wo es sich um die Jugend und deren Selbsterziehung und um die Pflege der Wissenschaft, deren Endziel die Wahrheit ist, handelt. Allein es ist noch ein anderes, Schlimmeres dabei,

Staat und Kirche fordern für die Vorbildung ihrer Beamten und Diener das Triennium, beziehungsweise Quadriennium, vermutlich doch, weil 6 oder 8 Semester von ihnen als das Minimum für Absolvierung eines wissenschaftlichen Studienkurses angesehen werden. Indem nun das Militärjahr hineingerechnet werden darf, in welchem notorisch wissenschaftlich nicht gearbeitet werden kann, heißt das nichts anderes als: wir begnügen uns aber auch mit vier, beziehungsweise mit sechs Semestern. Nun werden Sie freilich sagen, daß diese Semesterzahlen ja doch nur auf dem Papier stehen, faktisch mache niemand nach sechs Semestern mit Einschluß des Militärjahres sein Examen. Niemand — das ist zuviel gesagt; manche doch. Aber auf das Faktische kommt es hier nicht allein an; schon daß Sie es können und dürfen, ist schlimm; denn das heißt nichts anderes, als daß Staat und Kirche erklären: Triennium ja, aber wir begnügen uns allenfalls auch mit vier Semestern; Quadriennium ja, aber sechs Semester tun es auch. Ich werde, wenn ich auf die Examina zu reden komme, auch davon sprechen, wie es genügt oder vielmehr nicht genügt. Darum heute nur das: man wundert sich manchmal über die Mangelhaftigkeit der wissenschaftlichen Aus- und Durchbildung unserer Beamten und Geistlichen; daran ist etwas Wahres; allein man vergißt, daß Staat und Kirche selbst durch dieses sanktionierte Leichtnehmen mit dem Studium und durch dieses Verkürzen der dafür bestimmten Zeit nicht zum wenigsten daran schuld sind. Und wenn es staatliche und Universitätsbehörden so leicht nehmen mit dieser Vorschrift, so nimmt es natürlich der Student doppelt leicht. Wenn zwei Semester mit hoher obrigkeitlicher Erlaubnis für die Wissenschaft verloren gehen dürfen, warum sollte sich der freie

Bursch nicht weitere zwei Semester aus eigener Machtvollkommenheit als zum Verbummeln bestimmt gestatten und genehmigen? Und wieviel bleiben dann?! Dazu kommt, daß die Universitätsbehörden ausdrücklich angewiesen sind, alle Benefizien während des Militärjahrs zu gewähren, die abgesehen davon gewährt würden. Auf die Stipendienfrage komme ich noch besonders zu sprechen und frage hier nur: Wie steht es mit dem Fleißzeugnis für den Einjährig-Freiwilligen?!

Allein diese für viele so notwendige Erleichterung aufheben, wäre das nicht eine bittere Ungerechtigkeit? und müssen die Universitäten diese Übelstände nicht im Interesse des Staates und im Interesse der einzelnen eben über sich ergehen lassen und tragen? Aber, meine Herren, wo ist denn die Ungerechtigkeit? Mir scheint jedes Privilegium der wahren staatlichen Gerechtigkeit zu widersprechen: hier besteht eines, die Studenten sind vor allen andern Berufen darin bevorzugt. Überall sonst muß der junge Mann ein Jahr seiner Bildungszeit für den Militärdienst, d. h. für den Staat daran geben, überall sonst müssen seine Eltern oder Vormünder die Kosten für dieses Jahr ganz tragen. Nur bei Ihnen rechnet man dieses Jahr in die Bildungszeit ein, nur Ihnen gewährt man aus allerlei öffentlichen oder privaten Mitteln Beihilfe dazu. Das ist wirklich ein Privileg, das Sie vor dem jungen Kaufmann oder Künstler oder Landwirt voraushaben; Privilegien aber sind im Staatsleben jederzeit schädlich und fallen auch früher oder später mit Sicherheit dahin. Wollten Sie aber einwenden, daß dann der militärfreie Kommilitone vor dem tauglichen ein Jahr in seiner Karriere voraus hätte: ja ist denn das anders bei dem jungen Kaufmann? und hat dafür nicht doch auch der Taugliche seinerseits wieder manches voraus vor dem andern? Und bei seinen Beamten würde ja der Staat überdies die Möglichkeit haben, die ihm im Heer geleisteten Dienste auf die Zivildienstjahre zu rechnen, was doch kaum ernstliche Bedenken gegen sich hätte.

Ich spreche hier nur von dem Interesse, das wir Universitäten an dieser Frage haben, sonst könnte ich auch noch darauf hinweisen, daß es auch für das Heer und die militärische Ausbildung selber vielleicht so übel nicht wäre, wenn für die Studierenden die Notwendigkeit und der Anreiz wegfiele, am Sitz einer Universität ihr Jahr abzudienen und sich die Einjährigen infolge davon mehr gleichmäßig über das ganze Land hin verteilen ließen. Oder ich könnte gar die Frage aufwerfen, ob angesichts der zweijährigen Dienstzeit das Institut der Einjährig-Freiwilligen auf die Dauer überhaupt noch aufrechterhalten werden könne und aufrechterhalten zu werden verdiene.

Aber von allem dem abgesehen: unser Interesse weist fraglos auf die nicht bloß teilweise, sondern vollständige Abschaffung jenes studentischen Privilegiums hin, es bedarf dringend einer so durchgreifenden und einschneidenden Maßregel, wie sie Kähler vorschlägt: „das Militärdienstjahr wird nicht auf das Triennium angerechnet; die öffentlichen akademischen Benefizien hören während der Ableistung der Militärpflicht auf". Es wäre dies die Anerkennung, daß wir es mit dem Studieren und demgemäß auch mit der Forderung des Trienniums oder Quadrienniums Ernst nehmen und daß es im Dienst der Wissenschaft und der Wahrheit der Schein allein wirklich nicht tut.

Elfte Vorlesung.

Viel positiver als zur Politik, meine Herren, wird das Verhältnis des Studenten zur sozialen Frage sein, weil es auch unter den Studenten selbst so etwas wie eine soziale Frage gibt. Man könnte zwar die ideale Forderung stellen, daß der Unterschied von arm und reich bei Studenten keine Rolle spielen, überhaupt nicht spürbar werden dürfe. Und eine Forderung ist in diesem Sinn in der Tat auch wirklich an die studentischen Korporationen zu stellen, ich habe sie schon ausgesprochen: daß ihre Lebenshaltung keine solche sein soll, daß nur Reiche ihnen beitreten können, oder weniger Bemittelte durch sie zu einem Leben weit über ihre Verhältnisse hinaus, zu Luxus und Schuldenmachen genötigt und verleitet werden. Solche Protzengesellschaften, die es ja leider auch gibt, sind unehrenhaft und des Studententums unwürdig. Aber auch als einzelne — auch davon war schon die Rede — sollen die Reichen immer daran denken, daß sie durch luxuriöses Zurschautragen ihres Reichtums die studentische Gleichheit verletzen, den Ärmeren einerseits Anlaß geben zu törichter Nachahmung und damit zu finanzieller Unsolidität, und bei anderen Ärgernis erregen und sozialen Neid und Haß hervorrufen über das bevorzugte Leben, das zu führen den Reichen ihre Mittel erlauben, die sie doch nicht selber erworben und erarbeitet haben.

Aber es hilft nichts, die Unterschiede sind nun einmal da und machen sich so oder so auch äußerlich unter Ihnen spürbar; und sie sind teilweise überaus schroff, es gibt auch eine studentische Bettelarmut.

Ob in diesem Fall nicht von vornherein besser auf das Studium verzichtet würde, darf doch gefragt werden. Natürlich nicht da, wo ein unwiderstehlicher Drang und eine hervorragende Begabung zusammenwirken, um allen Hindernissen zu trotzen und sie zu überwinden. Aber in vielen Fällen wäre es entschieden besser, die ganz Unbemittelten verzichteten auf das Studium und wendeten sich rechtzeitig, vielleicht sogar noch während der bereits begonnenen Universitätsjahre einem rascher das Stehen auf eigenen Füßen ermöglichenden Berufe zu; sich durchhungern zu müssen ist ein gar übles Los. Ebenso verlange ich aber auch umgekehrt, daß der ganz unbegabte Reiche jedenfalls noch beim Abiturientenexamen unbarmherzig vom Studium ferngehalten und zurückgewiesen werde; unsere Universitäten sind wirklich nicht dazu da, der Eitelkeit und dem Standeshochmut törichter Eltern zuliebe ihre Ziele herabzusetzen und notorisch Unfähige dem Staat als Beamte oder Lehrer, der Kirche als Geistliche aufzudrängen. Hochschulen sind keine Versicherungs- und Versorgungsanstalten für reiche Dummköpfe. Aber item, tatsächlich gibt es bettelarme Studenten und ihnen muß geholfen werden.

Aber nicht durch Almosen. Das ist ungefähr die schlechteste Art zu helfen und die verderblichste Art, sich helfen zu lassen. Demgegenüber habe ich schon auf die Aufgabe der Studentenausschüsse hingewiesen, als Arbeitsämter für Arbeitsgelegenheit zu sorgen: Hilfe zur Selbsthilfe ist auch hier das erste und das beste. Und Selbsthilfe ist es auch, wenn einer mit bescheidenen Mitteln auszukommen versteht, wenn er spart. In einem hiesigen Blatt ist unlängst ziffernmäßig ausgerechnet worden, wie groß der Monatswechsel eines Studenten sein müsse. Aber das ist einmal nach den

Preisen in den verschiedenen Universitätsstädten und dann nach den Bildungsbedürfnissen des einzelnen zu verschieden, als daß es dafür eine Schablone und ein festbestimmtes Existenzminimum geben könnte; daher ist jede derartige Berechnung wertlos. Es gibt spartanische Naturen, die mit viel weniger auskommen, und umgekehrt lichthungrige, schönheitsdurstige, genußbedürftige Menschen, die mit diesem Schablonenminimum totunglücklich wären; einsame Menschen, die für Geselligkeit nichts brauchen, und gesellige Naturen, die dann natürlich für die Teilnahme am Korporationsleben und an sonstigem Verkehr viel mehr nötig haben. Hier steckt wirklich das Berechtigte in dem Wort vom Sichauslebendürfen des Individuums. Aber darum bleibt doch die Pflicht, nicht über seine Verhältnisse zu leben, nach zwei Seiten hin bestehen. Der Student ist in seinem Lebensunterhalt fast durchweg abhängig vom Elternhaus: er darf daher diesem nicht ungebührliche Opfer zumuten, darf nicht schrankenlos sich ausleben wollen um den Preis, daß zu Haus die Eltern und die Schwestern für ihn hungern und schuften, während er in Saus und Braus sich Luxus aller Art erlaubt. Das ist eine geradezu gemeine Selbstsucht, die keine souveräne Herrenmoral je selig und heilig sprechen kann, es ist eine Ehrlosigkeit. Und der Student darf sich nicht mit Schulden belasten: das hieße Raubbau treiben, der Gegenwart auf Kosten der Zukunft leben und sich dadurch zum Sklaven machen auf Jahre hinaus, vielleicht fürs ganze Leben. Diese Art akademischer Lebensfreiheit wäre zu teuer erkauft durch das Opfer der Unfreiheit für das ganze übrige Leben.

Nun existiert ja aber auch die Fülle der sogenannten Benefizien und Stipendien für Studierende, eine treffliche Einrichtung; denn auf Stipendien haben arme Studenten ein Anrecht, sie sind also kein Almosen. Aber wo Rechte sind, sind auch Pflichten. Und hier habe ich gegen unser Stipendienwesen doch auch allerlei ernste Bedenken.

In seiner heutigen Form erzieht es vielfach in Geldsachen zu einem unfeinen und unvornehmen Empfinden und stumpft das Ehrgefühl nur allzu leicht ab. Der Ehrenkodex aller vornehm denkenden erwachsenen Menschen, die nicht arbeitsunfähig sind, fordert, daß der Mensch sich durch Arbeit, durch eine Leistung verdiene, was er von anderen fremden Menschen bekommt und annimmt. Sich nichts schenken lassen! ist eine berechtigte Forderung des Stolzes und der wahren Ehre; etwas leisten zum Entgelt dafür, daß man etwas empfängt! Nun können die Empfänger den Stiftern der Stipendien freilich nichts mehr leisten, es ist eine Art von unpersönlichem Verhältnis, darum nimmt es der Student auch so leicht mit dem Annehmen von Stipendien: es ist ja kein Geber mehr da. Aber eben weil es ein ideales Verhältnis ist, kann auch die Leistung eine ideale sein: nicht dem Stifter, wohl aber dem Zweck seiner Stiftung kann sie entrichtet werden.

Und das hat man auch allgemein anerkannt, deshalb verlangt man eine gewisse „Würdigkeit" von dem Empfänger. Allein wie konstatieren wir diese? Durch die sogenannten Fleißzeugnisse, das ist das übliche. Insofern diese auf der Beteiligung an Übungen, Seminarien, Kursen beruhen, liegt darin immerhin eine Art von wirklicher Leistung eingeschlossen; oft genug aber werden sie auch nur für den Besuch von Vorlesungen ausgestellt. Dabei verläßt sich der Ausstellende natürlich meist auf ein zufälliges Sehen; aber was beweist auch der regelmäßigste Besuch? Ich habe — fast muß ich in diesem Falle sagen: leider! — sehr gute Augen und habe daher zuweilen Gelegenheit wahrzunehmen, wie ein solcher „fleißiger“ Zuhörer während meiner Vorlesungen Mathematik treibt oder eine Zeitung liest. So sitzt er die Vorlesung ab, und am Schluß des Semesters begehrt er dann, daß ich ihm auf Grund seiner körperlichen Assistenz seinen Fleiß in meinen Vorlesungen bescheinige! Das ist doch mehr als bloße Form, das ist wiederum eitel Schein- und Heuchelwesen und als solches recht schlimm. Also greift man nach dem Auskunftsmittel der Examina für Stipendienbewerber. Ich halte diese Einrichtung für erheblich besser und würdiger als die der Fleißzeugnisse für Vorlesungsbesuch; aber für eine gute und für die richtige Form kann ich sie doch nicht halten. Jedes Examen ist ein Übel — oft ein notwendiges Übel, gewiß; aber Übel soll man nicht häufen, und zum Fleiß soll man Studenten nicht zwingen.

Nein, die Leistung muß — der akademischen Freiheit entsprechend — eine freie sein, und das ist sie nur dann, wenn jeder, der sich um ein Stipendium bewirbt, ein freigewähltes Thema bearbeitet und diese Arbeit als specimen seines Fleißes einreicht. Das erscheint mir als die einzige Möglichkeit, um über das unwürdige Mendikantentum der Studenten hinauszukommen; daß sie auch sonst noch allerlei innere Vorzüge für die Arbeit des Studenten besäße, wird später zur Sprache kommen. Wenn Sie aber darin eine allzu große Belastung sehen, nun die Belastung für uns Professoren wäre auch nicht klein, obwohl wir ja durch Anstellung von Korrektoren („Repetenten“ nach dem Muster des Tübinger Stiftes oder der amerikanischen „readers“) erleichtert werden könnten; allein dazu, einander hin und her mit Arbeit zu belasten, sind wir nun eben einmal da.

Ich würde mir von dieser Einrichtung aber noch einen weiteren Gewinn versprechen. Unsere Stipendien sind vielfach zu klein. Das demoralisiert. Sich ein paar Mark schenken zu lassen ist unvornehm und hilft auch nichts; solche kleinen Stipendien werden geradezu Versuchungen zum Verjubeln: ob man 30 oder 50 Mark mehr oder weniger hat, macht so gar viel nicht aus; ja wenn es mehr wäre, da wäre es vielleicht der Mühe wert zu sparen und sich einzurichten; aber so —! Sie wissen, daß manche so denken und sogar so sprechen. Und da will es mir doch vorkommen, als bewerben sich nicht wenige unnötig und mutwillig um ein solches Stipendium; sie könnten auch ohne dasselbe auskommen; aber hilft es nichts, so schadet es auch nichts, und Mühe kostet es ja keine. Und nun muß der vielen Bewerber wegen die zur Verfügung stehende Summe immer mehr geteilt, die einzelnen Portionen müssen immer mehr verkleinert werden. Alle diese ganz oder halb unnötigen Gesuche aber würden wegfallen, wenn man auch hier vor die Tugend den Schweiß, vor die Leistung die Gegenleistung setzte. Die Unfleißigen werden und können sich nun nicht mehr bewerben, und die, die es nicht wirklich nötig brauchen, ersparen sich diese vorgeschriebene und auf die Zeit abzuliefernde Arbeit; und so wird die Folge sein: erheblich weniger Bewerber und erheblich höhere Stipendien; und das ist das Richtige. Unter 2—300 Mark im Semester sollten Stipendien überhaupt nicht gewährt werden, nur eine solche Summe hilft wirklich und wird als Hilfe anerkannt und empfunden.

Dann würden endlich auch jene Armutszeugnisse wegfallen, die sich heute die Stipendienbewerber von ihrer Heimatsbehörde ausstellen lassen müssen und die mir stets in sehr unerfreulicher Beleuchtung erscheinen. Gewiß ist Armut keine Schande, also braucht man sich auch nicht zu schämen sie einzugestehen. Aber sie sich von dem nächsten besten Schreiber oder Unterbeamten zum Zweck des Stipendienheischens testieren und beglaubigen lassen zu müssen, das ist eine Demütigung, die ich dem ehrenhaften Studenten ersparen möchte. Und selbst gegen die Richtigkeit und Ehrlichkeit ihrer Angaben erheben sich oft begründete Zweifel. Darum weg damit! Wer mit einer tüchtigen Arbeit kommt, der erhalte auch ohne einen solchen amtlichen Nachweis seiner Armut das Stipendium als wohlverdienten Lohn; vom honorigen Studenten wird erwartet, daß er sich nicht unnötig bewerbe, weil er dadurch den Armen, die es wirklich notwendig brauchen, das Stipendium schmälert und verkürzt.

Das alles halte ich für möglich; notwendig aber erscheint mir eine solche Reform des Stipendien- und Benefizienwesens deshalb zu sein, weil bei der üblichen Art der Verleihung — auch die Veröffentlichung der Namen am schwarzen Brett rechne ich dazu — zu viel von vornehmer Gesinnung verloren geht, der Grundsatz: sich nichts schenken lassen! zu wenig in Fleisch und Blut des deutschen Studenten übergeht. Es will mir fast vorkommen, als ob unsere heutige Arbeiterwelt mit ihrer Forderung: Gerechtigkeit, keine Gnade! darin dem Studenten über wäre an stolzer und vornehmer Gesinnung. Daß solche Änderungen und Reformen vorgenommen werden, dazu müssen freilich in erster Linie die Kreise der die Stipendien verwaltenden Professoren gewonnen und dafür interessiert werden; und tatsächlich verfahren sie auch bereits und immer mehr nach solchen Grundsätzen. Aber auch Sie, meine Herrn, können etwas dazu tun: wozu haben Sie denn Ihre großen und kleinen Versammlungen, wenn Sie nicht auch solche Fragen in ihnen diskutieren und darüber Beschlüsse und Resolutionen fassen? Das Recht dazu haben Sie und müssen Sie haben; verbieten kann man Ihnen das nicht. Wenn nun die Studentenschaft einer Hochschule einmütig erklärte: wir wollen künftig nichts annehmen, wenn wir nicht auch ernstlich etwas dafür leisten, meinen Sie, eine solche heldenhafte Selbstbelastung, den Beschlüssen der französischen Nationalversammlung am 4. August 1789 vergleichbar, könnte ungehört verhallen und ohne Folgen bleiben? Und doch schiene mir eine derartige Selbstreform ehrenvoller als eine von uns oder gar von weiter oben her über Sie verhängte Reform, die früher oder später doch kommt.

Übrigens kann auch jetzt schon der einzelne in seinem Kreise dafür wirken. Ob in einer Korporation auch innerlich ein honoriger Geist lebt, das hängt fast immer von einer oder von wenigen starken Persönlichkeiten ab. Was, du willst dich um ein Stipendium bewerben, schäme dich! wenn das der Fuchsmajor den jüngeren Semestern in den Fuchsstunden zuriefe und ältere Genossen in solcher Weise den jüngeren das Gewissen schärften und selbst auch mit gutem Beispiel vorangingen, so wäre wirklich schon viel gewonnen. Und auch für Ihren Ausschuß wäre hier Gelegenheit zum Einschreiten: wenn einer verschwenderisch und liederlich lebt und sich dazu Stipendien — erschwindelt, so ist das unhonorig und verdient ernsthafte Rüge; und sie zu erteilen wäre ebenfalls Recht und Pflicht des zum Ehrengericht sich konstituierenden Studentenausschusses. So können Sie in diesem Punkt vielfach soziale Gesinnung betätigen, und Taten sind, wie überall so auch hier, mehr wert als Worte.

Aber allerdings ist die soziale Frage auch theoretisch ein großes modernes Problem; und um Probleme soll sich der Student in erster Linie kümmern, dazu ist er da. Und da ihm auf der Hochschule Gelegenheit geboten ist, sich damit bekannt zu machen, soll keiner versäumen, in dafür geeigneten volkswirtschaftlichen, ethischen und historischen Vorlesungen sich die nötigen Kenntnisse und Einblicke zu verschaffen. Sie braucht in erster Linie der Jurist, der am Rechtsprechen und an der Verwaltung des Staats und der Gemeinde dereinst vor allem beteiligt sein wird und für ein soziales Recht und für eine die sozialen Bedürfnisse und Nöte des Volkes berücksichtigende und befriedigende Gesetzgebung und Verwaltung zu sorgen hat. Sie braucht der Mediziner, dem es bei Epidemien und hygienischen Aufgaben jederzeit zum Bewußtsein kommen muß, daß die Hebung des Volkswohlstandes und die Besserung der Wohnungsverhältnisse und der Lebensführung der unteren Klassen die beste Arznei und die beste Abhilfe gegen allerlei Volkskrankheiten ist. Sie braucht der Theologe, der immer mehr lernen muß, daß er nicht nur für das Jenseits, sondern schon im Diesseits für menschliches Wohl und Wehe mitzuwirken hat, und daß das Christentum von Haus aus keine Religion der Satten und Reichen, sondern der Armen und Elenden, der Hungernden und Dürstenden, eine durch und durch sozialistische Religion gewesen ist. Und sie braucht endlich auch der künftige Lehrer, der aus sozialer Not so manche ungenügende Leistung seiner Schüler wird erklären und zurechtlegen müssen und der erfahren wird, daß die wahre Pädagogik in unserer Zeit eine soziale Pädagogik ist und im Geiste Pestalozzis nur immer mehr werden muß. Und so wüßte ich in der Tat kein Studium, das nicht das der sozialen Frage einschlösse und nötig machte. Dazu aber dienen am besten einzelne grundlegende und orientierende Vorlesungen, und dient weiter auch eine vernünftig ausgewählte Lektüre von hervorragenden Werken, die sine ira et studio die Arbeiterfrage und ihre Geschichte und die verschiedenen Versuche zum sozialen Frieden zu gelangen darstellen, oder auch die Lektüre von bedeutenden Parteischriften, wenn es nur Schriften aus verschiedenen einander entgegenstehenden Lagern sind; denn wenn irgendwo, so gilt hier das audiatur et altera pars.

Eine Zeitlang haben sich zu diesem Zweck volkswirtschaftlicher Belehrung die Studenten zusammengetan zu sozialwissenschaftlichen Studentenvereinigungen, in denen über soziale Probleme Vorträge gehalten und debattiert wurde. Dieselben sind, soweit mir bekannt, überall wieder eingeschlafen. Warum eigentlich? Der Student ist novarum rerum cupidus, und die soziale Frage hat aufgehört, eine nova res zu sein. Oder ist es anders zu erklären? Es bedurfte zuerst solcher besonderer Veranstaltungen, um die Studenten für die Frage zu interessieren und zu erwärmen. Heute ist das nicht mehr nötig: Ihre Korporationen alle sind zu solchen sozialen Disputiervereinen geworden. Ich möchte es glauben, weiß aber nicht ob ich es glauben darf. Eines aber ist jedenfalls inzwischen verschwunden, die Angst mancher, namentlich außerakademischer Kreise, als ob durch die intensive Beschäftigung des Studenten mit der sozialen Frage die Studentenschaft in hellen Haufen zur Sozialdemokratie übergehen könnte.

Gewiß hat der Student innere Berührungspunkte mit der sozialistischen Bewegung. Er ist als junger Mensch unhistorisch und weiß daher nicht, wie fest gewisse historische Gestaltungen unseres gesellschaftlichen Lebens wie Privateigentum oder Ehe in dessen Geschichte verankert sind. Deshalb ist er leicht radikal, lauscht auf Kritik und Zukunftsmusik und ist Utopien gegenüber leichtgläubig. Und zum zweiten ist es ein Tieferes — ein gewisses Gerechtigkeitsgefühl und eine gewisse Ritterlichkeit, die ihn den vielfach berechtigten Klagen und Anklagen der Armen und wirtschaftlich Schwachen willig sein Ohr leihen läßt und sein Herz dafür empfänglich macht. Aber auf der andern Seite ist der Student auch wieder schwerer — fast möchte ich sagen: als jeder andere — für den Sozialismus zu gewinnen. Das auf sich selber Stehen, also ein stark individualistischer Zug, gehört auch zum Wesen des deutschen Studenten; und dazu kommt der individualistische Rückschlag gegen den Sozialismus als eine moderne Zeitströmung, die durch Nietzsche verführerisch genug eingeleitet, rasch in unsere Literatur und Philosophie eingedrungen ist, im Drama und Roman der sozialistischen Strömung mit Erfolg Widerpart hält und gerade auch der Jugend mächtig imponiert und sie für sich zu gewinnen weiß. Dieser Individualismus gilt dem stark ausgeprägten studentischen Standesbewußtsein vielfach bereits wieder als das Höhere und Vornehmere.

So ist der Student als solcher der sozialen Frage gegenüber zwiespältig — nicht nur so, daß die einen von Ihnen sozialistisch gesinnt sind, andere individualistisch für sich das Recht des individuellen sich Auslebens in Anspruch nehmen, sondern vielleicht auch so, daß jeder einzelne von Ihnen diese zwei Seiten des Menschentums in der eigenen Brust besonders lebendig empfindet und vergeblich in sich zur Harmonie und in den zwei Tugenden der Selbsthingabe und der Selbstbehauptung zum Ausgleich zu bringen sucht. Womit

Sie ja nur beweisen, daß Sie Kinder Ihrer Zeit sind.

Das Recht des Individualismus erkenne ich nun wie überhaupt so beim Studenten insbesondere durchaus an. Er soll ein Individuum mehr noch werden als sein, eine wirkliche Persönlichkeit, ein Eigener, ein Herrenmensch von besonderem Schlag. Wie ich das meine? Zwei Mächte haben in unserer Zeit die Tendenz, den Menschen zu nivellieren und zu uniformieren, ich habe sie schon einmal genannt: der demokratische Zug unseres auf das allgemeine Stimmrecht gestellten Staatsbewußtseins und der Militarismus mit seinem Subordinationsgefühl für alle. Daher laufen unter uns so viele Dutzend- und Schablonenmenschen umher, Leute, die nichts sind als Assessoren oder Reserveoffiziere, Fortschrittler oder Kriegervereinsmitglieder, aber nichts Eigenes und Selbständiges, nichts Originelles und Selbstmächtiges haben. Bildung aber ist nichts Schablonenhaftes, nichts Uniformes und Gleichartiges; daher ist der Ausdruck „allgemeine Bildung" so mißverständlich und gefährlich; sondern sie ist Herausarbeitung eines Eigenartigen, eines Selbständigen und Selbstmächtigen. So schützt sie gegen geistiges Uniformtragen, gegen innere und äußere Unfreiheit, gegen devoten Knechtssinn und Servilismus nach oben und gegen brutale Überhebung nach unten. Diese allgemeine Bildung, die gottlob in keinem Examen geprüft werden kann, die sich aber im Leben draußen zeigen muß, was immer Sie werden, muß sich der Student aneignen, und dazu allerdings so etwas wie eine akademische Gesamtkultur schaffen, die den einzelnen als Lebensluft umgibt und aus der heraus dann erst das Eigene und Individuelle gestaltet werden kann. Damit ist dem Studenten die doppelte Aufgabe gestellt: sich die nötige Fachbildung zu erwerben und an einer studentischen Gesamtkultur mitzuarbeiten, um daraus die nicht minder nötige Allgemeinbildung, die noch richtiger Eigen- und Individualbildung hieße, für sich zu gewinnen. Dazu studiert man, und das heißt Student sein.

Allein so hoch ich dieses Recht des Individualismus und den Wert der Eigenart und Persönlichkeitsbildung einschätze, das einzige ist es nicht und darf es nicht sein. Vielmehr liegt im Wesen der Bildung selber auch das andere Prinzip mit eingeschlossen, das soziale.

Zwölfte Vorlesung.

Bildung fiel zweimal in unserem deutschen Leben zusammen mit Humanismus, wobei man allerdings zunächst mehr nur an Lateinisch und Griechisch und an die Kenntnis dieser beiden Sprachen dachte. Das ist heute vorüber, in der Zeit der Gleichberechtigung der Gymnasial- und der Realschulbildung und der Triumphe der Technik wissen wir, daß es in diesem Sinn einen alleinseligmachenden Bildungslernstoff nicht gibt, so wenig wie eine alleinseligmachende Religion und Konfession. Aber von der humanistischen Vorbildung ist als Kern und Wesen zurückgeblieben die humane Bildung, der offene Sinn für alles Menschliche und für den Menschen. Und hier können wir doch an das Lateinische anknüpfen. Unsere lateinisch lernenden Jungen dünken sich noch immer mehr und besser als die „nur deutsch" könnenden Volksschüler. Das ist der Bildungshochmut, der schon in den Vorschulen gezüchtet wird, deren Schüler als die Kinder der Reichen und Vornehmen von Anfang an aus- und abgesondert werden von den Kindern des „Volkes" und die daher als Kastenschulen im wahren Sinn des Wortes beitragen zur gegenseitigen Standesfeindschaft und zum Klassenhaß. Dieser Bildungshochmut setzt sich dann auf dem Gymnasium fort, wo der Sekundaner und Primaner herabsieht auf den Handwerker und Arbeiter, der ins Haus kommt und den er sich zu grüßen besinnt, oder gar auf den gleichalterigen Lehrling und Gesellen, der sich bereits sein Brot selber verdient, während er noch lange von der Gnade anderer leben muß. Vielleicht lernt er es sogar von seinen Lehrern, die ihrerseits heruntersehen auf den Volksschullehrer, der sie vielleicht an Bildungshunger und -durst bei weitem übertrifft. Und dieser Hochmut findet sich ebenso wieder auf der Hochschule beim Studenten, der über das Volk der Philister unter ihm souverän wegschreitet und sich für etwas anderes, Besseres und Privilegiertes hält. In dieser Gesinnung und in den daraus hervorgehenden Ausschreitungen studentischen Übermuts liegt etwas durchaus Unsoziales und Inhumanes, das sich dann noch einmal fortsetzt im Beamtenhochmut des Bureaukraten und in jener übeln Schneidigkeit nach unten, der leider so oft ein noch weit üblerer Byzantinismus und feiger Servilismus nach oben zur Seite geht.

Aber nicht nur in diesem Hoch- und Übermut, sondern vielfach schon in Ihrer ganzen Lebensweise zeigt sich das Unsoziale, in der Lebensführung aller derer, die über ihre Verhältnisse leben — davon war schon wiederholt die Rede — oder die sich nach außen hin als unseres Herrgotts Tagediebe und Liedriane, als Verschwender und Asoten geben. Das trennt den Studenten von unserem ganzen fleißig arbeitenden und mit dem Leben ernsthaft und mühselig kämpfenden Volk und reizt dieses mit Recht zu Neid und Klassenhaß und erweitert so den Riß, der sich zwischen der Arbeiterklasse und den — freilich oft nur scheinbar Bessersituierten so verhängnisvoll aufgetan hat. Wenn Sie mit Recht und mit den richtigen Mitteln gegen die unselige Konfessionalisierung aller Kreise und Stände ankämpfen, die unser Volk noch einmal und nach einer anderen Richtung hin fast gar in zwei Nationen auseinanderzureißen droht, so haben Sie ebensoviel Grund und noch viel mehr Möglichkeit, an der Überwindung des Klassengegensatzes zu arbeiten, der unsere nationale und politische Einheit nicht minder schlimm gefährdet. Glauben Sie, daß unser Volk Respekt habe vor seinen Beamten, die es als Studenten hat faulenzen und Liederlichkeit aller Art hat treiben und in Venere et in Baccho hat exzedieren sehen? Es tut mir leid, es sagen zu müssen, aber daran, daß so vielfach das Autoritätsgefühl nach obenhin geschwunden ist, sind nicht zum wenigsten auch die Herrn Studenten und wie sie es treiben schuld. Dabei zeigt sich noch einmal die Unwahrheit des schon zurückgewiesenen Wortes vom Sichaustobenmüssen der Jugend. Vielmehr gilt: Jung gewohnt, alt getan: wie Sie sich als Studenten gewöhnt haben zu leben, so setzen Sie es als junge Beamte und Lehrer und zum Teil auch noch später als ältere Beamte und ältere Lehrer fort und bringen so Amt und Staat in übelsten Mißkredit. Was aber so in den Pflichtenkreis des einzelnen fällt, daran darf auch die Gesamtheit nicht gleichgültig vorübergehen: ihr Ruf und unser ganzes Volkswohl hängt davon ab und steht dabei auf dem Spiel. Daher betrachte ich es nicht nur als Recht und Pflicht älterer Kommilitonen, sondern schließlich doch auch als eine der Aufgaben Ihres idealen Zukunftsausschusses mit seinen weitgehenden Rechten und Pflichten, seinerseits darüber zu wachen, zu warnen und zu rügen, und wenn alles nichts hilft, den unverbesserlichen Asoten und Lumpen aus Ihrer Gemeinschaft auszuschließen und über ihn den studentischen Verruf zu verhängen, damit das Volk draußen sieht, daß Sie Faulheit und sittliche Verkommenheit in Ihren Reihen nicht dulden und nicht gleichgültig darüber wegsehen.

Noch an einem anderen Beispiel möchte ich zeigen, wie sozial verderblich und schädlich das „über die

Verhältnisse leben" werden kann. In den „Fliegenden Blättern" liest es sich ja ganz nett, wie der Student unter allerlei lustigen Listen und Witzen sich der Pflicht des Bezahlens von Schustern und Schneidern, Vermietern und Wirten entzieht. Aber es ist wie mit der Komödie: was sich auf der Bühne als ein lustig Necken ausnimmt, wirkt im Leben, wo es eben wirklich Schaden fügt, kränkend und verbitternd. Und noch einmal: Jung gewohnt, Alt getan! Es gibt auch unter den Beamten schlechte Zahler und üble Schuldenmacher, und da mindert es nicht nur den Respekt, sondern es korrumpiert auch den Beamtenstand, und das ist das schlimmste, was es für einen Staat geben kann. Umgekehrt verführt dieses schlechte Zahlen der Studenten den Handwerker zum Überfordern: er muß sich an vielen schadlos halten für die Verluste durch einen, und das schädigt dann die Ehrlichkeit und Solidität im Handel und Verkehr und wirkt so korrumpierend auf das Allgemeine. Daß unser Handwerkerstand vielfach im Rückgang ist und so mühsam sich behauptet, hängt mit dem schlechten Zahlen vieler seiner Kunden zusammen; und so ist jeder schlecht zahlende Student und Beamte mit schuld an dem Niedergang und der Proletarisierung des Handwerks, also an einer unerwünschten und unheilvollen sozialen Verschiebung und Verschlechterung der Gesellschaft, ihrer wirtschaftlichen Pflichterfüllung und ihrer normalen Schichtung.

So fehlt es dem Studenten vielfach am Gefühl für die einfachsten und nächsten sozialen Pflichten und an der vornehmen sowohl als warmherzigen sozialen Gesinnung; es ist ein Mißbrauch der echten Lebensfreiheit, die, unbekümmert um den äußeren sozialen Unterschied, nur den Menschen im Menschen anerkennen, respektieren und lieben soll, ob er nun in der Bluse des Arbeiters oder im Gehrock und Zylinder des Beamten oder in der Uniform des Offiziers steckt. Patent sein, schneidig sein, feudal sein — das ist nicht alles und ist gar keine Hauptsache; viel höher, das Allerhöchste ist: ein Mensch sein und menschlich sein und überall das Menschliche als solches respektieren. Überlegen Sie sich einmal wie Sie grüßen — einander grüßen und den Philister grüßen; und doch gilt: Sage mir, wie du grüßt, und ich will dir sagen, was für ein Mensch du bist!

Aber auch davon ist zu reden, ob der Student seine soziale Gesinnung nicht auch als Student schon betätigen und an sozialer Arbeit sich beteiligen sollte. Schwierig wird das sein — sagen wir z. B. auf dem Gebiet der Armenpflege. Ich kann mir recht wohl denken, daß es in Ausnahmezeiten namentlich in durchaus notwendigem und richtigem Sinn geübt wird und dann auf die Charakterbildung der so sich betätigenden Jünglinge überaus günstig einwirkt. Auch mag manchen in gewöhnlichen Zeiten eine unwiderstehliche Neigung dazu treiben und ihm ein besonderes Charisma dabei behilflich sein; und so freue ich mich von Herzen, daß auch hier in Straßburg seit vielen Jahren schon einzelne zu einem Verein organisierte Studenten sich mit warmem Herzen und nicht ohne Geschick an der Armenpflege beteiligen. Aber es von allen und als Regel fordern zu wollen, wäre doch verfehlt. Einmal ist das Almosengeben und -austeilen überhaupt nicht eigentlich ein richtiges soziales Tun: die Armen wollen Gerechtigkeit, keine Gnade! Armut, die betteln muß, ist daher immer ein Zeichen und Symptom sozialer Mißstände, die tiefer liegen und deren Quelle man vielmehr verstopfen soll; und gerade zu dieser Erkenntnis bringt der junge Mann als Armenpfleger schwerlich vor. Dann aber, Geben macht leicht hochmütig; und da der Student vermöge seines Individualismus ohnedies zu einer gewissen Selbstüberhebung hinneigt, so ist die Gefahr, als Wohltäter das Herrenbewußtsein in sich großzuziehen, bei ihm nicht klein. Und endlich, zur Armenpflege braucht es Erfahrung, Menschenkenntnis und Takt, und auch das fehlt dem Studenten naturgemäß noch: er ist fremd in der Stadt und kennt die Verhältnisse ihrer Bewohner nicht; er ist noch jung und daher zuerst leichtgläubig, dann aber, wenn er getäuscht und betrogen wird, schlägt er nur allzu rasch in das andere Extrem eines pessimistischen Unglaubens an die Menschen um — zu weich erst und dann zu hart: so wird er Mißgriffe machen und dadurch sich das soziale Tun für sein späteres Leben erschweren und verleiden, und auf der andern Seite auch seine Schützlinge vielfach eher erbittern als dankbar stimmen. Daß aus Ihrer Mitte gegen diese Ausführungen verschiedentlich Einsprache erhoben worden ist, kann mich zwar von ihrer Unrichtigkeit nicht überzeugen, wie denn auch Naumann sich hierüber einmal ähnlich ausgesprochen hat, aber ich freue mich deshalb doch darüber; denn es beweist, wie viel warme, hilfsbereite Herzen auch unter Ihnen sich finden. Und wenn sich damit dann in Ihrem späteren Leben reiche Erfahrung und praktischer Sinn verbindet, so werden Sie gewiß den Kampf gegen die Armut und gegen die Quellen der Armut in wahrhaft sozialem Geist aufnehmen und in richtigerer Weise führen. Als man mir jüngst bei der Weihnachtsbescherung eines hiesigen Knabenhorts sagte, daß der Christbaum von einer Studentenverbindung, die ihn zuvor gebraucht, geschenkt worden sei, da bin ich auf diese Kommilitonen und ihre soziale Betätigung im kleinen ordentlich stolz gewesen; denn hierbei waren Gesinnung, Absicht und Mittel durchaus in Ordnung.

Vielleicht liegt aber im Begriff und Wesen des Studenten selbst der Hinweis auf eine spezifische, ihm besonders angemessene und angepaßte Betätigungsmöglichkeit. Auch unsere Universitäten sind „sozial" geworden, sie haben ihre lange Zeit nur allzu exklusive Stellung aufgegeben und angefangen, in der sogenannten Universitätsausdehnungsbewegung unter das Volk zu gehen und es teilnehmen zu lassen an den Ergebnissen ihrer wissenschaftlichen Arbeit, es zu sich einzuladen an den Tisch wissenschaftlicher Kultur. Das ist der Beitrag der Universitäten und ihrer Dozenten zur Lösung der sozialen Frage als einer Bildungsfrage. Ob wir es ganz geschickt angegriffen haben, hierbei so ohne weiteres die amerikanischen und englischen Vorbilder herüberzunehmen nach Deutschland, kann man immerhin fragen. Die Statistik über den Beruf und Stand der Besucher unserer Volkshochschulkurse gibt darauf eher eine verneinende Antwort. Abgesehen von einigen besonders hochstehenden und besonders begünstigten Städten wie Frankfurt a. M. kommen wir in der Regel gerade an die Kreise, für die diese belehrenden Vorträge ursprünglich bestimmt waren, nicht recht heran — gewiß aus manchen anderen Gründen, aber teilweise doch auch deswegen, weil wir Universitätslehrer unsere Vorträge auf ihr Niveau nicht recht stimmen können, zu hoch und unverständlich reden und die Ungebildeten daher leicht abstoßen. Und überdies, wir in Deutschland haben ein ausgebildetes Volksschulwesen, dem sich immer mehr ein entwickeltes und hoffentlich bald überall auch ein obligatorisches Fortbildungsschulwesen anschließt.

Namentlich für dieses letztere brauchen unsere Volksschullehrer eine erweiterte und vertiefte Bildung, mehr Inhalt, mehr Wissen und Stoff. Daher halte ich vor allem Vorlesungen für nötig, die den Volksschullehrern diese höhere Bildung geben und ihnen die Ergebnisse der wissenschaftlichen Forschung in leicht zugänglicher Form mitteilen. Das zu tun, scheint mir bei uns die Hauptaufgabe der Volksvorlesungen der Universitätslehrer; daher müssen sie und dürfen sie wohl höher greifen und sich diesem höheren Bildungsstand und Bildungsbedürfnis anpassen. Die Volksschullehrer aber sind dann die berufenen Vermittler zwischen Universität und Volk, und können, so ausgerüstet, namentlich den halbwüchsigen Burschen und Mädchen in der Fortbildungsschule mehr, viel mehr geben, als bis jetzt. Und sie verstehen es ja natürlich auch besser als wir, unser wissenschaftliches Gold umzusetzen in handliches Kleingeld, das hier allein brauchbar ist; denn das ist eine große Kunst und erfordert viel pädagogisches Geschick und methodisch richtige Verarbeitung.

Da war es nun ein naheliegender Gedanke, an dieser Universitätsausdehnung und diesem wissenschaftlichen Unterricht unseres Volkes auch Studenten teilnehmen zu lassen und sie dazu heranzuziehen. In der Form, wie das anfangs von Wien und Berlin aus propagiert wurde, hatte es aber ernstliche Bedenken gegen sich — vor allem das pädagogische und methodische Ungeschick, das bei diesen jungen Menschen, die noch nicht über der Sache stehen und ihrer noch nicht Herr sind, natürlich viel größer ist als bei ihren Universitätslehrern. Und auch von dem Gedanken aus, daß man sich auf das, was man eben erst gelernt hat, am meisten einzubilden pflegt, lag hier die Gefahr nahe, daß statt echt sozialer Gesinnung hierdurch vielmehr ein antisozialer Bildungshochmut großgezogen werde, der die Kluft erweitert, statt sie zu schließen. Da kam — ich glaube von Charlottenburg aus und in den Kreisen der Freistudentenschaft zuerst entstanden — ein rettender Gedanke. Nicht zu Volksvorlesungen sind die Studenten heranzuziehen, sondern zu ganz elementaren Arbeiterbildungskursen, in denen vor allem in den gewöhnlichen Schulfächern wie Deutsch, Rechnen, Geometrie, Erdkunde bildungsbegierige Arbeiter von Studenten unterrichtet und weitergefördert werden sollen. Hier lernt der Student sich mitteilen und tut das gerne in einer Zeit, wo er sich sonst fast ausschließlich rezeptiv verhalten muß; und die Arbeiter bringen dem Studenten, weil er selbst noch ein lernender ist, Offenheit und Zutrauen entgegen; und dieser ungezwungene Ton ist dann nicht nur für den Unterricht günstig, sondern führt auch zu jenem besseren Sichkennenlernen und Sichverstehen hin und her, das die Kluft zwischen Student und „Volk" zu schließen oder doch zu verengern geeignet ist, wie man dies auch bei den gemeinsamen Festen und Unterhaltungsabenden der als Lehrer und Schüler an diesen Kursen Beteiligten so erfreulich wahrnehmen kann. Mit dieser so ganz seinem Wesen entsprechenden sozialen Betätigung ist der Student auf richtigem Wege; die Bedenken dagegen, die zu Anfang auch ich gehabt habe, sind geschwunden, wenigstens fast gar verschwunden. Daß ein guter Volksschullehrer diesen Unterricht besser erteilen würde als der pädagogisch unerfahrene Student mit all seinem guten Willen, das natürlich bleibt. Aber item, wie es in der Politik sein soll, so ist es hier — eine Vorbereitung zur Mitarbeit mehr als ein wirkliches Eintreten in die Arbeit der Volksbildung, so etwas wie das Scherflein der Witwe im Gotteskasten, und damit doch eine echte soziale Leistung.

Im Zusammenhang mit der Stellung des Studenten zu der sozialen Frage redet Naumann auch von den Beziehungen zu seinen Wirtsleuten. Ich möchte, was ich über die geselligen Verhältnisse des Studenten zu sagen habe, nur als Anhang dazu betrachtet wissen und es in einen loseren, weniger schweren und ernsthaften Rahmen fassen. Natürlich handelt es sich dabei nicht noch einmal um Ihre Geselligkeit im Kreise der Kommilitonen untereinander, sondern um Ihr Verhältnis zu unserer, der Welt der Philister. Und dabei denke ich wieder nicht in erster Linie an die halbschlächtigen Haussöhne, die zugleich Studenten sind, sondern an den freien, von der Familie losgelösten und auf sich selber gestellten Studenten in der fremden Stadt.

Der Student ist in ihr ein Fremder und lebt als Junggeselle für sich. Beides kann dauernd so sein, er kann fremd und für sich bleiben; niemand darf ihn zwingen es anders zu halten, niemand ihm gesellschaftliche Rücksichten zumuten. Sorgende Eltern pflegen oft nach ihren Beziehungen zu verwandten oder befreundeten Familien in der Universitätsstadt die Hochschule für ihre Söhne auszusuchen und diese mit Empfehlungsbriefen an dieses und jenes bekannte Haus zu entlassen, oder es begleitet gar der Vater selbst den Fuchs und führt ihn in diesen Häusern ein. Das ist ganz schön und erfreulich, wenn sich daraus etwas gestaltet; aber notwendig ist es nicht. In dieser Beziehung gibt es wirklich für den Studenten keine Pflicht: ob er die Empfehlungsbriefe abgeben oder liegen lassen, ob er den Besuch wiederholen und Hausfreund werden will, falls man bereit ist, ihn als solchen zu akzeptieren, oder ob er lieber wegbleibt, darüber sollen ihm keine Vorschriften gemacht werden. Gerade das gehört auch mit zu der akademischen Freiheit, daß es für den Studenten keinen Besuchszwang gibt, er hat dieses beneidenswerte Vorrecht vor uns Rücksicht nehmen müssenden Philistern voraus.

Aber was er nicht muß, das kann er, und hier scheint nun allerdings die Familie der Wirtsleute „die nächste dazu" zu sein. Und so hat denn auch Diesterweg gemeint, auf die Wahl derselben müsse besondere Achtsamkeit verwendet werden. Dabei hätte er sich auf die alte Sitte berufen können, wonach der Student bei einem Professor untergebracht war. Dem ging freilich noch ein anderes Stadium voran, das des klösterlichen Zusammenlebens und Kaserniertseins in Kollegien und Bursen; und solche Kasernierung gibt es ja auch heute noch, z. B. in Tübingen im Stift oder hier im Wilhelmitanum — beides für Theologen; auch die Freistudentenschaft denkt an die Errichtung von derartigen Studentenheimen. Man kann fragen, ob das gegenüber der Atomisierung der Studenten nicht heute noch seine Vorzüge habe. Solche Einrichtungen steuern dem sozialen Elend, und namentlich wirkt der Zwang der Hausordnung als eine Art Schutz und Halt besonders auch auf den Anfänger günstig. Andererseits entspricht es dem modernen Individualismus und dem Unabhängigkeitsgefühl des Studenten, unserer Sitte und unseren Anschauungen nicht mehr und hat darum etwas Künstliches und durch den unerläßlichen Zwang etwas Gewaltsames und Revoltierendes. Und auch den Nachteil möchte ich nicht gering anschlagen, daß das Recht auf das Alleinsein dabei nicht gewahrt werden kann, ein Recht, das für den modernen Menschen, und für den geistig arbeitenden Menschen speziell, vielleicht notwendiger ist als jemals in früheren Zeiten. Und endlich werden, wie bei Ihren Korporationshäusern, die geselligen Beziehungen nach außen hiedurch nicht vermehrt, sondern eher vermindert und erschwert. Berechtigung können daher solche Institute jedenfalls nur dann gewinnen, wenn mit ihnen in der Weise des Tübinger Stiftes eine wertvolle Studienordnung und erhebliche Studienförderung verbunden ist, wovon vielleicht an anderem Orte noch zu reden sein wird.

Diesterweg aber verwechselte bei jenem Hinweis auf die Wirtsleute, Schulmeister und Pädagoge wie er war, den Studenten mit dem Schüler: dieser wird zu einem Kostgeber in Pension gegeben, und dazu gehört der Familienanschluß; wo er fehlt, wird das als ein besonderer Mangel und Nachteil empfunden. Der Student dagegen mietet sich bei einem Hausphilister als Chambregarnist eine „Bude"; und wenn er sich nur hütet, nicht in ein schlechtes Haus zu geraten, so geht ihn die Familie seines Mietsherrn ebensowenig an, als uns Philister im allgemeinen diejenige unseres Hausbesitzers. Es ist dort wie hier Zufall und Ausnahme, wenn sich ein geselliger Verkehr entspinnt, zumal da Studentenwohnungen etwas gefürchtet sind. Leute, die in ihrem Haus auf Zucht und Ordnung halten, lieben — leider! — Studenten nicht als Mieter; und darum entschließen sich auch die meisten lediglich aus finanziellen Gründen dazu, Zimmer an Studenten zu vermieten, ein gemütliches Verhältnis fällt somit, namentlich in großen Städten, fast durchaus weg. Höchstens daß die Hauswirtin Humor und Verständnis gewinnt für ihre jugendlichen Mietsherrn und so hin und her jenes eigenartige Verhältnis sich ausbildet, das etwa in der Schillerschen Gustel aus Blasewitz sein militärisches Analogon hat. Daß es auch erfreuliche Ausnahmen gibt, weiß ich aus persönlicher Erfahrung: ich wohnte als Student einige Semester in einem gebildeten Hause und habe die Rücksichtnahme, die ich mir dafür aufzuerlegen hatte, durch den Umgang mit einem interessanten Blinden und mit einer geistig bedeutenden schönen Frau reichlich belohnt gefunden. Im allgemeinen aber ist wohl auf den meisten deutschen Hochschulen der gesellige Verkehr mit den Hausphilistern den Studenten als Regel nicht zu empfehlen.

Denn wozu dient ein solcher Umgang und Verkehr? Der Student will etwas haben für sein Herz; das findet er aber nur da, wo man ihm herzlich entgegenkommt und es gut mit ihm meint, wo also kein Geldverhältnis, kein Spekulieren und Ausnützen stattfindet und stattfinden kann. Aber der Student ist in allem Student, er lernt überall und soll überall lernen; das gilt nicht nur von seiner Wissenschaft, sondern vom Leben überhaupt, und darum hat mir schon als Primaner jenes Wort von Lessing in dem bekannten Brief an seine Mutter: er habe auf der Hochschule auch leben lernen wollen, gewaltig imponiert und mächtig eingeleuchtet. Ich habe schon mehr als einmal gesagt, daß mir die gar zu gewandten jungen Herrn nicht gefallen, und eine schüchterne Parzivalnatur lieber sei als ein junger Elegant und vollendeter Welt- und Lebemann. Ich sehe noch einen meiner Kommilitonen vor mir, der eines Abends mit krachenden Stiefeln durch den Tanzsaal schritt, als eben die Musik verstummte; plötzlich sah er sich mitten im Saal fast allein und glaubte aller Augen auf sich gerichtet, da meinte er versinken zu müssen und wußte nicht, wo aus und ein; und als man vollends lachte, da war es um seine

Fassung geschehen, er wollte in blöder Schüchternheit vergehen. Und nicht allzulange nachher, da stürmte dieser selbe Jüngling als Freiwilliger bei Ste-Marie aux Chênes in den Reihen der preußischen Garde gegen den Feind, da genierten ihn keine krachenden Stiefel und da kehrte er nicht um, sondern fand von einer Kugel in die Stirn getroffen den Heldentod. Nebenbei bemerkt, derselbe hatte als Student, vielleicht etwas ungeschickt, eine Forderung abgelehnt, weil er sich prinzipiell nicht schlagen wollte, und war dafür als Feigling in Verruf erklärt worden! Aber immerhin, auch der gesellschaftliche Mut im Tanzsaal ist etwas und ist etwas wert, und darum versäume es der Student ja nicht, tanzen zu lernen und das Tanzen zu üben; auch dem Theologen schadet es nichts, eine Sünde ist ja das Tanzen nicht; denn dabei heißt es sich bewegen, anmutig und leicht bewegen lernen. Und auch den einen und anderen Ball mache er mit, wäre es auch nur, um zu erfahren, wie unästhetisch und geistlos es dabei vielfach zugeht. Sogar sozial kann man sich im Tanzsaal betätigen, wenn man sich gelegentlich eines Mauerblümchens erbarmt, das unbeachtet sitzen bleibt und darob mit den aufquellenden Tränen zu kämpfen hat.

Am erfreulichsten und ersprießlichsten für das Lebenlernen des jungen Mannes ist aber der Verkehr in gebildeten Häusern. Man verfällt ja, wenn man ihn empfiehlt und anpreist, leicht dem Spott des Ihnen allen wohlbekannten Liedes:

Als Glück von beträchtlicher Größe
Erkennt es mit Dank sein Gemüt,
Wenn er sich geöffnet die Schöße
Achtbarer Familien sieht.

Enorm ist der bildende Einfluß,
Von dem es — man sieht es wohl ein —
Gesitteten Jünglingen sein muß,
Zu Tische gebeten zu sein.

Allein das gehört nun einmal mit zum Studentenhumor und zur Studentenpoesie, allen Schein des Philisterhaften zu vermeiden und dieses deswegen zu verhöhnen; das ist Ihr gutes Recht. Darum bleibt aber doch wahr: wem als Studenten dieses Glück zuteil wird, der hat einen großen Vorzug, ein großes Los gezogen. Nicht nur daß er in allen Lebenslagen und Herzensnöten sich Rats erholen und Hilfe erbitten kann; nicht nur daß er sich in guten Umgangsformen bewegen lernt; nein, die Hauptsache ist der Schutz vor dem Versinken in Flachheit und Gemeinheit. Im Katzenjammer, vom Bordell weg, mit Syphilis behaftet, in Verbummlung und Versimplung darf er dieses Haus nicht betreten; darum muß er sich vor allem dem in acht nehmen und bewahren. Den Blicken einer gebildeten Frau entgeht das böse Gewissen auf dem Antlitz eines solchen Sünders nicht; zu ihr und ihren Töchtern reinen Herzens aufsehen zu können und zu dürfen, das ist mehr wert, wenn auch nicht so bequem zu haben, wie der Umgang mit einer Dirne oder die Poussage einer Kellnerin. Nicht uneben ist von Erdmann bemerkt worden, daß sich das besonders leicht und glücklich zu gestalten pflege im Elternhaus eines Freundes, dessen Mutter zur mütterlichen Freundin und dessen Schwestern eben dadurch zu sakrosankten Freundinnen werden.

Aber man denke nicht nur an Jugend und Schönheit. Ein altes Fräulein, eine einsame Witwe von Zeit zu Zeit besuchen und sich von ihr aus der Großmutter

Zeiten erzählen zu lassen, ist auch etwas. Und wenn es einmal langweilig zu werden droht, so ist auch dabei ein Stück sozialer Leistung: das Alter überfällt oft so etwas wie Hunger und Durst nach der Jugend, ein Strahl davon kommt in ein solches Altjungfern- und Witwenstübchen, wenn der Neffe Student ab und zu einmal vorspricht: auch das gilt es zu bedenken. Nicht besonders rede ich dagegen von dem Verkehr im Hause des Professors; dasselbe ist in dieser Beziehung schließlich wie ein anderes Haus, nur daß die Professorenfrauen die ersten dazu sind, die ihr Haus den Studenten ihres Mannes öffnen und öffnen sollen. Der Verkehr mit dem Professor selbst kommt später noch besonders an die Reihe. Nur das sei heute schon gesagt: glauben Sie nie, im Hause eines Professors verkehren zu müssen, nur weil er Professor und vielleicht Ihr künftiger Examinator ist!

Ausdrücklich will ich aber noch bemerken, daß ich mit allem dem dem Herumschmökern in allen möglichen Familien, wo etwas los ist, dem sogenannten Familiensimpeln nicht das Wort rede. Dazu hat der fleißige Student keine Zeit und der freie Bursche keine Lust. Wenn irgendwo, so gilt hier: ne quid nimis! nichts übertreiben! Ein Haus ist mehr wert als zwanzig Häuser; man kann auch schon als Student, nicht erst als Assessor oder als Privatdozent im Gesellschaftsleben aufgehen, verflachen und verkommen. Der maître de plaisir, der „Peterling“ auf allen Suppen, der Parasit oder die Kunst sein Glück zu machen — das sind auch schon Typen und Bilder aus dem Studentenleben, und es sind meistens hohle Köpfe oder verächtliche Gesellen, die dabei bereits an Karriere und an gute Partien denken.

Ganz besonders hübsch aber macht es sich endlich,

wenn ganze Verbindungen solchen Familienverkehr pflegen, den bekannten Familien und Angehörigen der Stadt Feste geben und dabei Beziehungen erfreulichster Art sich hin und her anknüpfen. Überhaupt aber ist, namentlich in kleinen Universitätsstädten, der Anteil der Bürgerschaft am Leben und Treiben der Studenten wohltuend und ein Ersatz für manches, was nur die große Stadt zu bieten vermag. Daß Sie hier in Straßburg vom einen wie vom andern so vieles entbehren müssen, hängt ja mit den politischen Geschicken, mit Stimmungen und Verstimmungen, mit Sitten und Anschauungen, mit dem heute vielgerühmten und töricht gehätschelten Partikularismus des Landes zusammen: das müssen wir hin und her verstehen und ertragen. Aber gesagt muß darum doch werden, daß die Bürgerschaft nirgends so wenig stolz ist auf ihre Universität wie hier in Straßburg. Man gafft Sie an, aber man jubelt Ihnen nicht zu, wenn Sie durch die Straßen ziehen, recht wie Bursch' in Saus und Braus; und damit fehlt dem hiesigen Burschenleben etwas vom Zauber der alten deutschen Burschenherrlichkeit mit ihrer — berechtigten und unberechtigten — Romantik und Poesie. Deswegen heißen wir uns aber auch mit Stolz, und ein bißchen freilich auch mit jener Resignation, mit der der Fuchs die Trauben sauer nannte, — eine Arbeitsuniversität.

Dreizehnte Vorlesung.

IV. Die Universitätsferien.

Mit früher Gesagtem in einem gewissen Gegensatz zu stehen scheint, was ich heute auszuführen habe, meine Herren. Ich habe die Freiheit und Unabhängigkeit, die goldene Rücksichtslosigkeit und das auf sich selber Gestelltsein des Studenten betont und gepriesen. Ich möchte heute darauf hinweisen, daß bei den meisten von Ihnen diese Loslösung doch keine so absolute ist, wie es uns bis jetzt vorkommen wollte, und daß das erfreulich ist. Auch bei dem, der nicht als Haussohn in der Universitätsstadt lebt, bleibt die Berührung mit der mütterlichen Erde: die Heimat läßt auch den Studenten nicht ganz los, zu ihr kehrt er immer wieder zurück und holt sich aus ihr, wie der Riese Antaios durch Berührung mit der Mutter Erde, immer wieder neue Kraft.

Diese Berührung, das in Verbindung bleiben mit der Heimat fehlt auch während des Semesters nicht ganz — einmal durch das, was der Student aus ihr mit auf die Hochschule bringt. Das ist freilich bei den einzelnen ein gar Verschiedenes. Daher kann sich jeder segnen und glücklich preisen, der von seinem Elternhaus einen erheblichen Fonds sittlicher Kraft und sittlicher Gewöhnung, ein gut Teil äußerer und innerer Bildung als Mitgabe einer guten Kinderstube erhalten hat. Das bleibt der beste Schutz und Halt gegen allerlei Versuchungen und gegen eine schranken- und zügellose Ausnützung der auf der Hochschule gewährten

Lebensfreiheit. Aber es ist nicht bloß die Erinnerung, die das Band bildet, auch der schriftliche Verkehr des Sohnes mit den Seinigen gehört dazu, und er kann darum gar nicht lebendig genug sein. Das Ausbleiben der regelmäßigen Briefe zeigt meistens an, daß etwas faul ist im Staate Dänemark, der Sohn ein Bummler oder ein Lüdrian geworden ist oder zu werden im Begriff steht.

Allein das Beste und ein durchaus Notwendiges ist hier doch das nach Hause kommen des Sohnes in den Ferien. Während des Semesters tritt leicht eine Art Entfremdung und Entwöhnung vom Familienleben ein, möglicherweise sogar eine gewisse Verrohung, wie der Soldat im Lagerleben draußen im Feld bei längerer Dauer verwildert. Nun kommt er zu den Seinigen zurück, muß ein Stück Freiheit daran geben und sich wieder einfügen in die häusliche, d. h. in die Philistersitte und in die feinere oder auch in die derbere und natürlichere Art des Elternhauses, wo er wieder einer neben und unter andern ist und sich sozial fühlen und geben muß. Und auch das ist gut, wenn er sieht und erlebt, wie sie es zu Hause treiben mit Arbeit oder im Verzicht auf so manches, weil es Eltern und Geschwistern zu teuer erscheint, während sich der Sohn und Bruder das draußen im Semester vielleicht skrupellos gestattet hat.

Aus diesen Gründen allen dürfen die Universitätsferien nicht zu kurz sein. Und das sind sie ja auch gottlob nicht. Aber vielleicht sind sie zu lang, und darüber habe ich zu reden. Es gibt nichts, um was man uns — ich meine jetzt uns Universitätsprofessoren — namentlich in der Beamten- und Oberlehrerwelt mehr beneidet, als um unsere langen Ferien. Und doch, sind wir deshalb weniger fleißig als andre

Menschen? Da man sich nach einem Bibelwort seines Fleißes rühmen darf, so sage ich aus meiner persönlichen Erfahrung heraus kühnlich: für uns sind die Ferien nicht zu lang, wir mißbrauchen sie nicht und brauchen sie nicht bloß zur Erholung, sondern zu zusammenhängender wissenschaftlicher Arbeit, die uns während des Semesters vielfach unmöglich ist und bei intensivem Seminar- und Examensbetrieb oder als Direktoren eines Instituts immer weniger möglich wird. Während also uns gegenüber Mißgunst und Neid unberechtigt ist, werden die Studenten weit seltener beneidet; und doch haben sie diese langen Ferien weder nötig, noch wenden sie sie in vielen Fällen richtig und vernünftig an.

Zunächst, die Ferienlänge von 22—24 Wochen im Jahr ist nicht seit alters her akademischer Brauch, erst im neunzehnten Jahrhundert ist sie allmählich so herangewachsen, und zwar durch eine Art circulus vitiosus zwischen Studenten und Professoren. Der eine Teil schiebt meist die Schuld auf den andern. Statt zu entscheiden, erzähle ich Ihnen ein kleines Reiseabenteuer, das allerdings nicht zu Ihren Gunsten spricht. Ich fuhr vor Jahren einmal, acht Tage vor Weihnachten, an einem Samstag von Straßburg nach Frankfurt, um hier einen Vortrag zu halten. Unterwegs in Heidelberg stiegen zwei Studenten in mein Coupé. „Warum lesen eigentlich die dummen Kerls" — das waren wir Professoren — „noch bis Dienstag?" fragte einer. „Ach," meinte der andere, „wenn sie heute geschlossen hätten, wäre ich schon vor acht Tagen heimgereist!" Es sind ja teilweise ökonomische Gründe, warum der Student am 1. März und am 1. August oder gleich nach Fastnacht die Hochschule fluchtähnlich verläßt. Die Zimmer werden monatweise, nicht semesterweise vermietet, oder das Geld ist zu Ende und neues nicht mehr zu erwarten, und so flüchtet man sich leergebrannt zu den väterlichen Penaten und zu den mütterlichen Fleischtöpfen. Aber es ist, wie jenes Gespräch zeigt, doch zugleich auch ein gewisses Macht- und Souveränitätsgefühl: der Student ist es, der den Semesterschluß diktiert. Daß es zugleich auch eine Rücksichtslosigkeit gegen den Professor ist, der so um das natürliche Ende seiner Vorlesungen gebracht wird, die nun gewissermaßen versanden wie der Rhein in Holland, und eine gewisse Gleichgültigkeit gegen Vollständigkeit oder Unvollständigkeit des Kollegs, liegt auf der Hand; vielleicht legen allerdings auch manche Dozenten darauf selber zu wenig Gewicht. Dagegen dürften sich die Studenten in ihrer Mehrzahl schwerlich damit rechtfertigen und entschuldigen können, daß sie von der Arbeit des Semesters so angegriffen und ermüdet seien, daß sie aus Gesundheitsrücksichten vor der Zeit Schluß machen müssen.

Aber vielleicht liegt es in anderer Weise doch im Interesse der Arbeit, daß eine solche längere Pause zwischen den Vorlesungen eingeschoben wird: das Semester ist die Zeit des Aufnehmens und Sammelns, die Ferien die Zeit der eigenen selbständigen Verarbeitung des Aufgenommenen, so etwas wie Gelegenheit zur Verdauung und Assimilation. Gewiß, so sind die Ferien gedacht, das ist ihr Zweck; im Semester die teilweise zerstreuende Arbeit des Kolleghörens und der verschiedenartigen Seminararbeiten, in den Ferien die konzentrierte Vertiefung in das Fach und daneben als Erholung die über das Fach hinausgreifende Lektüre zum Erwerb allgemeiner Bildung.

Aber zunächst, tut das der Student wirklich? Und kann er es? kann er es namentlich in jener Zwischenpause zwischen Schule und Universität als mulus? Und doch pflegt gerade hier die Pause am längsten zu sein — Ferien oft schon von Ende Juni bis Ende Oktober, also volle vier Monate und mehr. Gewiß hat auch der junge Mensch nach den Strapazen des Abiturientenexamens ein Ausspannen und Sicherholen nötig; aber in zwei Monaten könnte das im Durchschnitt erledigt sein. Und nun — wie soll er die übrigbleibende freie Zeit anwenden? Er hat aufgehört schulmäßig zu lernen, das will er nicht mehr; aber er hat noch nicht gelernt, wissenschaftlich selbständig zu arbeiten, dazu erhält er die Anleitung ja erst auf der Hochschule, das kann er noch nicht. Und so kommt er in dieser langen und vielfach inhaltsleeren Zeit ins Bummeln, gewöhnt sich an Müßiggang, macht von der neuen Lebensfreiheit übermäßigen Gebrauch und verfällt so, ehe er noch den heißen Boden der Universität betritt, dem Kneipenleben und unmäßigem Trinken. Diese Verfrühung des Abiturientenexamens, unter der bekanntlich auch der Schulbetrieb leidet und die Lehrer seufzen, also die Schulbehörden und Schulräte tragen die Schuld, wenn manche bereits fürs Studium verdorben, abgestumpft und blasiert zu uns auf die Hochschule kommen: sie klage ich daraufhin an.

Aber auch später! Natürlich machen einzelne, ich will sogar zugeben: viele, den richtigen Gebrauch von der ihnen durch die Ferien gebotenen Gelegenheit zu selbständiger Verarbeitung und weitausholender eigener Arbeit. Aber viele doch auch nicht. Denn einmal haben sie nun eben das Feriengefühl und sehen darin so etwas wie die Berechtigung zu bummeln und wenig oder nichts zu tun. Und dann — die Luft, das Milieu der Hochschule ist — oder sollte doch sein — das der Wissenschaft und wissenschaftlichen Arbeit; diese geht hier leichter und sicherer vonstatten als draußen auf dem Dorf, wo jede Anregung fehlt, oder in der heimischen Großstadt, wo zu allerlei geselligen und sonstigen Zerstreuungen dem Haussohn Anlaß gegeben ist. Dort ist das Studieren dem genius loci angemessen, hier ist der genius loci dem Studieren abgünstig, oft geradezu feindlich, und daher unterbleibt es so oft. Endlich die Gelegenheit: auf der Universität in der eigenen stillen Klause oder im Seminar mit seinen Bücherschätzen und umgeben von arbeitenden Gefährten ist sie günstig; hier in den meisten Fällen nicht. Im reichen Elternhaus gesellige Verpflichtungen und zerstreuende Abhaltungen; im Haus der Armen kein Plätzchen, wo der Student neben den kleinen Geschwistern und ungestört vom häuslichen Getriebe den Studien obliegen könnte; auch die Bücher fehlen, und so stockt die Arbeit aus Mangel an den notwendigsten wissenschaftlichen Hilfs- und Arbeitsmitteln.

So gehen für recht viele von Ihnen die Ferien hin in hellem Müßiggang, in lauter Allotria oder, was vielleicht das Allerschlimmste ist, in mißmutigem Herumlungern und tatenlosem Sichlangweilen. Die Antwort auf die Frage des Kommilitonen, was der andere während der Ferien getrieben habe: Ich habe meine Zigarrenspitze angeraucht! stammt zwar nur aus den „Fliegenden Blättern", wird aber bei manchen stumpfsinnigen Naturen ebenso zutreffen, wie das Wort, daß sich der Student in den Ferien durch Bummeln vom Bummeln zum Bummeln erholt habe. Nicht erfrischt, sondern gelähmt und stumpf kehrt dann ein solcher Nichtstuer aus den Ferien ins Semester zurück; nicht vorwärts ist er gekommen und gefördert im Wissen, sondern verlernt hat er nicht nur vieles einzelne, was er im Semester gelernt hat, sondern verlernt vor allem die Hauptsache, das wissenschaftliche Arbeiten selbst. Und glücklich, wenn es ihm gelingt, das Verlorene wieder zurückzugewinnen und sich in seiner Arbeit aufs neue wieder zurechtzufinden.

Angesichts dessen komme ich, trotz aller Anerkennung Ihres Rechts auf längere Ferien und des guten Sinnes derselben, nun allerdings zum Schluß, daß die Ferien so, wie sie heute geworden sind, für den Studenten zu lang sind: sieben Monate Arbeit und fünf Monate Ferien — das ist ein Übermaß, das entweder über kurz oder lang von obenher beschnitten werden muß oder das wir selber durch Übereinkommen beschneiden sollten. Dazu kommt noch die sehr ungeschickte Verteilung der Universitätsferien: im Juli, der durch die Hitze, wie im Sommer 1911, uns in aller geistigen Arbeit hemmt und lahmlegt, sollen wir Vorlesungen halten, Sie Vorlesungen hören; die Folge davon ist eine vorzeitige Entvölkerung der Hörsäle, ein wahres Wegschmelzen der Hörer, mühsam halten wir den Schein des Semesters aufrecht; dagegen im Oktober, wo alle Welt an die Arbeit zurückgekehrt ist, sitzt an den langen, kühlen, zur Arbeit förmlich einladenden Abenden der Student zu Hause herum, zum Ärgernis der Väter und aller fleißigen Menschen. Und ebenso ist die Pause am Ende des Winters, im März und April unnötig groß und lang.

Dem allem könnten wir abhelfen, wenn wir die Ferien verlegten und die Semesterordnung abänderten, statt zwei Semester drei Trimester von je drei Monaten einführten, auf das vierte aber, die Monate Juli, August und September, die Ferien legten, und dazu noch zwischen dem ersten und zweiten, und dem zweiten und dritten Trimester je eine kurze Pause von 14 Tagen eintreten ließen. Wir würden dadurch die Ferien gerade um einen Monat verkürzen und sie überdies rationeller verteilen. Dabei könnten wir Professoren dadurch entlastet werden, daß wir nur zwei Trimester zu lesen verpflichtet wären oder jedenfalls in einem der drei Trimester nur eine kurze, zweistündige Vorlesung zu halten hätten. So würde vom 1. Oktober bis 30. Juni mit zweimaligen Zwischenferien von je 14 Tagen an Weihnachten und an Ostern gearbeitet werden, und darauf käme vom 1. Juli bis 30. September die lange Ferienzeit, die für die Erholung in den heißesten Monaten und für die Arbeit im September genügend Raum böte. Schwierigkeit macht nur das bewegliche Ostern mit seinen wechselnden Terminen. Aber entweder würde man sich um die früher oder später fallenden Festtage nicht kümmern, sondern die letzte März- und die erste Aprilwoche ein für allemal als Ferienwoche fixieren, wie immer auch Ostern fällt. Oder aber, es helfen die katholischen Fakultäten zusammen mit den weltlichen Staatsregierungen und den protestantischen Kirchenvertretungen, die ja alle dafür sind, daß der Papst, ohne den es nicht geht, Ostern endlich auf den ersten Aprilsonntag festlegt: es wäre das für das ganze bürgerlich-wirtschaftliche Leben ein Fortschritt und eine Wohltat.

Das sind meine Vorschläge für eine Umgestaltung unserer Ferien, die ich immer wiederhole, weil ich sie für unsere Universitäten und in erster Linie für Sie, meine Herren, für notwendig und nützlich halte. Aber ich kenne den Konservatismus unserer Hochschulen zur Genüge, um zu wissen, daß ich diese Besserung nicht mehr erleben werde. Und noch konservativer, fürchte ich, wird man in Rom sein und der vernünftigen Festlegung des Osterfestes das ewige Non possumus entgegenstellen, und darum wird Ostern noch lange Jahre beweglich bleiben.

Die Ferienfrage hat uns nun aber endlich wieder zu dem zurückgeführt, wovon wir ausgegangen sind, zu der Frage des akademischen Studiums, diesem A und Ω des deutschen Studenten. Davon soll nun noch im einzelnen die Rede sein, soweit es die Zeit erlaubt und ich nicht unfreiwillig und vor Vollendung meines Pensums von Ihnen geschlossen werde.

Vierzehnte Vorlesung.

V. Das akademische Studium.

Ich rede zuerst von einigen Neuerungen, die sich in unserem sonst so konservativen Universitätswesen vollzogen haben, seit ich das erstemal darüber gesprochen habe. Es sind drei Punkte, die vor allem der Erwähnung wert sind: die Studentenschaft hat sich in ihrer Struktur verändert durch den Hinzutritt der studierenden Frauen; die Universitäten selbst haben sich vermehrt durch die Rangerhöhung der technischen Hochschulen; und die Bedingungen zum Universitätsstudium sind erweitert worden durch die Gleichberechtigung der drei neunklassigen Schulgattungen und ihres Abiturientenzeugnisses.

1. Das Frauenstudium. Darüber sind einst viele Worte gemacht und hohe Töne angeschlagen worden — von den einen, den Gegnern, als ob dadurch die Universitäten aus den Fugen und ihre Würde in die Brüche ginge, von den andern, den Freunden, als ob damit eine neue Ära in der Geschichte der Wissenschaft anheben werde. Beides ist heute nicht mehr nötig; die Gegner schämen sich ihres törichten Widerstands, und die Freunde sind vielleicht in ihren Erwartungen etwas bescheidener und nüchterner geworden.

Zunächst war es einfach eine Frage der Gerechtigkeit, den Frauen, die es wünschten, die Tore der Universität aufzutun; denn es liegt kein irgendwie berechtigter und stichhaltiger Grund vor, ihnen die Bildung der Männer und den Anteil daran vorzuenthalten. Und es ist auch für das Leben draußen notwendig und nützlich: für die gehobene und zu hebende Frauenbildung auf höheren Töchterschulen und Studienanstalten brauchen wir neben Männern auch Frauen als Lehrerinnen, und wir brauchen weibliche Ärzte. Natürlich müssen nun aber die Frauen, die studieren wollen, um als vollwertige Kommilitoninnen gelten zu können, auch dieselben Bedingungen erfüllen, die an die männlichen Studenten gestellt werden, und dazu müssen Bildungsanstalten für Frauen errichtet werden, die unseren Gymnasien und Oberrealschulen gleichwertig, aber nicht notwendig gleich sind. Durch die Neuordnung der höheren Mädchenschulen in Preußen vom Jahre 1908 ist diese Forderung erfüllt, die Studienanstalten, die überall entstehen, sorgen für die nötige Vorbildung und Vorbereitung der Mädchen zum Universitätsstudium. Und so hat sich denn Baden schon 1901 und seit 1908 auch Preußen entschlossen, die einzig richtige Konsequenz zu ziehen und die mit Abiturientenzeugnissen versehenen Frauen rite zu immatrikulieren. Dafür werden dann die Lehrerinnen, die früher das Hauptkontingent der Hörerinnen gestellt haben, in die kleine Matrikel aufzunehmen sein, wie ihre männlichen Kollegen von der Volksschule, soweit sie nicht Akademiker sind. Die volle Immatrikulation der an den Lehrerinnenseminaren ausgebildeten Mädchen ist dagegen eine Bevorzugung der Frauen, die von diesen selbst nicht gewünscht wurde und sich auf die Dauer als unhaltbar herausstellen wird; denn dieser „vierte Weg" schafft einstweilen ebensowenig die richtige Vorbildung für das akademische Studium, wie das Durchlaufen eines männlichen Lehrerseminars bisher als ausreichend dafür anerkannt worden ist; so wie diese Seminarien heute beschaffen sind, sind sie einfach Fachschulen. Absolut dagegen bin ich vollends, daß Frauen ohne eine andere

Vorbildung als die einer höheren Mädchenschule als Hospitantinnen zu unseren Universitätsvorlesungen zugelassen werden. Wir haben dabei zu wenig Garantie für eine ernsthafte Beteiligung, zur Modesache oder gar zur Gelegenheit zum Flirt darf der Universitätsbesuch nicht werden. Auf einzelnen Hochschulen sollen anfangs Mütter mit ihren zwölfjährigen Töchtern, anderswo Kellnerinnen an ihren freien Tagen in die Vorlesungen hereingelaufen sein, so daß sich die Dozenten schließlich des Unfugs und Überschwangs kaum mehr erwehren konnten. Auf Abiturientinnen und Frauen mit Lehrerinnenzeugnis würde ich darum die Zulassung beschränken, ich habe daran für mich immer strikte festgehalten. Für Frauen ohne Zeugnisse ist ja jetzt durch die Volkshochschulkurse zur Genüge gesorgt.

Erfreulich war es, daß — abgesehen von den Klinikern in Halle und ihrer törichten Erklärung im Jahr 1899 — die Studenten sich an der über die Frage des Frauenstudiums ausgebrochenen Fehde nicht beteiligt und sich in den neuen Brauch, mit Frauen im Hörsaal oder in den Kliniken und Übungen zusammenzusitzen und zusammenzuarbeiten, ohne weiteres gefügt haben. Erstaunte Blicke oder ein paar leise geflüsterte spöttische Bemerkungen zu Anfang, das war alles. Heute ist auch das überwunden; höchstens daß noch auffällig und ausfällig gescharrt wird, wenn eine Dame zu spät kommt, während man das Zuspätkommen der Herrn Studenten meist ruhiger hinnimmt. Beide Teile gehen gleichgültig und harmlos nebeneinander her oder verkehren — das ist wenigstens die Regel — ohne viel Empressement miteinander. Von dem, was die Gegner des Frauenstudiums Fürchterliches prophezeit haben, ist jedenfalls bis jetzt nichts eingetroffen, als hie und da eine Verlobung. Und da sehe ich nicht ein, warum ein Sichkennenlernen bei gemeinsamer wissenschaftlicher Arbeit weniger anständig und ehrenvoll sein sollte, als im Ballsaal oder beim Lawn-Tennis. Da wir es übrigens nur mit dem Studium zu tun haben, fragen wir nicht, was aus den Studentinnen wird und werden kann, wenn ich mir auch nicht verberge, daß hier erst die eigentlichen Schwierigkeiten beginnen. Wir fordern nur, daß den rite Immatrikulierten auch alle Fakultäten und alle Vorlesungen offen stehen — höchstens im Kolleg über den deutschen Studenten werden sie vorläufig noch taktvoll fehlen; vielleicht liest dafür bald einmal einer meiner jüngern Herrn Kollegen ein solches über die deutsche Studentin.

Was die Studentinnen in der Wissenschaft leisten werden, ob sie ihr einen besonderen weiblichen Bei- und Zusatz geben werden, das wissen wir noch nicht. Angesichts der vorwiegend rezeptiven Natur der Frauen, die sich in ihrem großen, teilweise auch etwas ehrgeizigen Fleiß, in einer gewissen Unselbständigkeit und Abhängigkeit ihrer Leistungen und einer auffallenden Anpassungsfähigkeit an den Lehrer und seine Worte bereits spürbar macht, wollen wir einstweilen die Erwartungen nicht zu hoch spannen. Dieser hervorragende Fleiß und diese besonders guten Leistungen bei den studierenden Frauen hingen übrigens auch damit zusammen, daß hier die Auswahl eine sorgfältigere war: nur die besten haben sich, teilweise unter Überwindung eines heftigen Widerstands ihrer Angehörigen, erkämpft, was den Männern mühelos zufällt. So traten sie besonders ernsthaft und dankbar an das Studium heran und zeigten sich besonders eifrig und erfüllt von großem Lernwillen. Teilweise ist das noch immer der Fall; doch sind auch schon Anzeichen vorhanden, daß das nicht so bleiben wird, sondern daß, je leichter der Zugang zum Frauenstudium gemacht und je mehr dieses zu einer alltäglichen Sache wird, desto mehr auch hier der Durchschnitt sinken und ungeeignete Elemente sich zum Studium als zu einer Modesache und als zu einer willkommenen Gelegenheit, ein freieres Leben zu führen, herandrängen werden. Nur einen Wunsch möchte ich noch anfügen, daß allmählich die großwortige Veröffentlichung jeder Frauenpromotion und jedes Frauenexamens in den Frauenzeitungen aus diesen verschwinden möge: zu Pauken- und Trompetenschall ist bei einem magna cum laude oder gar bei einem cum laude kein Anlaß; bei den Examina der Studenten geschieht es ja auch nicht. Also mehr Gleichheit auch hier! Zur Befriedigung weiblicher Eitelkeit ist das Doktorat nicht geschaffen worden.

Ebenso läßt sich heute noch nicht sagen, ob die studierenden Frauen, wie sich das manche zu Anfang von ihnen versprochen haben, mildernd und verfeinernd wirken auf die studentischen Sitten, ob der Fleiß und Ehrgeiz der männlichen Kommilitonen durch ihren Einfluß und den Wetteifer mit ihnen erhöht und die Studenten durch sie von Mensur und Alkohol abgehalten werden. Für all' das ist die Erfahrung noch zu neu und zu kurz. Seit einigen Jahren nehmen die Freistudenten auch Frauen als Mitglieder auf und fühlen sich auf Grund des Vertretungsprinzips natürlich auch als Vertreter der weiblichen Studentenschaft. Aber der größere Teil von diesen wollte von solcher Gemeinschaft nichts wissen und schloß sich vielmehr selber in den Vereinen studierender Frauen unter sich zusammen und gegen die männliche Seite hin ab. Das letztere erscheint mir zunächst jedenfalls als das Würdigere und Richtigere. Die Koedukation hat sich in Amerika nicht durchweg bewährt, Klagen und Befürchtungen wegen eines drohenden Feminismus kommen von dort zu uns herüber. Bei den Festen der Freistudentenschaft, an denen auch Frauen teilnehmen, schien mir ein solcher feministischer Zug zutag zu treten, es waren mehr Tanzkränzchen als studentische Feiern, das Männliche und das Kraftvolle fehlte, und das einzige Interesse, dem die ganze Veranstaltung zuhastete, schien das „Tänzchen" am Schluß, wobei mir schon dieses Deminutivum einen schwächlichen Eindruck macht.

Und noch eine andere Benennungs- und Titelfrage: Wie reden wir die aus Studenten und Studentinnen gemischte Zuhörerschaft an? Ich für meine Person bleibe jedenfalls, solange ich noch doziere, a parte potiore, bei der männlichen Anrede: „meine Herren" und überlasse die Anrede „meine Herren und Damen" den mittelalterlichen und das „meine Damen und Herren" den jüngsten meiner Herrn Kollegen. Mit der Zeit kommen wohl auch ein paar Kolleginnen hinzu, und dann halten natürlich diese das Kolleg über die deutsche Studentin des zwanzigsten Jahrhunderts und sagen in diesem nur: „meine Damen".

2. Zum Interessantesten, was ich als Rektor der Straßburger Universität erlebt habe, gehörte meine Teilnahme an dem festlichen 19. Oktober 1899 in Charlottenburg, als dort der Kaiser den technischen Hochschulen das Recht zur Promotion und ihren Rektoren den Titel Magnifizenz verlieh und damit ihre Gleichwertigkeit mit den alten Universitäten zum Ausdruck und zur Anerkennung brachte. Manche von uns haben darin anfänglich eine Beeinträchtigung und Degradation dieser letzteren gesehen; und es war ja nicht zu verkennen, daß im ersten Augenblick so etwas wie Überhebung der schaffenden Technik über die „veraltete" und „zopfige" theoretische Wissenschaft zu spüren war.

Beim Bankett ist mir die Aufgabe zugefallen, die Meinung zurückzuweisen, als seien wir den neuen Anstalten gegenüber ein solches Veraltetes und Absterbendes. Aber das war im Augenblick des Erreichthabens nur natürlich und darf uns im Verständnis dafür und in der Anerkennung dessen nicht irre machen, daß das moderne Leben mit seiner stärkeren Betonung der materiellen Interessen und der ihnen direkt dienenden Technik neben den alten auch neue Bildungswege und Bildungsweisen nötig macht und als gleichberechtigt fordert. Vielleicht haben hier die Universitäten etwas versäumt, ihre Vertreter sich dem modernen Leben und seinen Anforderungen nicht rasch genug assimiliert, eine Zeitlang sogar „vornehm" ablehnend sich davon ferngehalten. So ist kein Grund da zu grollen, zu opponieren und zu hemmen — es wäre auch vergeblich; sondern durch erhöhten Wetteifer haben wir dafür zu sorgen, daß jene Überhebung nicht zur Wahrheit werde und der alte Dr. iur. oder phil. oder rer. nat. dem neukreierten Dr.-Ing. gegenüber nicht an Wert und innerem Gehalt nachstehe, und daß die Ärzte, Juristen und Lehrer, die die Universität heranbildet, an Wissen und Können — namentlich auch an Können — sich nicht übertreffen lassen von den Technikern und Ingenieuren, die die neuen Hochschulen für den Staat und die Kommunen und die Gesellschaft ausbilden und heranziehen. Nur das könnte etwa gefragt werden, ob nicht schließlich eine Vereinigung der beiden Hochschulen angezeigt, durch Angliederung einer oder mehrerer technischen Fakultäten Vollanstalten, wie in Amerika, geschaffen werden sollten, was sich besonders für kleinere Staaten finanziell empfehlen könnte. Daß sich die alten Universitäten dazu freiwillig entschließen werden, glaube ich, trotz des Anlaufes dazu in Göttingen, vorläufig nicht; vielleicht läge auch dieses Zusammenschweißen von doch nicht ganz Homogenem und die Unförmlichkeit solcher allerlei Zwecke in sich vereinigenden Anstalten weder im Interesse der einen noch der andern. Dagegen könnten die neuzugründenden Universitäten in Frankfurt oder Hamburg eher ein solches Experiment wagen; namentlich das Kolonialinstitut in Hamburg lädt zu einem derartigen Doppelausbau ein; wenn sich die Vereinigung als nachteilig herausstellt, wäre ja das Trennen nachher immer noch möglich.

Dagegen trat bei jenen Festlichkeiten des Jahres 1899 mir und manchem meiner Kollegen allerdings ein Unterschied deutlich entgegen zwischen unseren Universitätsstudenten und denen der technischen Hochschulen. Die offiziellen Reden bei den offiziellen Kommersen gelingen auch bei uns nicht immer aufs beste. Aber in Charlottenburg fehlte ihnen ein Doppeltes, was bei uns immer anklingt und so erfreulich spürbar ist, der Tic der akademischen Freiheit und das lebhafte Gefühl der Zusammengehörigkeit von Studenten und Professoren. Bei dem Kommers der Charlottenburger klang mir — und nicht mir allein — vieles allzu byzantinisch; daß es Studenten gar so bedeutsam schien, daß so und soviele Exzellenzen und Geheime Kommerzienräte an ihrem Kommers teilnahmen, während ihre Professoren mehr nur als quantité négligeable dabei saßen und behandelt wurden, das wollte mir nicht gefallen; bei unseren Kommersen sind die Professoren die Hauptsache und die Exzellenzen Nebensache. Ich dachte mir sofort: die müssen erst noch zur Freiheit erzogen und an die frische kühle Luft der akademischen Freiheit gewöhnt werden. Darum habe ich mich beim „Hochschulstreit" gerade auch über die Konflikte in Hannover und Braunschweig, in Charlottenburg und

Darmstadt besonders um deswillen aufrichtig gefreut: das war ein Stück freiheitlicher Erziehung, freilich auch eine Bestätigung jener Beobachtung, daß die Zusammengehörigkeit von Student und Professor und das Gefühl dafür auf beiden Seiten noch zu schwach ist. So können, wie mir scheint, Professoren und Studenten an den technischen Hochschulen auch von uns alten Universitäten noch einiges lernen: wir haben uns die akademische Freiheit teilweise in schweren Kämpfen erstritten; die Freiheit aber kann man sich nicht schenken lassen, es muß sie jeder sich selber erstreiten: also auch die neuen Kollegen und die neuen Kommilitonen. Dazu ist im Hochschulstreit ein erfreulicher Anfang gemacht worden, um dessenwillen wir auch die mancherlei Mißgriffe dabei ruhig mit in Kauf nehmen wollen.

Item, die Polytechniker sind jetzt Studenten. Da muß von uns zu ihnen der frischere Lufthauch akademischer Freiheit und zugleich auch der feinere Lufthauch einer auf das Innere gerichteten Geistesbildung hinüberwehen; dafür empfangen wir von ihnen vielleicht den Segen eines geregelteren, d. h. natürlich sich selber regelnden Fleißes und eines auf die Bedürfnisse des Lebens intensiver eingehenden Verständnisses. Und auch die soziale Betätigung werden diese jungen Techniker praktischer angreifen und darin unseren zum Teil noch ungeschickten und unbeholfenen Bestrebungen zum Vorbild dienen können. Daß die studentischen Arbeiterbildungskurse zuerst nach nordischem Vorbild von einem Ingenieur in Charlottenburg eingeführt worden sind, ist dafür ein gutes Omen. Im übrigen — Studenten sind beide, wenn auch die Schattierung hier und dort vorläufig noch eine verschiedene ist. Vielleicht war das in dem mißlungenen Kampf gegen die konfessionellen Verbindungen eine zweite Errungenschaft, daß dabei das Bewußtsein dieser Zusammengehörigkeit der alten und der neuen Studentenschaft beiden Teilen aufgegangen ist.

3. Eine andere Art von Schattierung und Differenzierung ergibt sich aus der verschiedenen Herkunft und Vorbildung unserer Studentenschaft. Neben den humanistischen Gymnasien stehen jetzt als gleichwertig und zur Ausstellung der Abiturientenzeugnisse gleichberechtigt die Realgymnasien und die Oberrealschulen. Ganz ist freilich die Gleichstellung auch jetzt noch nicht durchgeführt. Es hängt das mit unserer deutschen Sitte zusammen, immer zuerst nach dem Woher der Bildung und des Wissens zu fragen und es nur als ein patentiertes und abgestempeltes anerkennen zu wollen. Daher nun die Einrichtung von Ergänzungskursen und Ergänzungsprüfungen aller Art, wodurch nachträglich Stempel und Patent erworben werden soll. Ich habe mir jene Gleichstellung anders gedacht und bin in anderer Meinung für sie eingetreten: lediglich als ein Stück akademischer Freiheit — Lernfreiheit — mehr. Der Student kommt von einer der drei Schulgattungen her und mag dann selbst zusehen, wieweit er für und in seinem Studium mit dieser seiner Schulbildung ausreicht; und wir sehen erst im Doktor- oder im Staatsexamen nach, ob er die nötigen Kenntnisse für sein Fach besitzt, fragen aber nicht, wann und wo er sich dieselben erworben hat. Wir nehmen aber auch schon in unseren Vorlesungen und Übungen keine Rücksicht darauf, setzen also um der Oberrealschüler willen das Niveau derselben in keiner Weise herab — höchstens daß wir ein lateinisches oder griechisches Zitat immer auch auf deutsch geben, was ja allmählich auch für die vom Gymnasium Herkommenden leider mehr und mehr willkommen und notwendig wird. Die Sitte aber und der gesunde Menschenverstand werden dafür sorgen, daß der Philologe und Theologe in

der Regel eine humanistische, der Jurist jedenfalls eine Latein lehrende Anstalt zu seiner Vorbildung aufsucht. Will aber ein Oberrealschüler Jurisprudenz studieren, weil er sich nachträglich dazu entschlossen hat, so ist es ganz seine Sache, wie er sich im corpus iuris zurecht findet und wie er sich die nötigen lateinischen Kenntnisse dafür erwirbt. Die Universität aber möge sich wohl hüten, durch lateinischen oder griechischen Elementarunterricht zur Presse und zur Schnellbleiche zu werden und die Illusion zu erwecken, als könne sie in zwei oder vier kurzen Universitätssemestern nachträglich leisten und schaffen, wozu die Schule 6 und 9 Jahre nötig hat. Das heißt an Stelle ehrlicher und ernsthafter Arbeit ein unsolides Scheinwissen und Scheinwesen setzen, und das ist das, was ich, wie Sie wissen, Ihnen immer besonders fernhalten möchte. Umgekehrt sollen aber auch die Oberrealschulen nicht einen falschen Ehrgeiz darein setzen, möglichst viele Studenten zu züchten. Dazu sind sie nicht da: sie haben andere Aufgaben und Ziele — für das praktische Leben, nicht für das Universitätsstudium, für die technischen Berufe und für den höheren Handelsstand, für technische Hochschulen und Handelsakademien. Und es zeigt sich ja auch leider vielfach, daß die von den Oberrealschulen herkommenden Studenten in den geisteswissenschaftlichen Fächern hinter den anderen zurückbleiben und Hemmungen und Lücken aufweisen, an denen sie unschuldig sind und unter denen sie nun doch recht schwer zu leiden haben. Wir können ihnen dann beim Examen gar nicht anders als unrecht tun. Den Oberrealschuldirektoren möchte ich daher auch hier zurufen: Mein Sohn, hüte deine Seele vor dem Karrieremachen! Nicht möglichst viele, sondern nur ganz ausnahmsweise einen Schüler zur Universität entlassen, sei ihr Ehrgeiz!

Fünfzehnte Vorlesung.

Die erste Frage, meine Herren, die uns nach Besprechung der hauptsächlichsten Neuerungen auf dem Gebiet des akademischen Studiums beschäftigen soll, ist: Warum studiert der Student? Darin liegt eine gewisse Doppeldeutigkeit. Es handelt sich einerseits um die Motive, die den jungen Mann bewogen haben, sich des Studierens zu befleißigen, zugleich aber auch um das, was er von der Hochschule selbst erwartet und auf ihr sucht. Das wird sogar in der Regel nicht zusammenfallen. Um das zu verstehen, müssen wir von diesem zweiten schon hier etwas vorwegnehmen, daß nämlich auch im Wesen der Universität selbst als einer Studienanstalt, scheinbar wenigstens, ein Zwiespältiges liegt: sie ist die Stätte, wo Wissenschaft getrieben und gelehrt wird und sie ist die Vorbereitungsanstalt für eine Reihe bestimmter Berufe.

Diese selbe Zwiespältigkeit kann nun auch in den Motiven des jungen Mannes in ganz legaler und normaler Weise zutage treten. Auf die Frage: was willst du werden? kann er ebensogut antworten: ich will Pfarrer werden, als: ich will Theologie studieren. Beides aber ist nicht dasselbe. Wir Deutsche freilich sind meist zu arm, um uns den Luxus des bloßen Studierens ohne beruflichen Hintergrund gestatten zu können; in England liegt die Sache anders, mancher studiert dort und will nichts werden. Bei uns wollen fast alle ohne Ausnahme auf Grund ihres Studiums „etwas werden"; aber dennoch ist auch bei uns jener Unterschied deutlich spürbar vorhanden. Die einen sind

— schon als Studenten — Gelehrtennaturen, die das Studium als solches reizt und lockt, Büchermenschen, die wirklich „des Studierens halber" die Universität aufsuchen; der Beruf bleibt ihnen zunächst noch ganz im Hintergrund. Die andern sind mehr hommes d'action, Männer der Praxis und der Tat, denen ein Wirken unter Menschen und auf Menschen als Ziel vorschwebt und für ihr Leben unentbehrlich ist und denen deswegen das Studieren nur ein Mittel ist zu jenem Zweck. Auf diese letzteren sieht der deutsche Universitätsprofessor zuweilen mit einer gewissen Geringschätzung, als wären es Banausen, herab: völlig mit Unrecht; denn das ist ein durchaus Normales und Gewöhnliches. Und doch steckt in jenem Universitätsvorurteil auch ein Körnchen Wahrheit. Auch von dem, der um seines künftigen Berufs willen studiert, darf mit Recht erwartet werden, daß ihn während des Studiums ein gewisser Enthusiasmus für dieses selbst ergreife, daß er an seiner Wissenschaft als solcher Freude und vor ihr Respekt gewinne und so eine Art von wissenschaftlichem Idealismus ihn über das bloß Zweckmäßige und Notwendige, über das bloß handwerksmäßige Fachstudium hinausgreifen lasse. Und das findet sich in der Tat oft genug. Wir Älteren alle erinnern uns an Kommilitonen aus unserer Studienzeit, die wir für ideale und wissenschaftlich interessierte Menschen gehalten haben, und die uns bald darauf überraschten durch ihren Abfall ins Gewöhnliche, durch ihr gemeines Banausentum und die handwerksmäßig unvornehme Art, wie sie ihren Beruf in die Hand nahmen und betrieben. Und doch waren sie einen Augenblick wirklich berührt, ergriffen und erfüllt vom Geist wahrer Wissenschaft, sozusagen über sich selbst hinausgehoben in die reine Luft freien Geisteslebens, aber eben nur einen Augenblick, für die kurze Spanne ihrer Studienjahre; nachher war es damit zu Ende. Aber ich meine, einmal berührt zu sein von dem Genius geistigen Strebens ist auch schon etwas, ein Silberblick im menschlichen Leben, der diesem doch für alle Zeit eine gewisse Weihe gibt.

Daher schreibt sich auch der Wunsch so vieler Studenten, später die Universitätskarriere einzuschlagen, um der Wissenschaft treu bleiben zu können: es ist ihnen damit im Augenblick Ernst, und doch fühlen sie sich später nicht unglücklich, wenn nichts daraus wird und sie sich praktisch betätigen müssen.

Also man kann normalerweise aus zwei Gründen studieren — aus wissenschaftlicher Begeisterung oder aus Neigung für einen bestimmten Beruf; und diese beiden Motive laufen während der Studienzeit vielfach ineinander und durcheinander. Aber was das Normale und Richtige ist, das ist nicht das einzige; und damit komme ich auf einen Krebsschaden unseres Universitätslebens, auf die vielen, die invita Minerva studieren.

Voraussetzung und Bedingung des Studierens ist die dazu nötige Begabung: trifft diese bei allen zu? Sie wissen, daß das nicht der Fall ist; man möchte wirklich oft fragen: Freund, wie bist du hereingekommen? Die Schuld hievon liegt zunächst an den Schulen und Prüfungskommissionen, und es ist eine billige Forderung, daß diese bei Versetzungen und Prüfungen strenge, viel strenger als bis jetzt verfahren möchten; denn eine solche Strenge ist weit humaner als die übel angebrachte Milde und Barmherzigkeit, die dem jungen Menschen einen falschen Weg zugänglich macht, auf dem er erst scheitert, wenn es für ihn zu spät ist, ein Neues zu ergreifen. Nicht daß alle

Menschen die gleiche Bildung erhalten, sondern daß nur die Begabten zur höheren Bildung zugelassen werden sollen, daß diese aber dann auch in der Armut kein unübersteigliches Hindernis finden, ist die richtige Zukunftsforderung und das Ideal, das wohl nie ohne Rest aufgehen und erreicht werden wird, dem wir aber doch näher, erheblich näher kommen können und kommen müssen als bisher. Warum aber wollen denn solche, denen es doch offenbar schwer wird, trotzdem studieren? Es ist ja nicht ganz selten, daß solche unbegabte Menschen eine gewisse Sehnsucht nach Wissen oder eine Vorliebe für einen gelehrten Beruf haben; der Zwiespalt zwischen Wollen und Können hat dann etwas Tragisches: so oder so, es werden unbefriedigte, unglückliche Menschen werden. Allein das Gewöhnliche ist das nicht. Meist sind es ganz andere Motive, Wünsche und Rücksichten, die schon die Eltern bestimmen, einen Sohn trotz notorischer Unbegabtheit studieren zu lassen und die den Sohn trotz mangelnder Neigung zum Lernen auf die Hochschule führen. Davon müssen wir im Zusammenhang reden.

Es ist schon eine die Gymnasien vielfach berührende Klage, daß sie überfüllt seien und zu viel wertlosen Schülerballast von Klasse zu Klasse durchzuschleppen haben; wenn man näher zusieht, so ist es gewöhnlich Hochmut und Standesvorurteil, was dazu führt. Das Gymnasium gilt törichterweise noch immer als die vornehmste Schulgattung, also müssen auch die Söhne der „Vornehmen" und aller derer, die es sein und werden wollen, diese Schule besuchen, ob sie dazu taugen oder nicht. Sagen Sie einmal als Lehrer einem Vater Ministerialrat oder Oberst oder Professor, er solle seinen Sohn ein einfaches Handwerk lernen lassen, zum Schneider würde er sich am besten eignen! Dieser selbe Hochmut nun, der die Gymnasien übervölkert, wirkt natürlich auch auf und in die Universitäten herein. Abgesehen vom Offizier bilden Beamte und Geistliche die herrschenden, also vornehmsten Stände, ein Studierter ist immer noch in den Augen vieler mit einem gewissen Nimbus umgeben; und im Beamtenstaat ist es auch wirklich etwas und hat es etwas zu bedeuten, Beamter, Mitglied der oberen Kaste zu sein. Dazu kommt die Sicherheit dieser Laufbahn. Wer einmal darin ist, ist geborgen, er steigt der Anciennität nach in Rang und Gehalt wenigstens bis zu einer gewissen Stufe notwendig auf, er hat sein Brot, sein Auskommen, und wenn er ausgedient hat, so erhält er eine Pension, die ihn vor Hunger und Sorgen schützt; es ist kein glänzendes, aber ein durch seine Sicherheit lockendes Los. Zum dritten endlich zieht manche junge Leute auch lediglich die Aussicht auf die Herrlichkeit und Lust des Burschenlebens an — Eintagsmenschen, Genußmenschen, die nur an das Nächste, an den Augenblick denken und nie darüber hinaus: sie wollen eben Studenten werden; daß sie zu Gelehrten oder Beamten nicht taugen, kümmert sie einstweilen noch nicht.

Habe ich nun Unrecht, wenn ich behaupte, daß solche Erwägungen des Hochmuts, der sicheren Versorgung und des Vergnügens bei Eltern oder Söhnen vielfach die Motive des Studierens sind? Nun bin ich kein solcher ethischer Rigorist, um dergleichen äußere Erwägungen ohne weiteres für verwerflich zu erklären; ich kenne das sich Kreuzen von hohen und idealen mit gemeinen und utilitaristischen Gedanken im Menschenherzen zu wohl und weiß auch, daß die Not des Daseins dazu zwingt, für den morgenden Tag, für die Zukunft zu sorgen. Wogegen ich polemisiere, ist vielmehr das, daß dies die einzigen Beweggründe sein sollen und daß diese Motive auch den zum Studium führen und verführen, der dazu weder die notwendigen Fähigkeiten noch selbst den starken inneren Trieb, die ausgesprochene eigene Neigung hat. Auf diesem Boden, dem es an der Himmelsluft der Begeisterung für Wissenschaft und Beruf fehlt, wachsen dann Strebertum, Banausentum, Faulheit und Liederlichkeit. Und das gibt auch auf unseren Hochschulen die Überfüllung, unter der wir und der ganze Unterrichtsbetrieb zurzeit seufzen und leiden, den Ballast eines gewissen Gesinnungs- und Bildungsproletariats, das unsere Arbeit und Tätigkeit beeinträchtigt und hemmt und als rechtes Bleigewicht sich uns anhängt: jene berechneten Männchen ohne Idealität und Schwung, jene dürftigen Gesellen, die immer nur treiben und lernen, was sie notwendig brauchen, oder jene Bummler und Nichtstuer, die zu nichts kommen, weil ihnen alles Lernen und alle geistige Beschäftigung ein Greuel und eine Last ist. Sie ahnen gar nicht, wieviel glücklicher sie in einem anderen praktischen Berufe wären und wieviel mehr sie da leisten und erreichen könnten. Wahrlich mancher täte gut, spät, aber doch noch zu rechter Zeit die falsche Bahn zu verlassen und das Studium mit der Praxis zu vertauschen. Unvornehm ist ja doch nur die Faulheit und vornehm ist alle recht getane Arbeit.

Ganz besonders scheint mir in zwei Fakultäten der Student solcher Gefahr ausgesetzt zu sein, in der juristischen und in der theologischen. Dort ist vor allem das Strebertum zu Hause. Der Primaner weiß ja nur selten, was es um die Juristerei eigentlich ist, aber er weiß: das ist der herrschende Stand, da kann man etwas werden, da kann man es am weitesten, kann es bis zum Minister bringen auf der Leiter der Beamtenhierarchie; dagegen ist ihm weder, was er studieren noch was er in seinem Beruf leisten kann und soll, näher bekannt. So ist es vielfach nur die ganz äußerliche Rücksicht auf die Karriere, die ihn diese Fakultät wählen läßt. Anders meist der künftige Theologe: er kennt den Beruf und gewiß viele begeistern sich für ihn; aber um so schlimmer für jeden, den nicht das innerlich Schöne und Große und nicht das Entsagungsvolle dieses Standes, sondern etwa der Gedanke an das behagliche und angesehene Leben eines Landpfarrers, wie er es sich ausmalt oder aus eigener Jugenderfahrung kennt, dazu treibt und führt. Daß gerade hier innere Neigung und innerer Beruf ganz besonders notwendig ist, das sieht er nicht und ahnt darum auch nicht, in welche inneren Schwierigkeiten und Kämpfe ihn heute, wo die Pfarrersfrage als sittliche und als schwere Gewissensfrage auf der Tagesordnung steht, dieser Beruf und schon die Vorbereitung darauf verwickeln und hineinreißen kann. Wenn ich sage, daß diese zwei Fakultäten besonders gefährdet sind, so meine ich natürlich nicht, daß alle oder auch nur die meisten ihrer Angehörigen so denken und gesinnt sein müßten. Und auf der andern Seite fehlen auch in den andern Fakultäten falsche Erwägungen und Rücksichten nicht. Am wenigsten finden sie sich vielleicht bei den Medizinern, wiewohl auch hier ein gewisser Materialismus des Herzens, Sinnlichkeit und der Drang nach Gold, das Virgilsche auri sacra fames und das Horazsche cunnus teterrima causa gelegentlich eine entscheidende Stimme bei der Berufswahl haben mögen. Zum Studium der Philologie aber entschließt sich nach einem treffenden Wort von Münch mancher nur darum, „weil er eigentlich zu keinem einzigen frischen Weltberuf in sich die Bedingungen fühlt und sich hier so am Rande des vollen Menschenlebens hindrücken zu können glaubt, zwischen den stummen Büchern und der bescheidenen Schulstube, wo das Tun keine weiten Kreise beschreibt, wo kein ganzer Mann vonnöten ist" oder doch zu sein scheint.

Zugleich zeigt sich hier auch jener andere Unterschied, von dem ich ausgegangen bin. Den Philologen lockt wirklich meist das Studium selbst, das Wissen und die Wissenschaft: der Lernkopf in der Schule will weiter lernen in derselben Art, wie bisher; dagegen hat er für den künftigen Beruf eines Lehrers nur selten allzu große Neigung. Es ist darum bezeichnend, wie er sich ausdrückt: er will nicht Lehrer, sondern Germanist oder Gräzist werden, dem Schulmeister sieht er mit einem gewissen Grauen, jedenfalls ohne rechte Lust und Freude entgegen. Wie damit so manche Schäden unserer Gymnasien und manche Vorwürfe gegen sie zusammenhängen, liegt auf der Hand. Ganz anders der Mediziner: er malt sich seinen Beruf aus und sieht im Studium wesentlich nur ein Mittel; und bei Theologen und Juristen ist es wohl ebenso. Die von der Wissenschaft von vornherein und bleibend Angezogenen bilden hier die Ausnahmen.

Angesichts dessen darf es uns auch nicht wundernehmen, wenn es von einem philologischen Professor ausdrücklich abgelehnt wurde, daß auf der Universität Lehrer für den Staat und seine Schulen herangebildet werden sollen; lediglich um die Pflege der Wissenschaft handle es sich, nicht um Lehramtskandidaten, sondern um Philologen. Und daher schließt auch die philosophische Fakultät als einzige die direkte Rücksicht auf den künftigen Beruf, die Einführung in die Praxis fast grundsätzlich von sich aus; Pädagogik ist nicht allzu hoch gewertet im Kreise der anderen philosophischen Disziplinen. Und praktische Pädagogik ohnedies nicht. Während Theologen schon als Studenten predigen und katechesieren, Mediziner in ihren Kliniken heilen lernen und auch bei den Juristen die Beziehung auf die Praxis nicht fehlt, lehnen die meisten philosophischen Fakultäten jede praktische Betätigung und Vorbereitung auf den Lehrerberuf grundsätzlich ab und wollen nur um des Lernens willen lehren, nur um des Wissens willen die Wissenschaft treiben. Auch der preußische Staat hat sich dieser Auffassung angeschlossen, indem er das Seminarjahr als Vorbereitungszeit auf den Beruf zwischen Universität und Probejahr eingeschoben und von der Universität weg an die Gymnasien verlegt hat.

Ebendarum müssen wir aber nun prinzipiell fragen: Was ist die Aufgabe der Universität?

Sechzehnte Vorlesung.

Was ist die Aufgabe der Universität? Diese Frage, meine Herrn, müssen wir heute zu beantworten suchen. Ist es wirklich die Pflege der Wissenschaft als solcher und um ihrer selbst willen? und ist es ausschließlich nur sie? Ich denke: nein. Ein so abstraktes Tun könnte höchstens einer Akademie der Wissenschaften als Pflicht zugewiesen werden; und doch hat auch da die deutsche, die preußische Akademie durch ihren Gründer Leibniz die Beziehung zur Praxis, zum Leben als eine ihrer Aufgaben mit in die Wiege gelegt bekommen; das lange Zeit als so unpraktisch verschriene Volk der Deutschen hat ein unpraktisches Wissen niemals als Ziel und Zweck anerkannt. Noch viel mehr gilt dies von den Universitäten: sie haben es ja nicht bloß mit Sachen und Büchern, sondern ebenso auch mit Menschen, mit Studenten zu tun, und ihre Professoren sind nicht bloß Gelehrte, sondern auch Lehrer. Das erkennt nun freilich eine zweite Zielbestimmung, die die Universitäten als „Baumschulen für den Nachwuchs akademischer Forscher und Lehrer" ansieht, auch an. Nach ihr verfahren manche Professoren. Aber daß auch das nicht das Richtige sein kann, geht doch schon aus dem Zahlenverhältnis hervor: wie viele von Ihnen können denn nach dem Gesetz von Nachfrage und Angebot Universitätsprofessoren werden? Es wäre also eine schlimme Vernachlässigung der überwiegenden Mehrzahl zugunsten einiger weniger: das kann doch nimmermehr die Meinung und die Absicht, namentlich nicht die Absicht der Steuerzahler und der das Geld für die Universitäten bewilligenden Regierungen und Parlamentarier sein.

Also Erziehung zum künftigen Beruf, Fachbildung —! ist das die Aufgabe? Auch hier trage ich Bedenken, so ohne weiteres ja zu sagen. Im Gegenteil, ich sehe hier eine große Gefahr für unsere Universitäten und — was noch mehr sagen will — für unsere nationale Bildung, wenn die Hochschulen und ihre Fakultäten zu reinen Fachschulen herabsinken sollten. Ob wir dieser Gefahr so ganz ferne sind? ob nicht die Neigung zu solchem ausschließlichen und ausschließenden Fachstudium vielfach, vielleicht in der medizinischen Fakultät am meisten, vorhanden ist? Sowohl bei Professoren als bei Studenten: dort im Zusammenhang mit der weit durchgeführten Arbeitsteilung auch innerhalb der Wissenschaft und der Einseitigkeit, zu der jeder, wenn er einmal sein Fach und seinen Beruf definitiv gewählt hat und sich intensiv darin betätigt, mit Notwendigkeit neigt; weil der fertige, im Beruf stehende Mann einseitig sein darf und sein muß, mutet er unpädagogischerweise dieselbe Einseitigkeit auch schon dem Unfertigen, dem Lernenden zu und nimmt dessen Zeit und Kraft ganz für sich in Anspruch. Der Student aber ist zu dieser Einseitigkeit geneigt, weil und wenn er eben nur das eine sucht, möglichst rasche Vorbereitung auf seinen Beruf oder von Anfang an nur an Promotion und Examen denkt, wovon noch besonders die Rede sein wird. Das Schlimmste aber ist, daß auch der Staat und die öffentliche Meinung auf diese falsche Auffassung immer mehr hindrängen und die Universitäten und ihre Arbeit lediglich nach ihren Leistungen für die Berufs- und Fachausbildung beurteilen und schätzen und nun freilich viel Zeit und Kraft von seiten der einzelnen, viel Geld und Leistungen von seiten der Gesamtheit für vergeudet und verschwendet halten müssen. So bedroht ein flacher, platter Utilitarismus den hohen, freien Geist unserer Universitäten und arbeitet daraufhin, sie immer mehr zu einem bloßen Aggregat von Fachschulen zu machen.

Gegen diese Beschränkung auf das bloß Fachmäßige und zum Fach Notwendige und Brauchbare erhebt sich aber nun unsere ganze deutsche, auf Erfahrung und Geschichte beruhende Anschauung ebensowohl vom Wesen und der Aufgabe unserer Universitäten wie von den Bedürfnissen der gelehrten Stände und Berufe. Gewiß hat die Universität ihren Namen zunächst äußerlich von der universitas magistrorum et scholarium erhalten; aber bald genug hat man dabei an den Inhalt, an die universitas literarum gedacht. Auf den ersten Blick sieht es freilich so aus, als ob dieser Begriff längst gesprengt und unsere Fakultäten im Lauf der Jahre durch die Vermehrung der Lehrstühle und Disziplinen wirklich zu einem unorganischen Haufen und Aggregat geworden und das Neue dem Alten wie Erker und Anbäue verschiedenen Stils angefügt worden wäre; ein Dualismus, die Trennung in Natur- und Geisteswissenschaften macht sich fraglos spürbar. Aber darum bleibt doch in uns allen der Geist der Zusammengehörigkeit — zunächst schon äußerlich und gegen außen als Korporationsgeist — lebendig; und inhaltlich sorgt die Philosophie oder richtiger sorgt die philosophische Erfassung und Auffassung des einzelnen dafür, daß dieses Bewußtsein der Zusammengehörigkeit und Totalität aller Fächer uns nicht ganz entschwindet: die Philosophie — nicht als Fach, sondern als Methode und als geistiges Fluidum — ist heute noch das zusammenhaltende Band der universitas. Aber auch unser deutsches Beamtentum — weltliches und geistliches — protestiert sozusagen durch seine ganze Vergangenheit und durch die hohe Stufe, die es erstiegen hat, gegen eine Anschauung von seinen Aufgaben und Bedürfnissen, die es nur zu Routiniers, zu fachmäßig geschulten Praktikern machen würde. Daß der Arzt nicht als Heilgehilfe, der Philologe nicht als Lehrgehilfe, der Geistliche nicht als Pfarrgehilfe anfängt, sondern daß sie alle zuerst studieren, das bedeutet, daß sie ihre Fachausbildung durch die Wissenschaft und auf dem Wege der Wissenschaft suchen. Daß heutzutage oft auch in leitenden Kreisen auf diesen Weg fast wie auf ein Überflüssiges herabgesehen und über die doch wohl auf der Universität erworbene „Weltfremdheit" der Juristen namentlich geklagt wird, das hängt teilweise jedenfalls damit zusammen, daß diese „leitenden Kreise" sich während ihrer Studienzeit vielfach mit dem Repetitor und Einpauker begnügt haben und nun mit recht wenig Wissen die Welt regieren wollen. In Erkenntnis dieser Gefahr ist von einem namhaften Juristen in aller Schärfe auf den Unterschied zwischen Schreibern und wirklichen Juristen hingewiesen worden. Ein Abusus hebt aber den rechten Gebrauch nie auf; auch die tatsächlich vorhandene Weltfremdheit mancher Richter würde nichts gegen die Universitäten und das Universitätsstudium selber beweisen, sondern höchstens energisch zum Besinnen über nötige Änderungen und Reformen auffordern, wie denn auch an einer Reform des juristischen Studiums und der praktischen Vorbereitung der Referendare vielfach gearbeitet und für eine solche der Weg gesucht wird.

So bleibt nach all dem Gesagten und allen Anfechtungen gegenüber doch zu Recht bestehen, daß die deutschen Hochschulen nicht für die Wissenschaft im Sinn des weltentfremdeten Akademikers, nicht ohne Wissenschaft im Sinn des unwissenden Praktikers, sondern durch die Wissenschaft zum Beruf zu bilden haben.

Durch die Wissenschaft —: durch diese Bestimmung scheint nun zu allererst jene schon berührte Streitfrage, ob nicht durch praktische Übungen auch für die direkte Vorbereitung auf die Praxis des Berufs von seiten der Universität etwas, und mehr als bisher, getan werden könne, im negativen Sinn, also der Auffassung der philosophischen Fakultät entsprechend entschieden zu sein. Allein eine solche Bestimmung a parte potiore schließt natürlich die Berücksichtigung von anderen Nebenzwecken, in diesem Fall gewisse Konzessionen an die praktische Berufsausbildung, nicht rigoristisch und absolut aus. Die Pädagogik ist wie die Politik eine opportunistische Kunst. Nun ist ja in der medizinischen Fakultät die Frage tatsächlich schon längst anders, also im bejahenden Sinne beantwortet, und das hat ihrem wissenschaftlichen Charakter keinerlei Eintrag getan; ebenso bei den Theologen und immer mehr auch bei den Juristen. Da würde ich meinerseits glauben, daß was von Medizinern und Theologen ohne Schaden geübt und geleistet werden kann, auch bei den künftigen Lehrern — in einfacher und elementarer, Zeit und Kraft des Studenten nicht allzusehr in Anspruch nehmender Weise natürlich, möglich und im Interesse ihrer Ausbildung auch notwendig sei. Preußen hat freilich durch Einrichtung der Gymnasialseminare anders entschieden; aber das ist vielleicht doch noch nicht das letzte Wort in dieser Sache, der Erfolg muß lehren, ob man uns nicht am Ende wieder braucht; und andere deutsche Staaten, wie Sachsen, Thüringen, Baden, haben denn auch diese Aufgabe lieber ihren

Universitäten zugewiesen. Jedenfalls aber möchte ich dagegen protestieren, daß man sagt: es sei der Universität nicht würdig, sich ihrerseits um die praktische Vorbildung der Lehrer und um die Technik des Unterrichts zu kümmern; was bei den anderen Fakultäten die Würde nicht beeinträchtigt, das tut ihr auch in der philosophischen Fakultät keinen Eintrag und ist auch hier kein Herabsteigen und keine Verleugnung des wissenschaftlichen Charakters und Berufes unserer Universitäten.

Und nun: Bildung zum Beruf durch Wissenschaft. Also wirklich — Fachstudium: das steht allem zerfahrenen Dilettantismus und allem genußsüchtigen Herumtasten und Herumnippen gegenüber im Mittelpunkt, gibt Ziel und Halt, gibt Ernst und Pflicht in das Leben des Studenten. Irgendwo muß der Mensch auch geistig ganz heimisch werden, das ist eine Forderung ebenso des Utilitarismus, denn nur so wird der Mensch brauchbar für Leben und Gesellschaft, als des Eudämonismus, denn nur so fühlt er sich persönlich behaglich und auf die Dauer glücklich. Und in jedem Fachstudium, wenn es nur wirklich wissenschaftlich betrieben wird, liegt selber schon die Hinweisung auf den Mittelpunkt und das Ganze, wie von jedem Punkt der Peripherie aus ein Radius zum Zentrum führt. Freilich sind die verschiedenen Disziplinen darin nicht alle gleichwertig, manche liegen dem Zentrum näher, andere ferner: aber eines haben alle gemein, die wissenschaftliche Arbeit und Methode und durch sie die Gewöhnung an wissenschaftliches Denken, an methodisches Arbeiten, an gewissenhaftes Ernstnehmen nicht nur mit dem Größten, sondern auch mit dem Kleinsten.

Allein auch für die Fachbildung genügt eben demnach das Fachstudium für sich allein doch nicht. Wenn der Student die Universität besucht, soll er nicht bloß die tüchtige Kuh suchen, die ihn mit Butter versorgt, sondern wie Saul ein weit Besseres, ein Königreich, das Königreich der allgemeinen Bildung finden. Hier liegt nun freilich ein schwerer Mangel unserer Zeit offen zutage: mit der Fachausbildung geht die allgemeine Durchbildung des Menschen nicht Hand in Hand, über jener wird diese von vielen schnöde vernachlässigt und völlig vergessen; Virtuosen individueller Bildung, wie es Schleiermacher und Wilhelm v. Humboldt zu Anfang des 19. Jahrhunderts gewesen sind, haben wir heute nicht mehr. Die erste Schuld daran trägt die Schule oder genau gesprochen vielmehr eine gewisse Überschätzung dessen, was die Schule leisten kann und soll. Ihr überläßt man heutzutage alles — erst wälzt die Familie alle Erziehung auf sie ab, dann tun die einzelnen dasselbe. Daher sind so oft gerade die fleißigsten und ersten, die Normal- und Musterschüler die ungebildetsten Menschen; erfüllt von dem Gefühl und Bewußtsein „der Reife", von dem Vorurteil, sie seien fertig gebildete Menschen, beziehen sie die Hochschule und meinen nun sofort und ausschließlich zum Fachstudium übergehen zu können. Da aber die Schule nur Vorbildung und nur Fragmente von Bildung übermittelt, so bleiben sie eben „vorgebildet" und fragmentarisch, d. h. in Wahrheit nicht gebildet oder, was noch schlimmer ist, halbgebildet. Dessen muß sich der Student bewußt bleiben und darum auch dessen eingedenk sein, daß für seine Bildung erst noch das Beste getan werden muß.

Was kann nun dazu die Hochschule beitragen? Ein Spezielles, denke ich, und ein Allgemeines. Jenes sind neben den Fachstudien die sogenannten allgemein bildenden Fächer, zu denen vor allem Geschichte, Literatur und Philosophie zu rechnen sind; sie müssen darum Semester für Semester in den Vorlesungsverzeichnissen vertreten sein. Freilich gilt das in unserer Zeit des überhandnehmenden Spezialistentums fast gar als Ketzerei, klingt fast wie ein in Schutznehmen des berüchtigten Dilettantismus: eine Vorlesung über den Studenten am Ende des neunzehnten Jahrhunderts z. B. ist, wie schon erwähnt, in den Augen manches zünftigen Akademikers, trotz Thomasius, Fichte und Schelling, fast gar ein Zeichen von Unwissenschaftlichkeit; sie ist wissenschaftlich wertlos, erklärt schon der jüngste Privatdozent. Gerade hier liegt nicht zum wenigsten der Grund für jene oft schon konstatierte Entfremdung unserer Hochschulen vom Strome des Lebens, die dem Wort „akademisch“ seine mißliebige Nebenbedeutung zugezogen hat. Das Allgemeine aber, was hier zu sagen ist, das ist der Hinweis darauf, daß die Universität durch Wissenschaft zu **bilden**, diese also in philosophischem Geiste, d. h. so zu treiben habe, daß das bildende Element in ihrem Fachunterricht auch wirklich stets zur Wirkung komme.

Aber das Beste muß der Student für seine „Bildung“ doch immer selber tun. Auch die Humboldt und Schleiermacher haben sich, als sie der Schule entwachsen waren, weiter- und selber weitergebildet. Gerade darin offenbart sich der Hauptmangel unserer sogenannten Schulbildung — schon das Wort ist verkehrt —, daß in den Schülern unserer Tage dieser Trieb zur Selbstbildung so wenig entwickelt und so selten anzutreffen ist, daß sie nicht bildungshungrig auf die Hochschule kommen —, das sokratische Bewußtsein ihres Nichtwissens ist in ihnen nicht genügend entwickelt, sie haben ja die „Reifeprüfung“ bestanden! Worin besteht denn nun aber die Bildung? Paulsen hat ihr Wesen einmal fein und treffend so bestimmt: „es sei klare und tiefe, zum Wesen dringende Erkenntnis der natürlichen und geschichtlichen Wirklichkeit, sicheres Urteil über die eigenen Verhältnisse und Aufgaben, ein fester, seiner selbst gegen die Schwankungen der Neigungen sicherer, durch die höchsten menschlichen Zwecke bestimmter Wille, ein feines Gefühl für das Gehörende und Geziemende, endlich eine disziplinierte Sinnlichkeit mit veredelten Genußtrieben, die, das Gemeine zurückstoßend, für alles Schöne empfänglich, einem reichen Gemütsleben zur Unterlage und gleichsam zum Resonanzboden dienen." Es fehlt in dieser Bestimmung nur eines, was doch in erster Linie auch mit zur Bildung gehört: die Empfänglichkeit für alles Menschliche überhaupt, das offene Verständnis und das geneigte Verstehenwollen und im Zusammenhang damit die Toleranz, die sich gegen anders Meinende und Andersartige duldsam, d. h. auch wieder verständnisvoll erweist. So bedeutet Bildung den Gegensatz gegen alles Einseitige und Bornierte. Das Wichtigste aber ist, daß sie etwas anderes ist als Lernen, ein nicht von außen Kommendes und Gekommenes, kein bloßes Aufnehmen von Stoff, sondern ein von innen heraus sich Gestalten, ein Wachsen und Wachsenlassen; kein Vielerlei und kein Aggregat, sondern ein organisches, einheitliches Ganzes, keine Fragmente und Fetzen, sondern eine geschlossene einheitliche Welt- und Lebensanschauung. Und eben das ist schließlich die wichtigste Angelegenheit, um nicht zu sagen die einzige Aufgabe des deutschen Studenten, in diesem Sinn sich zu bilden, zum Ganzen zu streben, eine Lebensanschauung zu erwerben und sich zu erarbeiten.

Aber hat er nicht am Ende schon eine solche, die

er fertig auf die Hochschule mitbringt und mitbringen soll, die religiöse, die christliche? Und ist nicht, wo sie etwa fehlt, die Universität verpflichtet, ihm diese ihrerseits fertig mitzuteilen oder, wenn er sie hat, sie ihm um jeden Preis zu erhalten? Das führt uns auf das Verhältnis des Studenten und der Universität zu Religion und Kirche, ein Verhältnis, das ja im Zusammenhang mit Ihren Verbindungen schon besprochen worden ist, hier aber losgelöst von diesem Zusammenhang noch einmal prinzipieller und allgemeiner behandelt werden muß.

Siebzehnte Vorlesung.

Vom Verhältnis des Studenten zu Religion und Kirche soll also heute die Rede sein, meine Herrn. Die Universitäten des Mittelalters waren zum Teil wenigstens kirchliche Anstalten, und auch nach der Reformation hatten sie jedenfalls in Deutschland noch lange einen ausgeprägt konfessionellen Charakter. Eines aber war durch die Reformation prinzipiell anders geworden: die mittelalterliche Wissenschaft war in ihrer Arbeit und in ihren Ergebnissen von der Kirche abhängig — ancilla theologiae, an sie und ihre Lehre gebunden; das hörte nun auf, die Wissenschaft emanzipierte sich, sie und ihre Lehre wurden frei. Damit mußte natürlich auch der wissenschaftliche Betrieb auf den Universitäten und mußten diese selbst die Abhängigkeit von Kirche, Konfession und Religion lösen. Nur die theologischen Fakultäten stehen hierin in einer eigentümlichen Mittelstellung, gegen welche sich die Universitäten jederzeit verständnisvoll und tolerant gezeigt haben, während umgekehrt die Kirchen — die katholische sowohl als die protestantische — diese Tatsache nur ungern anerkennen und sich immer wieder gegen die wissenschaftliche Seite ihrer Fakultäten in oft geradezu brutaler Weise auflehnen und empören; und doch will diese schwierige Doppelstellung ganz besonders zart und taktvoll behandelt sein.

Zart und taktvoll freilich drückte sich in der Reichstagssitzung vom 10. Januar 1895 der elsässische Abgeordnete nicht aus, der behauptete: „Wir haben in Straßburg eine Universität, die dem Lande bis jetzt

Millionen und Millionen kostet; nun, in dieser Universität ist keine Spur und kein Funken von Religion." Er, der katholische Pfarrer, beleidigte damit aufs gröblichste die evangelisch-theologische Fakultät unserer Hochschule, deren Wirken und deren Geist er doch viel zu wenig kannte und verstand, um ein Urteil über sie abgeben zu können, und brachte damit zum voraus schon die später gekommene katholisch-theologische Fakultät den kirchlichen Kreisen des Landes gegenüber in ein übles Licht und in eine schiefe Stellung. Aber sehen wir ab von den theologischen Fakultäten, so hatte der Mann mehr Recht, als er wohl selber ahnte und wußte: die Straßburger Universität hat so wenig als irgendeine andere moderne Universität als solche Religion oder lehrt Religion: das überlassen wir — mehr oder weniger vertrauensvoll — den bestehenden Kirchen; was wir lehren, ist Wissenschaft, und was wir haben, ist Wissenschaft — freie Wissenschaft; deshalb ist die katholisch-theologische Fakultät durch den Antimodernisteneid uns anderen Kollegen und ihren eigenen Studenten gegenüber in ein so übles Licht und in eine so unhaltbare Position gebracht worden. Denn wir leben nun einmal nicht mehr im Mittelalter unter dem Schatten der Kirche. Daraus ergibt sich, daß auch der konfessionelle Charakter der Universitäten verschwunden ist. Katholiken und Protestanten, Christen und Juden sind uns als Schüler und Lehrer gleich willkommen; bei Berufungen von Professoren haben wir lediglich nach der wissenschaftlichen Qualifikation, nicht nach dem Glaubensbekenntnis und der religiösen Richtung des Dozenten zu fragen. Daraus ergibt sich naturgemäß auch die Konsequenz, daß die Universitas magistrorum et scholarium keine Kultusgemeinschaft mehr bilden, keinen gemeinsamen akademischen Gottesdienst mehr haben kann; wo ein solcher noch besteht, ist es ein anachronistischer Rest, der historisch berechtigt sein mag, es sachlich aber nicht mehr ist. An den Universitäten in Frankfurt und Hamburg wird sicher keiner mehr eingerichtet werden. Vielmehr liegt es in der sozialen, alle Kastenunterschiede negierenden Tendenz unserer Zeit, daß auch kirchlich die Angehörigen der Universität am Gemeinschaftsleben der städtischen Kirchen teilnehmen, nicht aber eine besondere Gemeinde für sich bilden.

Und nun die Gretchen-Frage auch an den Studenten: Wie hast du's mit der Religion? Manchem kommt das vielleicht müßig vor: was geht den Studenten die Religion an? Aus zwei Gründen läßt sich ein solches rein negatives Verhalten wohl begreifen. Einmal, Religion ist Gegenstand des vorbereitenden Schulunterrichts, und — es ist das ja ein offenes Geheimnis unter allen, die ein Gymnasium besucht haben — mit verschwindenden Ausnahmen ist es um diesen wichtigen Gegenstand auf unseren höheren Schulen besonders schlecht bestellt: die Schwierigkeit des Fachs, eine gewisse Vorsicht und Ängstlichkeit der den Unterricht erteilenden Lehrer nach links und nach rechts und, als Folge davon, eine geringe Achtung der Schüler vor diesen Stunden tragen dazu bei. So kommen sie, desselben überdrüssig, auf die Hochschule. Fürs zweite aber liegt es im Wesen des Studenten, wie ich schon wiederholt gezeigt habe, unhistorisch und pietätlos zu sein. Die Religion aber gründet sich als bestimmte — und es gibt keine andere als eine bestimmte Religion — immer auf Geschichte, und als Abhängigkeitsgefühl fordert sie von dem Menschen Pietät; in der Schule und zu Haus hat man daher an den Jungen jahrelang den Anspruch erhoben, gegen jenes Geschichtliche Pietät zu zeigen. Der freie Bursch will sich auch diese Abhängigkeit nicht länger gefallen lassen, darum weg damit!

Und doch ist dieses bloß negative Verhalten und pure Ablehnen ein schwerer Mangel, der sich in dem Ganzen der zu gewinnenden Bildung und Lebensanschauung bitter rächen muß. Entweder bleibt damit an einem der wichtigsten Punkte einfach eine Lücke oder, wenn diese Lücke sich fühlbar macht und doch auf die Dauer unerträglich wird, so kehrt man später unbesehen zu der alten überlieferten Auffassung zurück, nur weil sie historisch und weil es also das Bequemste ist. Aber da sie nicht wie alles übrige durch den Werde- und Läuterungsprozeß der Bildung und Lebensanschauung hindurchgegangen ist, will sie nicht zum übrigen passen und bleibt darum fremd und äußerlich und wird eben deswegen nur aus Bequemlichkeit, ja vielfach gar nur aus äußerlichen Rücksichten, nicht aus irgendwelchem innerlichen Bedürfnis wieder aufgenommen. Man findet daher leider, daß gerade in den Kreisen der akademisch Gebildeten solche Schein- und Heuchelchristen mit einer der übrigen Weltanschauung angefügten, nicht eingefügten Religiosität besonders zahlreich sind.

Schon daraus geht hervor, wie verfehlt und gefährlich jenes ablehnende Verhalten gegen alles Religiöse beim Studenten ist. Die Religion ist zu allen Zeiten eine der wichtigsten Angelegenheiten des Menschen gewesen und ist es auch heute noch oder richtiger: heute wieder mehr als vor zehn und zwanzig Jahren; ein religiöser Zug geht langsam zwar, aber unverkennbar durch Literatur und Kunst, durch Gesellschaft und Volk, er besteht, wenn ich recht sehe, vor allem in der Sehnsucht nach einer einheitlichen, Verstand und Herz gleichmäßig befriedigenden Weltanschauung und im Ringen um eine solche. Und nun kommen Sie gerade für diese Seite unseres geistigen Lebens besonders schlecht vorgeschult und vorbereitet auf die Hochschule und wollen in einer sich bornierenden Negation auf diesem ungebildeten Standpunkt, bei dieser schülerhaften Abneigung des Primaners verharren! Nein, das kann nicht das Richtige sein, das ist des deutschen Studenten und seiner Aufgabe, sich für das Leben zu bilden, geradezu unwürdig.

Was hat er also positiv zu tun? wie soll er es mit der Religion halten? Auch hier gilt: er ist Student, er soll also studieren und nachlernen, was er auf der Schule zu lernen versäumt hat oder was an ihm versäumt worden ist, soll die religiöse Frage wie die soziale vor allem verstehen lernen, sich dafür interessieren, darüber lesen, darüber debattieren und disputieren. Es hat eine Zeit gegeben, wo man ein religiöses Gespräch in Gesellschaft für unerlaubt und ungebildet gehalten hat; auch diese Zeiten sind vorüber, und darum dürfen auch die Studenten unter sich wieder von Religion und Kirche reden. Und wohlgemerkt, nicht bloß die Theologen; das große Problem vom ewig nach Ausgleichung strebenden und ewig unausgeglichenen Gegensatz zwischen Glauben und Wissen ist eine Angelegenheit aller Fakultäten und als Grenzstreit zwischen Religion und Wissenschaft ein echt wissenschaftliches Thema. Deshalb ist es natürlich auch verdienstvoll und von hohem Werte, wenn seitens der theologischen oder philosophischen Fakultät allgemein orientierende Vorlesungen über Religionswissenschaft gehalten werden: das Verhältnis von Glauben und Wissen und das andere von Moral und Religion, sie müssen in der Lebensanschauung der Gebildeten nach der einen oder andern Seite hin nach einer Lösung suchen und Gestalt und Form annehmen.

Wenn aber das Disputieren das richtige Verhalten für den Studenten auch in diesem Punkte ist, so gilt also auch hier: nicht fertig, nicht abgeschlossen und darum vor allem nicht intolerant sein! Die Universität ist dem Wesen der freien Wissenschaft entsprechend simultan, Katholiken und Protestanten, Christen und Juden, Gläubige und Ungläubige, Pantheisten und Theisten, Materialisten und Idealisten — sie alle haben bei uns das Recht nach ihrer Fasson zu existieren und müssen bei Ihnen das Recht haben, gehört zu werden. Wenn man aber ängstlich ist und meint, dadurch könnte der Student Schaden nehmen an seiner Seele, so fürchte ich überhaupt nicht so leicht für den Studenten — Sie wissen, es müssen Jünglinge gewagt werden, um Männer zu werden! — und würde jedenfalls weit mehr noch das bleierne Stillschweigen fürchten als das frische Streiten und den ringenden Zweifel; denn nur diese führen zum Interesse und zur Beschäftigung mit der Sache und zur Kenntnis derselben. Daß aber gar der Christ den Juden, der Katholik den Protestanten, der Gläubige den Ungläubigen boykotte, das wäre so ungebildet und ein solcher Mangel an jener Duldsamkeit der wahren Bildung, daß das höchstens vorübergehende Irrungen und Wirrungen, unmöglich aber die bleibende Meinung der deutschen Studentenschaft sein kann. Welche Konsequenzen sich daraus für die Bildung und das Existenzrecht konfessioneller Verbindungen ergeben, liegt auf der Hand: von anderen Gesichtspunkten aus dieselben wie früher; ich brauche sie daher hier nicht noch einmal ausdrücklich zu ziehen.

Aber Religion ist ja von Haus aus nicht Sache des Kennens und Wissens, sondern des Gefühls; und dazu — wie steht dazu der Student? Zunächst denke ich, hat hier jener vielberufene sozialdemokratische Satz recht: Religion ist Privatsache. Vom Gläubigsten und Frömmsten bis zum religiösen Indifferentisten ist ein weiter Spielraum für allerlei Schattierungen, und der muß bleiben; jedem ist unbenommen, wohin und wie er sich stellen will. Auch verschwindet für den, der weiß, daß man zugleich fromm fühlen und frei denken kann, jener Gegensatz zwischen „Glauben" und Wissen mehr und mehr, während freilich zwischen Wissenschaft und Kirche, zwischen Wissenschaft und Dogma eine weite Kluft sein kann und gegenwärtig diese Kluft fast künstlich sogar noch immer mehr erweitert wird. Deshalb hat die Wissenschaft keinen Grund und keine Pflicht, mit ihrer Forschung zurückzuhalten und der Kirche zulieb unfrei zu werden. Auf der andern Seite hat aber die Religion — und das verkennt jener sozialdemokratische Satz — auch einen gemeinschaftbildenden Zug, die Gottesidee ist eine soziale Idee, speziell das Christentum ist von Haus aus sozialistisch gewesen. Darauf beruht die religiöse Gemeinschaft und die Kirche. Wie weit nun der einzelne diesem letzteren Zuge folgen und sich zur kirchlichen Gemeinschaft stellen will, auch das ist individuell und ist seine Privatsache: fromme Menschen sind oft — die Geschichte der Kirche lehrt das — recht unkirchliche Menschen. Und nun liegt es wiederum im Wesen des Studenten, in seinem Individualismus und seiner unhistorischen Richtung begründet, daß er der Kirche als einem historisch Gegebenen etwas ferner rückt. Es ist dies nicht notwendig, auch ein Student kann ein fleißiger Kirchgänger sein, und nur derjenige wäre zu tadeln, der einen solchen deswegen verspotten und verhöhnen wollte. Aber das Gewöhnliche ist es nicht, und auch darüber braucht man dann nicht sofort die Hände zu ringen. Wohl aber täte, auch wer als Student der Kirche entfremdet ist, gut daran, gelegentlich die verschiedenen Kirchen der Universitätsstadt zu besuchen, den liberalen und den orthodoxen Prediger zu hören, als Protestant — denn bei den Katholiken ist es, glaube ich, zwar nicht verboten, aber es wird nicht gerne gesehen — dem katholischen und dem protestantischen, dem lutherischen und dem reformierten, meinetwegen auch neben dem christlichen dem jüdischen Gottesdienst anzuwohnen. Keine Kirche und keine Konfession hat ja das Ganze des religiösen Lebens und Fühlens; wenn man also die sich ergänzenden Seiten der verschiedenen Religionsparteien bemerkt und durchschaut, so wird man nur gerechter und — ich kann nur immer wieder sagen — duldsamer innerhalb seiner eigenen Kirche allen Andersgläubigen gegenüberstehen.

Aber sollen die Studenten nicht auch unter und für sich selber religiöse Gemeinschaften bilden? Hiegegen habe ich doch recht ernstliche Bedenken. Zunächst, nötig scheint es mir nicht; ihnen stehen ja die Kirchen und Konventikel der Universitätsstadt offen wie jedem andern auch, wozu sich also separieren? Nun verstehe ich freilich wohl, wie der aus frommem Elternhaus Kommende es anfangs vermissen muß, daß ihm das Gemeinsame des Hausgottesdienstes plötzlich genommen ist. Aber wie in allem anderen so ist er für die Studentenjahre eben auch hierin von der Familie los, nicht mehr und nicht weniger. Und „wenn du betest, so gehe in dein Kämmerlein und schließe die Türe zu und bete zu deinem Vater im Verborgenen", dieses Wort Jesu ist doch kein unfrommes Wort! Vor allem aber, die Familienandachten im frommen Haus haben etwas Natürliches, das Zusammenbeten von Studenten dagegen ist stets künstlich und gemacht und ist, wie alles Gemachte, der Gefahr der Gewaltsamkeit, des Erzwungenen und Heuchlerischen ausgesetzt. Und überdies, im Jünglingsalter ist man nicht dazu disponiert, mit seinen Gefühlen vor andere zu treten und damit aus sich herauszugehen. Man verschließt sie naturgemäß schamhaft und keusch im eigenen Busen — man denke an die erste Liebe —, und das ist gut so; also ist es auch nicht nötig und nicht natürlich, mit seinen religiösen Gefühlen hievon eine Ausnahme zu machen. Zumal da die Jugend, wenn sie ihre Gefühle doch ausspricht, leicht überschwänglich und exaltiert wird; und das ist im religiösen Leben doppelt zu fürchten und zu vermeiden, daß man mehr sagt als man fühlt oder daß man sich gegenseitig in ein ungesund schwärmendes Gefühlsleben künstlich hineinsteigert. So scheint mir Religion schlechterdings nicht geeignet, Prinzip einer studentischen Korporation oder auch nur studentischer Privatfreundschaft zu werden; auch die studentischen Bibelkränzchen halte ich nicht für eine besonders glückliche Institution des Pietismus und am wenigsten für eine Panazee gegen alle Schäden des Studententums, wie sie uns auf dem Kongreß für Innere Mission hier in Straßburg angepriesen worden sind. Das ist eine Täuschung über das, was sie tatsächlich leisten, und beruht auf völliger Unbekanntschaft mit der Psychologie des deutschen Studenten.

Ob ich mit all dem fromm oder unfromm geredet habe, ich weiß es nicht, ich bin mit meinen Gedanken nicht so schnell fertig wie manche über uns aburteilende Reichstagsabgeordnete und Journalisten, Katholikentagredner und Hofprediger; aber ich habe geredet als ehrlicher Mensch und so wie ich glaube, daß es Ihnen frommt — nach bestem Wissen und Gewissen.

Zu der Bildung, zu der Lebensanschauung eines gebildeten Mannes gehört aber neben den wissenschaftlichen und religiösen, den sozialen und politischen

Ingredienzien namentlich noch die **Bekanntschaft mit Kunst und Literatur.** In diesen Geisteserzeugnissen bringen sich ja mehr fast als in allen übrigen die Stimmungen und Strebungen und Strömungen einer Zeit und eines Volkes, die tiefsten Regungen der Volksseele zum Ausdruck. Wer sich daher als gebildeter Mensch in seiner Zeit und in seinem Volk zurecht finden und dessen ganzes Leben mitleben will, der darf auch an jenen Gebieten nicht teilnahmlos und gleichgültig vorübergehen. Deutsche Dichter lesen und kennen ist für die Pflege nationaler Gesinnung wertvoller als Mitglied eines sprachreinigenden Vereins sein. Theater oder Konzerte zu besuchen dazu braucht man nun freilich die Studenten im allgemeinen kaum erst aufzufordern. Aber wie steht es um die Bekanntschaft des deutschen Studenten unserer Zeit mit der deutschen Literatur? Man klagt vielfach, daß die Studenten nach dem Abiturientenexamen nichts derartiges mehr lesen. Das wäre schlimm; denn die Schule gibt auch hier wieder nur Bruchstücke, und wer als Student keine Lust hat zu lesen, der hat dann später im Beruf vollends keine Zeit dazu, holt also das Versäumte nie mehr nach. Auch daran ist die Schule nicht ohne Schuld — durch das Fach der Literaturgeschichte, wie es vielfach noch recht unpädagogisch getrieben wird: hier hat man ja alles schon „gehabt" und über alles auch bereits abgeurteilt, wozu also die mit tausend Fehlern behafteten Stücke erst noch lange selber lesen? Der Hauptgrund aber liegt doch vor allem in jenem Nützlichkeitszuge unserer Zeit, der über dem Fachstudium die allgemeine Bildung vergessen läßt und die auf die Lektüre eines Dramas oder Romans verwendeten Stunden als Zeitvergeudung ansieht. Aber ob es nicht nützlicher ist, eine müßige Stunde zu verlesen als einen schönen Nachmittag über dem Skat zu verbringen — meine Herrn, ich habe als Student auch Karten gespielt, aber doch noch weit mehr Romane gelesen —, das ist kaum die Frage. Nun weiß ich ja wohl, man kann auch durch Romanlesen verbummeln und verkommen; man kann namentlich auch mit einer gewissen bösen Lust nach jenen auf die Sinnlichkeit und Lüsternheit spekulierenden Büchern greifen und seine Fantasie übel erhitzen und verderben. Aber die Gefahr ist doch erheblich kleiner als beim Spiel und beim Bierkrug; deshalb sage ich keck: Lesen Sie Romane und lesen Sie viel!

Aber was sollen wir lesen? Ich könnte darauf mit einem Wort sagen: alles! denn auch da gilt es allen Richtungen gegenüber sich offen und empfänglich, gegen keine sich intolerant zu zeigen. Doch hier kommt ein Zug des Studenten zutage, dem wir schon einmal begegnet sind und der mit seinem Mangel an historischem Sinn zusammenhängt: der Student ist rerum novarum cupidus, ist durch und durch modern, das Ältere erscheint ihm sofort als veraltet, er fällt sozusagen stets auf das Neueste herein. Und das ist ganz natürlich; denn er ist jung und lebt in der Gegenwart; und das Neue ist auch jung und gehört der Gegenwart an, also —! und wenn die Modernen vollends wie in den Tagen des grünen Naturalismus selber jung, zum Teil wirklich zu jung sind, so versteht sich dieser Zug der akademischen Jugend zu ihren Altersgenossen, diese Vorliebe für das jüngste Gründeutschland schon aus Korporationsgeist ganz von selbst. Sollte infolge davon auch die studentische Kritik dem guten Alten gegenüber etwas grün, gar zu pietätlos und absprechend ausfallen, so tut das weder jenem Alten noch Ihnen viel Schaden. Das Alte bleibt darum doch gut, und Sie bleiben für dieses Ihr Urteil ja nicht zeitlebens verantwortlich und haftbar, bleiben nicht für immer daran gebunden, namentlich wenn Sie nicht so töricht sind, gleich drucken zu lassen, daß Sie „Schillerhasser“ sind.

Aber eines, meine ich, müßte der Student aus seiner wissenschaftlichen Arbeit auch hiezu mitbringen und auch hier anwenden: über nichts zu urteilen, was er nicht selber gelesen hat, also nicht kennt. Der absprechende „Modernismus“ muß beim Studenten zum Kennenlernen und zum Lesen des Alten werden, dann erst haben Sie wirklich das Recht, über dieses Alte abzusprechen, wenn Sie es dann noch für angezeigt halten und nicht vielmehr Ihre absprechende Kritik hinfort lieber an so manchem hochbelobten Neuen und Fremden üben und schärfen wollen.

Auch vor der Bildkunst verschließe keiner seine Augen: dem Naturalismus und dem Symbolismus in der Poesie entsprechen auch hier neue höchst interessante Richtungen, und die einen versteht man ganz nur an den andern. Also nicht nur Vorlesungen über Kunstgeschichte, sondern auch Kunstausstellungen besuchen, wo immer man ihrer habhaft werden kann! an keinem Bilderladen, an keinem Schaufenster mit Kunstgegenständen mit geschlossenen Augen und stumpfen Sinnen vorübergehen! Selbst wir hier in Straßburg bekommen ab und zu ein Endchen davon zu sehen, haben hier im Haus und drüben im „Schloß“ des Schönen sogar recht viel: haben Sie sich das alle schon eingehend angesehen?

Die Welt des Schönen zu kennen, das gehört mit zur Bildung, zum Ganzen menschlicher Bildung, und gehört in Ihrem künftigen Beruf als Gegengewicht zu Ihrem Leben, teilweise geradezu als Hilfsmittel zum Beruf selber. Und es gehört vor allem auch mit zu der Arbeit an den sozialen Aufgaben der Gegenwart, unser Volk teilnehmen zu lassen an dieser Welt der Poesie und der Kunst, damit es reiner und feiner genießen lerne. Wie wollen Sie ihm aber hierzu verhelfen, wenn Ihr eigener ästhetischer Sinn tot und verschlossen, wenn Ihr Kunstgeschmack selber roh und ungeläutert ist? Und doch sind gerade in dieser Beziehung viele sogenannten Gebildeten, auch akademisch Gebildete, unglaublich ungebildet. In einem Stück roh sein heißt aber überhaupt nicht gebildet sein; denn Bildung ist ein Ganzes und umfaßt den ganzen Menschen. Und so sind es doch keine Allotria, zu denen ich Sie hier auffordere und antreibe. Denn wie der Mensch nicht vom Brot allein lebt, so der Student nicht vom Bier und vom Fach allein.

Das, meine Herrn, sind ein paar jener Ingredienzien und Elemente der Welt- und Lebensanschauung, die sich der Student erwerben soll. Noch eines aber muß genannt werden, was zur studentischen Lebensanschauung jedenfalls mitgehört, das ist der Idealismus; ich füge hinzu: der sittliche Idealismus, der mit jeder theoretischen Weltanschauung vereinbar ist und vereinigt werden muß, wenn sie haltbar, durch Glück und Unglück im Leben des künftigen Mannes unerschütterlich sein soll. Ideale muß der Mensch haben, hohe Gedanken, hohe und würdige Ziele, die ihn über die flache Alltäglichkeit des Daseins hinausheben und ihm die Kraft und den Mut geben, per aspera ad astra zu streben. Die Jugend aber kann sich diese Ziele gar nicht hoch genug stecken, kann sich diese Ideale nicht leuchtend genug vor die Seele stellen. Doch welcher Art sind, können und sollen diese Ideale sein? In einem der vielen Briefe, die ich aus Ihren

Reihen bekommen habe, rief mir einer von Ihnen halb verzweifelnd halb trotzig zu: Geben Sie uns Ideale, aber solche, an die wir glauben können, also nicht jene abgestandenen, von denen wir Jüngeren nichts mehr wissen wollen! Meine Herrn, ganz abgesehen davon, daß ich persönlich manchen dieser neuen Götter, an die Sie glauben, den Ibsen und den Nietzsche und den Tolstoi, doch recht kritisch und skeptisch gegenüberstehe, — das ist zu viel verlangt, das kann ich nicht: Ideale kann uns überhaupt niemand geben, sonst sind es Götzenbilder ohne Wert, unsere Ideale müssen wir Menschen uns selber machen, sie müssen herauswachsen aus unserer eigenen geistigen Arbeit, aus unseren Studien und unserem Streben, aus unserer Welt- und Menschenerfahrung, aus dem, was wir hören und lesen, was wir denken und fühlen, erfahren und erleben, was wir wollen und glauben. Gerade das aber ist ein so trauriges Zeichen unserer Zeit, daß nichts wachsen, nichts von innen heraus sich gestalten und bilden will, daß so viele wirklich ohne Ideale bleiben. Das sind die Mattherzigen und Blasierten, die Banausen und die Frivolen, die es dazu nicht zu bringen vermögen.

Dem gegenüber rufe ich Ihnen zu: Schaffen Sie sich Ideale! Wie immer dieselben aussehen, wenn sie nur von Ihnen selbst geschaffen sind, so leben sie für Sie, so haben sie Fleisch und Blut, so haben sie regulativen Wert und wirken erhebend auf Sie. Und schaffen Sie sich hohe Ideale, stecken Sie sich weite und ferne Ziele, daß Sie nicht zu rasch mit sich zufrieden sind: nicht weichlicher Weltschmerz, aber stolze Unzufriedenheit mit sich selber ist das vor Fäulnis bewahrende Salz einer jugendlichen Weltanschauung. Und endlich, schaffen Sie Ihr ganzes Leben lang an diesen Idealen: kein Ideal ist unwandelbar und fertig, jugendliche Ideale zumal sind gar allgemein und unbestimmt und müssen erst allmählich fixiert und ausgefüllt werden. Das Ideal wächst mit dem Menschen, nur so hilft es ihm zu seinem inneren Wachstum, zu seiner Selbstbildung und Selbsterziehung. Dabei will ich nicht leugnen, daß es in unserer Zeit schwerer ist als je, sich solche Ideale als feste Richt- und Zielpunkte, als die leitenden Sterne auf der Lebensfahrt zu gewinnen. Wir sind noch immer Übergangsmenschen und sind in vielen Beziehungen zwiespältig, wie ich das früher schon ausgeführt habe. Da sehnt man sich nach einer Lösung und nach einer Einheit, die sich doch nicht einstellen will, man hofft und wartet darauf wie Ibsens Nora auf das „Wunderbare", das da kommen soll. Aber, meine Herrn, dieses Wunderbare kommt nicht von selbst, kommen kann es nur durch Sie als die Träger der Zukunft, und darum kommt so viel darauf an, ob Sie und daß Sie Ideale haben und daß Sie — ich sage es noch einmal — Bildung haben und gebildet werden; denn Bildung allein macht wahrhaft frei, frei vom Alten, sofern es ein Veraltetes und Vernunftwidriges ist; Bildung macht offen, offen und empfänglich für alles Neue, das Sie prüfen sollen; und Bildung macht duldsam, duldsam und gerecht gegen alle, die neben Ihnen, wenn auch auf anderen Wegen, denselben hohen Zielen zustreben. Dieser Bildung gehört — darin bin ich ein unverwüstlicher Optimist — die Zukunft im ganzen, und den Einzelnen macht sie allein wahrhaft glücklich, — soweit der Mensch überhaupt glücklich werden kann, füge ich als ein des Lebens kundiger und durch das Leben auch in meiner Ausdrucksweise vorsichtig gewordener Mann hinzu.

Achtzehnte Vorlesung.

Nun aber weg von diesem Allgemeinen, meine Herrn, zum Fach, zur wissenschaftlichen Arbeit des Studenten! Dabei wäre es ja möglich, die einzelnen Fächer und Fakultäten zu besprechen; die einstweilen — zum Glück — noch utopische „Hochschulpädagogik“ wird das ja auch zu tun versuchen und damit — gründlich Fiasko erleiden. Jedenfalls aber würde ich als einzelner mich damit nur dem berechtigten Vorwurf des Dilettantismus und der Allotrioepiskopie aussetzen. Ich verstehe *mein* Fach, das ja glücklicherweise eine große Weite und Freiheit der Bewegung zuläßt und mir gestattet rechts und links auszugreifen; auch habe ich Philologie und Theologie „durchaus studiert mit heißem Bemühn“. Aber ich werde mich wohl hüten, mich auf fremde Gebiete hinüberzubegeben und von Dingen zu reden, von denen ich nichts verstehe: wie würde es mir damit bei Ihnen, wie vollends bei meinen Kollegen ergehen? Und überhaupt, vestigia terrent! Die Allseitigkeit *Schellings*, die auch in seinen Vorlesungen über die Methode des akademischen Studiums zutage tritt, ist weder ihm selbst noch der Philosophie im ganzen gut bekommen. Darum beschränke ich mich doch wieder auf ein Allgemeines anderer Art und rede von dem längst schon in unserem Gesichtskreis stehenden, aber immer wieder zurückgeschobenen Thema, von dem *Verhältnis des Studenten zum Professor*.

Auch im Professor kommt die Doppelseitigkeit unserer deutschen Hochschulen zutage, auch er ist eine

Art von Doppelwesen, Gelehrter und Lehrer zugleich. Dabei unterscheiden sich ja die einzelnen so, daß der eine von uns mehr Forscher und Gelehrter, der andere vor allem Lehrer ist; wer aber eines gar nicht oder wer gar keines von beiden ist, der freilich wäre nicht am richtigen Platz. Übrigens geht uns hier natürlich nur das zweite, die Rolle des Lehrers an, obgleich es mit zum Wesen des akademischen Lehrers gehört, daß sein Unterricht befruchtet und getragen wird von seiner Gelehrsamkeit, und auch bei mangelndem Lehrtalent kann diese noch immer imponierend genug auf die Hörer wirken: der Professor muß erst Magister, d. h. Meister sein in seinem Fach, ehe er Professor, Lehrer sein kann.

Zum akademischen Unterricht gehörte nun nach alter Sitte in den meisten Fächern ausschließlich oder doch weitaus in erster Linie das Halten von Vorlesungen, in denen der Professor seinen Zuhörern in zusammenhängendem Vortrag seine wissenschaftlichen Anschauungen in irgendeiner Disziplin seines Faches mitteilte. Und Vorlesungen halten wir noch immer. Profitemur! Darin liegt zweierlei. Einmal das Moment der Öffentlichkeit; deswegen ist es eine so seltsame Verrenkung des Sachverhalts und eine so eklatante Verkennung seiner Aufgabe, wenn der Professor den Titel „Geheimer Rat" erhält: der Professor publicus soll kein geheimer Rat sein. Und fürs andere liegt darin das Subjektive, profitemur, confitemur, wir legen Bekenntnis ab von unserer Auffassung des Gegenstandes. Das ist der Unterschied vom Praeceptor oder Schulmeister: dieser lehrt seine Schüler die Grammatik, die Mathematik nach einem von der Behörde vorgeschriebenen oder doch genehmigten Lehrplan und Lehrbuch (den Übergang vom Praeceptor zum Professor in den oberen Klassen des Gymnasiums kenne ich natürlich wohl); wir tragen Ihnen unsere wissenschaftliche Anschauung und Überzeugung vor. Und deswegen, meine Herrn, muß die Lehre frei sein, sonst könnten wir ja nicht mehr profiteri, offen bekennen, was wir wissenschaftlich denken und für wahr halten, sonst wären wir keine „Professoren" mehr. Darum sind Leute, die den Antimodernisteneid geschworen haben, keine Professores, und darum ist auch unter uns der ein schlechter Professor und ungetreuer Haushalter des ihm anvertrauten Bildungsgutes, der sich etwa vor den Reden eines Reichstagsabgeordneten oder vor den Denunziationen einer Zeitung oder vor der Ungnade eines Ministers oder eines Fürsten fürchtet und sich dadurch abhalten läßt, öffentlich und offen zu sagen, was er in seinem Fache denkt und für wahr hält.

Allein Sie sehen zugleich auch das Subjektive dieser Formulierung: wir lehren nicht die Wissenschaft nach einem vom Staat oder von der Kirche approbierten Lehrbuch und System, sondern wir tragen Ihnen unsere Auffassung von der Wissenschaft vor, und die kann falsch, kann irrig sein. So liegt in der Stellung des Professors ein außerordentlich Hohes — auf sich selber steht er da ganz allein, und ein sehr Gefährliches — er kann irren: Grund zum Hochmut auf der einen Seite, den man uns ja auch reichlich nachsagt, und Grund zur Bescheidenheit andererseits, woran es uns hoffentlich auch nie fehlt. Während dies nun aber in der Schule höchst bedenklich wäre, wenn der Praeceptor seinen Schülern eine falsche Regel beibrächte, weil hier der Junge das Falsche vom Wahren nicht unterscheiden kann und weil er sich auf die Autorität des Lehrers unbedingt muß verlassen können und auch wirklich verläßt, so ist das beim Professor nicht ebenso der Fall. Er hat ja keine Schüler vor sich, sondern Hörer, und seine Aufgabe, wenigstens wenn er sie recht versteht (die so viel von ihren „Schülern" reden, sind mir in dieser Beziehung immer verdächtig), kann nicht darin liegen, um jeden Preis Autorität für diese zu sein und sie an sich zu binden und in Abhängigkeit von sich zu erhalten, sondern sie zum eigenen Arbeiten, Nachdenken und Prüfen anzuregen, ihnen dazu die methodische Anleitung und das nötige Material und vor allem auch die Überschau über ein ganzes Gebiet und dadurch die Beziehungen und Zusammenhänge mit diesem Ganzen zu geben. Dadurch werden sie in den Stand gesetzt, auch den Professor selbst zu kontrollieren und an seiner Auffassung der Wissenschaft Kritik zu üben; und so ist ein kritisches Verhalten auch uns Professoren gegenüber das gute Recht des deutschen Studenten, ja mehr als das, es ist geradezu seine Pflicht.

Daraus folgt allerlei. Fürs erste, es ist jederzeit feige und lächerlich, wenn sich der Student von irgendeiner Seite verbieten läßt, einen bestimmten Professor zu hören oder wenn er sich das selbst verbietet, weil er ihm gefährlich sein und werden könnte. Dagegen schützt ihn ja doch das Bewußtsein, daß er es nur mit der subjektiven Auffassung dieses einzelnen Lehrers zu tun habe und schützt ihn das weitgehendste Recht freiester Kritik. Ein solcher Boykott ist aber auch ungebildet, da zur Bildung das Ertragenkönnen fremder und abweichender Anschauungen und das Kennenlernen derselben gehört.

Fürs zweite ist es aber doch auch natürlich, daß eine starke Persönlichkeit, eine imponierende Gelehrsamkeit, eine glänzende Rede den jungen Mann mitreißt und in ihre Bahnen zwingt. Daraus entstehen allerdings auch unter uns Schulen und Schüler, Anhänger und -ianer: das ist an sich noch nichts Ungesundes, wenn nur in dieser „Schule“ keine Ausschließlichkeit und Unduldsamkeit Platz greift, wenn nur der Professor nicht herrschen, sondern vielmehr dienen will und daher auch zur Kritik an sich selber anleitet und auffordert und gewissermaßen seine Schüler selber vor sich und seiner Autorität warnt; und wenn die Anhänger ihrerseits nie vergessen, daß sie die Pflicht haben nachzuprüfen, weiterzuarbeiten, selbständig zu denken. Daß freilich gegen alles das vielfach gesündigt und solche wissenschaftlichen Schulen zu Koterien und Kliquen werden und dann zu den widerwärtigsten Erscheinungen unseres gelehrten Geisteslebens gehören, das weiß ich leider nur zu wohl.

Zum dritten ist aber bei dieser studentischen Kritik, auf die ich Ihnen das vollste Recht wahren möchte, nicht zu vergessen, daß der Professor nur profitetur, d. h. gar nicht den Anspruch erhebt, die Wahrheit selbst und unfehlbar zu sein. Subjektive wissenschaftliche Überzeugungen hat man das Recht für irrig und falsch zu erklären, als Überzeugungen muß man sie aber respektieren und achten, und darf sie vor allem niemals dem Professor „ins Gewissen schieben“ wollen, gerade weil auch er ein Gewissen hat und sie nach bestem Wissen und Gewissen vorträgt. Aber der Professor tritt mit diesem seinem wissenschaftlichen Bekenntnis nicht vor eine Volksversammlung, sondern vor seine Hörer im geschlossenen Hörsaal, und er tut dabei nur, was seines Amtes ist. Darum hat auch keiner dieser Hörer das Recht, dieses Bekenntnis hinauszutragen und vor die nicht-akademische Öffentlichkeit zu zerren. Vor allem schon deshalb nicht, weil wir als profitentes sozusagen selbst noch mitten in der Arbeit stehen, mit der Sache noch nicht fertig sind, noch nicht abgeschlossen haben. Auf dem Katheder fällt uns, namentlich wenn uns ein gewisser magnetischer Rapport des Interesses mit unseren Zuhörern in persönliche Fühlung kommen läßt, Neues und oft gerade das Beste erst ein, und umgekehrt vergessen wir, zumal wenn wir frei reden, oft dieses Beste, es gelingt uns nicht, das, was wir sagen wollen, im Augenblick so herauszuarbeiten und zu formulieren, wie wir es gerne haben möchten; ich gehe darüber oft recht unzufrieden mit mir, recht unglücklich aus der Vorlesung nach Hause. So ist auch hier bei uns, ähnlich wie bei Ihnen, die Lehre im Fluß und im Werden. Auf der andern Seite aber ist der deutsche Professor nicht so schüchtern und blöde, daß er nicht, wenn er fertig zu sein und mit seinen Gedanken über einen Gegenstand abgeschlossen zu haben glaubt, diese zu Papier brächte und mit ihnen im Druck vor die weitere Öffentlichkeit träte. Das darf ihm aber nicht ein anderer sozusagen über den Kopf wegnehmen, es muß ihm selber überlassen bleiben, wann er den richtigen Zeitpunkt dafür gekommen glaubt. Es ist also ein unerlaubtes Vorgreifen und Eingreifen in ganz persönliche Rechte. Und überdies klingt auch manches, aus dem Zusammenhang gerissen und verkürzt oder in andere Form gegossen, ganz anders als es gemeint war, wird mißverständlich und mißverstanden und gibt ein falsches Bild, ruft ungerechte Beurteilung hervor. Vor allem aber, offenes Bekenntnis lege ich ab vor Ihnen, meinen Zuhörern: Sie halte ich dazu für reif, für würdig und wert, bei Ihnen lasse ich mich gehen und gebe mich Ihnen offen und frei. Was aber für Sie bestimmt ist und paßt, paßt nicht ohne weiteres für alle Welt; meine wissenschaftlichen Überzeugungen, das Beste, was ich habe, setze ich denen nicht vor, die dafür nicht das hochzeitliche Kleid wissenschaftlicher Arbeit, dafür nicht die nötigen Voraussetzungen haben. Solches Hinaustragen unserer Gedanken in lobenden oder höhnischen Zeitungsartikeln ist also stets ein Vertrauensbruch, den wie Heinrich von Treitschke, so auch ich mir schon mehr als einmal verbeten habe: wir sprechen im Hörsaal nur für Sie, was wir davon weiteren Kreisen mitteilen wollen, das müssen Sie gefälligst uns selbst überlassen.

Die wahre Kritik, die der Student an den Vorträgen seines Professors übt, heftet sich an die Sache und ist ein Disputieren und Debattieren mit sich selbst und mit Kommilitonen, ein διαλέγεσθαι darüber, um über sie zur Klarheit zu gelangen. Häufig genug aber bezieht sich die studentische Kritik mehr nur auf Äußerlichkeiten und wird dann leicht ungerecht und verfehlt gerade die Punkte, auf die es ankommt. Ob wir ablesen oder frei sprechen, fließend oder stockend, witzig oder trocken reden, davon läßt sich Ihr Urteil vielfach allzu ausschließlich im guten oder im bösen beeinflussen und bestimmen. Der auch vom Studentenwitz am häufigsten erhobene Vorwurf ist der, daß der Professor stereotyp werde: hier pflege ich einen Witz zu machen! so haben die Fliegenden Blätter denselben zugespitzt. Und doch ist gerade er nicht eigentlich berechtigt: man liest ja immer wieder für andere Zuhörer, denen es also jedesmal ein Neues ist; und man hat sich vielleicht nicht das erste, aber das zweite oder dritte Mal die Ordnung und den Gang der Vorlesung, da und dort selbst die Formulierung im einzelnen definitiv festgestellt als die, welche der wissenschaftlichen Anschauung am besten entspricht und für den Unterricht und das Verständnis am geeignetsten erscheint: soll man nun, nur um abzuwechseln und zu variieren, später davon abgehen und das als richtig und praktisch Befundene ein nächstes Mal schlechter machen? Berechtigt ist der Vorwurf nur da, wo der Professor wirklich veraltet und verknöchert, Neues nicht mehr auf sich wirken läßt und davon keine Notiz mehr nimmt; dann freilich ähnelt er einem ausgesungenen Tenoristen und täte besser, nicht mehr aufzutreten, zumal da die Jugend bekanntlich unbarmherzig und mitleidlos gegen das Alter zu sein pflegt. Deshalb soll der Professor auch in seinem Amt nicht überständig werden; die österreichische Altersgrenze hat ihr gutes Recht.

Die Kritik des Studenten ist eine private, d. h. am besten eine im Kreis der Kommilitonen geübte und zu übende. Aber naturgemäß möchte er sie auch dem von ihr Betroffenen zum Bewußtsein bringen und bekannt werden lassen. Dazu hat er nun ein ganz einfaches und sicheres Mittel: wenn ihm die Vorlesungen gefallen, so besucht er sie regelmäßig; wenn nicht, so schwänzt er sie oder kommt doch im nächsten Semester nicht wieder. Das ist die korrekteste Art, wie Sie uns kritisieren, wobei wir uns freilich, wie früher schon gesagt, den Vorbehalt gestatten, zu glauben, daß ein erheblicher Prozentsatz der Schwänzenden uns damit überhaupt nicht kritisieren will, sondern viel materiellere und viel weniger gerechtfertigte Gründe dazu hat. Aber immerhin, wenn in der zweiten Hälfte des Semesters die Bänke sich mehr und mehr lichten, so haben wir Professoren doch etwas wie ein schlechtes Gewissen und besinnen uns, wieweit die Schuld davon an uns liegt, daß Sie uns so untreu werden. Doch der Student ist jung, er hat Temperament, er will es also dem Professor auch sofort, in der Vorlesung selbst noch zeigen, wenn ihm etwas besonders gefällt oder mißfällt, und daher trampelt er Beifall oder scharrt er Mißfallen, was sich freilich oft so gleichartig anhört, daß wir nicht recht wissen, wie wir den Lärm zu deuten haben und mit Mephistopheles fragen müssen: Wozu der Lärm? was steht den Herrn zu Diensten? So habe ich erst jüngst aus den Zeitungen erfahren, daß einzelne von Ihnen am Schluß meiner Vorlesung über das Verhältnis des Studenten zur Religion und zur Kirche mir ihr Mißfallen haben ausdrücken wollen; ich hatte es unbescheidenerweise mit dem Trampeln aller übrigen als Zeichen der Zustimmung und des Beifalls hingenommen. Daß ich nun diese lärmende Sitte besonders schön fände, kann ich nicht behaupten: die lauten Äußerungen des Beifalls und des Mißfallens erinnern zu sehr an Theater und Zirkus und passen nicht zu der geräuschlosen Arbeit des Gelehrten und des Lehrers; mir ist darum das stille Lauschen und Aufhorchen erfreulicher als der Lärm. Aber gegen solche Sitten soll man nicht ankämpfen wollen, es ist ja doch vergeblich; und darum trampeln und scharren Sie ruhig weiter, nur trauen Sie uns nicht zu, daß wir nach solchem Trampeln haschen oder uns vor dem Scharren fürchten: wir nehmen es hin wie Regen und Sonnenschein und — vergessen es sofort wieder. Dagegen halte ich es für eine unerlaubte Demonstration, wenn einer während des Vortrags aufsteht und den Saal verläßt; das ist eine Störung, die den Dozenten um Stimmung und Sammlung bringt und dadurch auch die Kommilitonen schädigt, die nun ein schlechter werdendes Kolleg zu Ende hören müssen: dazu ist ein einzelner nicht berechtigt. Wer kommt, der ist wie der Teufel in Fausts Studierzimmer für 45 Minuten gefangen und verpflichtet auszuhalten.

An diese Frage der Kritik, die der Student an

den Professoren und ihren Vorlesungen übt, schließe ich — etwas sprunghaft und äußerlich — die Honorarfrage an. Nur ungern bespreche ich diesen Punkt, an dem ich ja selbst Partei zu sein scheine; aber es würde im Rahmen dieser Vorlesung doch etwas Wesentliches fehlen, wollte ich das vielverhandelte Thema übergehen, und so tue ich es, auf die Gefahr hin, nach verschiedenen Seiten hin anzustoßen; aber ich betone: profiteor meam sententiam. Ursprünglich waren die Professoren Privatlehrer, um die sich Schüler sammelten, die ihnen daher ganz naturgemäß ihren Unterricht bezahlten; auf diese Bezahlung war der Professor angewiesen, darin bestand sein einziges Einkommen; die Professur war somit ein Gewerbe, kein Amt. Aber bald genug wurde das anders, der Professor wurde von der Stadt, vom Staat besoldet, Friedrich II. sah die Professoren an seiner Staatsuniversität in Neapel von Anfang an als seine Beamten an. Und so ist denn auch heute in manchen Staaten der Professor völlig zum Staatsbeamten geworden und lediglich auf seine Besoldung angewiesen, er erhält vom Studenten kein Honorar. In Deutschland hat sich dem gegenüber ein gemischtes System eingebürgert: Besoldung durch den Staat und Kollegiengelder von den Studenten, also Amt und Gewerbe zugleich! Was ist der Sinn und die Meinung dieser doch recht seltsamen und abnormen Einrichtung? Sie hängt natürlich mit der ganzen Doppelstellung der Universitäten zusammen: ihre Lehrer bilden dem Staat seine Beamten aus, dafür werden sie von ihm besoldet; aber zugleich lehren sie freie Wissenschaft, deswegen sollen sie nicht völlig vom Staat, von den Strömungen des politischen Getriebes oder von der Gnade und Ungnade eines Ministers oder Ministerialdirektors abhängig sein: dafür ist das freie und frei verdiente Einkommen der Kollegiengelder da, faktisch und zugleich als Symbol und Sporn, daß wir auf uns und unseres Geistes Kraft mit unserer Existenz gestellt sind. Nun ist aber nicht zu verkennen, daß sich dabei allerlei schwere Mißbräuche und Unzuträglichkeiten eingestellt haben, die ich, soweit sie uns Professoren allein angehen, und das ist doch wohl die Mehrzahl, hier nicht darzulegen habe; es ist darüber schon viel geschrieben, und in Preußen ist eine Neuregelung der Sache vorgenommen worden, die aber als halbe Maßregel nach keiner Seite hin ganz befriedigen konnte. Ich erwähne hier nur, was Sie mitbetrifft.

Also vor allem, daß sich dadurch das Verhältnis von öffentlichen und Privatvorlesungen gewissermaßen umgedreht hat: für die besoldeten Professoren waren die Gratisvorlesungen ursprünglich die Hauptsache, es war ihre Leistung für die Besoldung, sie zu halten ihre Amtspflicht; aber allmählich sind sie zurückgetreten und von den zu honorierenden Privatvorlesungen aufgesogen und verschlungen worden. Der heikelste Punkt ist aber der, ob dadurch unser Verhältnis zu Ihnen nicht getrübt, entwürdigt und entweiht werde, wenn Sie uns bezahlen und wir Geld von Ihnen annehmen. Ich könnte dagegen zunächst an den Hausarzt erinnern, der Vertrauensmann der Familie und Hausfreund wird und doch auch Geld von uns bekommt und nimmt. Aber die Sache liegt auch für Sie anders: Sie bezahlen *uns* den Unterricht, dadurch stehen *Sie* nur zu uns in einem Verhältnis, nicht zum Staat, der deshalb auch kein Recht hat, Ihren Kollegienbesuch zu kontrollieren und zu erzwingen. Und Sie stehen dadurch zu uns nicht in einem Gefühls-, sondern in einem Vertragsverhältnis, und das stellt Sie auch uns gegenüber frei: ob Sie Ihr Geld wegwerfen und schwänzen oder ausnützen und in das Kolleg kommen wollen, ist Ihre Sache. Vorhin war die Rede von dem Recht des Studenten, an seinem Professor Kritik zu üben: auch dieses Recht wird Ihnen durch unsere deutsche Einrichtung gewährleistet; Sie sind uns für unsere Vorlesungen keinen Dank schuldig, Sie bezahlen uns ja. So hängt die deutsche Sitte doch nach manchen Seiten hin mit der akademischen Freiheit zusammen, und deshalb könnte man zweifeln, ob gerade heute, wo diese unsere Libertät überhaupt in Gefahr steht, daran gerüttelt werden soll. Aber dennoch, trotz allem, was sich dafür sagen läßt, bin ich angesichts der schweren Mißbräuche, die sich dabei eingeschlichen haben und über die in der Öffentlichkeit oft unter den bitteren Schlagworten „Kapitalismus" und „Mammonismus", leider nicht ohne Grund und uns nicht zur Ehre, geredet und geklagt wird, ein entschiedener Gegner dieser deutschen Sitte, weil ich solche Klagen und Anklagen für begründet halte und fast noch mehr, weil ich den bösen Schein fürchte, der dadurch auf uns fällt; und so würde ich den Tag segnen, an dem die Kollegienhonorare vollends ganz abgeschafft würden. Eine soziale Gestaltung unseres Unterrichtswesens überhaupt wird auch das bringen. Aber freilich liegt diese Aufhebung fraglos mehr in unserem, der Professoren Interesse als in dem Ihrigen, und eine Reform, die die Mißstände und Mißbräuche des jetzigen Systems beseitigen soll, ohne Ihnen zu schaden und uns noch mehr als jetzt schon den unfreien Beamtencharakter aufzudrücken, wird daher sehr sorgfältig bedacht und überlegt werden müssen.

Dagegen gibt es für die Honorarstundung keine andere Reform als ihre absolute Beseitigung überall da, wo sie noch besteht: diese Verführung zum Schuldenmachen ist einfach unmoralisch und erzieherisch verfehlt. Und schweigen lassen Sie mich auch von dem mit der Honorarfrage im Zusammenhang stehenden An- und Abtestieren in Ihren Vorlesungsbüchern. Ich habe mich gewöhnt, blindlings meinen Namen einzutragen und nach Zweck und Sinn dieser zweimaligen Unterschrift im Semester gar nicht mehr zu fragen. Denn wenn ich mich besinne, so steigt mir die Schamröte auf über diesen lächerlichen und sinnlosen Formalismus und über diese offizielle Unehrlichkeit, die ich durch Namensunterschrift sanktionieren muß.

Mit dem Kolleghören ist aber der Universitätsunterricht so wenig erschöpft, daß in neuester Zeit manche überhaupt an der Berechtigung der Vorlesungen zweifeln und jedenfalls keinen allzu großen Wert mehr auf sie gelegt wissen wollen. Und gewiß wird hier von Professoren und Studenten gesündigt: von jenen, wenn sie vergessen, daß die Buchdruckerkunst längst schon erfunden ist, und fortfahren sorgfältig ausgearbeitete Manuskripte abzulesen und zu diktieren, die sie doch ebensogut drucken lassen könnten; von diesen, wenn sie übertriebenen Wert auf das Nachschreiben und Ausarbeiten legen, als ob sie den Goetheschen Spott: „denn was man schwarz auf weiß besitzt, kann man getrost nach Hause tragen“ nie gehört hätten. Die lebendige Rede — darauf beruht der bleibende Wert dieser Art unseres Unterrichts; das Anregende und Individualisierende, das Unfertige und Werdende desselben, das διαλέγεσθαι, das der Professor dem Studenten auf dem Katheder vormacht und das Sie innerlich mitmachen sollen, das Hervortreten und Einsetzen der Persönlichkeit seitens des Dozenten und die Anteilnahme der Hörer und die Gemeinsamkeit des Verstehens, das alles kann durch ein Buch niemals erreicht und ersetzt werden.

Aber allerdings, die einzige Form des akademischen Unterrichts darf das nicht sein. Im Mittelalter bis tief herein in die Neuzeit kamen zu den Vorlesungen die Disputationen hinzu. Sie waren die richtige Form für den auf dem Syllogismus sich aufbauenden Wissenschaftsbetrieb der Scholastik. Als diese allmählich überwunden und verdrängt wurde, wurden die Disputationen leere Form und verschwanden endlich als Unterrichtsmittel ganz, vielleicht bedauerlicherweise ganz. Nun war geraume Zeit ein Vakuum. Und doch hatten die Naturwissenschaften mit ihrer neuen Methode der Induktion und hatte von Anfang an der mehr schulmäßige Betrieb der Philologie auf eine andere bessere Form längst schon hingewiesen und hingedrängt: man läßt den Studenten auch an der Forschung teilnehmen, er arbeitet im Institut oder Seminar selbständig und sebsttätig mit, bald in mehr freier und unabhängiger, bald in mehr schulmäßiger und gebundener Weise. Und in der Medizin läßt man ihn auch in den praktischen Betrieb der τέχνη hineinsehen, und auch in ihr schon sich mit betätigen.

So hat sich der Unterricht auf den Universitäten in den letzten Jahrzehnten immer reicher und mannigfaltiger gestaltet: auf der einen Seite noch die alte Sitte der Vorlesungen, die in die fälschlich so genannten Privata und Publica zerfallen; in jenen mehr die systematische Darlegung eines bestimmten und ganzen Wissenschaftsgebiets, also mehr lehrhaft; diese mehr allgemein anregend und bildend und daher auch auf die Form mehr Wert legend, also rhetorischer gehalten als jene. Und auf der andern Seite die Fülle der Übungen, nach den Disziplinen sich verschiedenartig gestaltend: Arbeiten in den Laboratorien oder auf der Anatomie bei den Naturwissenschaften, Seminarübungen bei den Geisteswissenschaften, und endlich bei den Medizinern und Theologen auch schon energische Einführung in die Praxis ihres künftigen Berufs. Dabei ist das Verhältnis beider Seiten wechselnd, heute offenbar noch ein gewisses Gleichgewicht, aber unzweifelhaft, daß mit der Zeit das Schwergewicht, wie bei den Medizinern schon jetzt, immer mehr auf die Übungen fallen wird. Auch bei den Studenten ist die Wertschätzung nach Neigung und Semestern verschieden, anfangs überwiegen die Vorlesungen, später werden die Übungen als das Wichtigere angesehen. Und bei uns Professoren endlich ist auch das Können verschieden: gute Redner, schlechte Redner; mehr lehrhaft, mehr anregend; mehr Mann des Vortrags, mehr Mann der Übungen: schon um dieser individuellen Differenzen willen würde ich die Schablone einer Hochschulpädagogik fürchten. Für alles das hat der Student im allgemeinen eine feine Unterscheidungsgabe und ein richtiges Urteil, obgleich ja auch Glück und Mode Faktoren sind, von denen der Ruf eines Dozenten abhängt.

Mit dieser Einrichtung der Seminare und Übungskurse in allen Fächern hängt verschiedenes zusammen. Zunächst ist dadurch der Student dem Professor wieder näher gerückt. Im Mittelalter bildeten magistri et scholares zusammen die Universitas, eine Korporation; sie wohnten zusammen und disputierten zusammen, auch der Altersunterschied war ein fließender, der Lehrer noch Student, der Student schon Lehrer. Eine andere Art der Gemeinsamkeit war dann später durch die Sitte bedingt, daß Studenten in den Häusern der Professoren Wohnung, Pension und Aufsicht fanden; das führte freilich rasch zu allerlei schweren Übelständen, die dieser Einrichtung ein Ende machten. Und nun trat, auf die Vorlesungen allein beschränkt, das commercium und die societas zwischen Professoren und Studenten eine Zeitlang fast völlig zurück. In den Übungen kommen sich heute beide Teile wieder näher, das Zusammenarbeiten ist die richtigste Form für die Gemeinsamkeit, die deshalb auch in unseren Tagen mehr und mehr empfunden und betont wird. Wir gehören zu Ihnen, Sie zu uns: in den Kommersreden pflegt das hin und her besonders intensiv zum Ausdruck zu kommen, vielleicht mehr so, wie es der Idee nach sein sollte, als wie es wirklich schon ist. Daraus kann sich ja dann auch ein persönlich engerer Verkehr außerhalb der Arbeitszeit und Arbeitsräume bilden, namentlich mit jüngeren und unverheirateten Dozenten macht sich das leicht und gut. Natürlich beruht auch das auf individuellem Charisma und individueller Neigung hin und her und darf nicht als ein Notwendiges oder auch nur als das allgemein Wünschenswerte angesehen werden. Denn es hat auch seine Schattenseiten und erfordert von beiden Seiten großen Takt, namentlich beim Aussprechen und Anhören jener an sich berechtigten, aber nun an den Kollegen des Professors geübten studentischen Kritik, daß sie nicht in Zwischenträgerei und Klatsch ausarte; denn das ist weder nützlich noch sittlich schön.

Das andere, was als Wirkung dieser Seminareinrichtungen anzusehen ist, ist eine Veränderung des Studierens selbst, davon müssen wir noch handeln. Man ist in manchen Kreisen nicht eben gut auf den Universitätsunterricht zu sprechen. Soweit sich diese Mißstimmung gegen den Unfleiß vieler einzelner richtet, war ja schon davon die Rede und so weit hat sie ja wirklich guten Grund. Aber das Mangelhafte soll in Einrichtung und Betrieb des Universitätsunterrichts selbst begründet sein. Die Vorwürfe, die dabei gegen die Lernfreiheit und gegen die zu langen Ferien erhoben werden, sind bereits besprochen, jene zurückgewiesen, diese als berechtigt anerkannt und Reformvorschläge gemacht worden. Aber es gibt noch andere Mängel, die tiefer greifen und aus der Art unseres Betriebes selbst hervorgehen.

In der Vorlesung ist es im allgemeinen gleichgültig, wie viele vor uns sitzen; höchstens daß wir vor vollen Bänken besser, animierter, lebhafter sprechen als vor leeren. Anders bei den Übungen, wo ja der einzelne mittun und sich beteiligen, bei Demonstrationen, wo jeder alles sehen soll. Da sind zu große Mitgliederzahlen, wie sie namentlich auf großen Universitäten und bei der gegenwärtigen Überfüllung fast überall vorkommen, vom Übel; hier müßte ebenso, wie in den Schulen die Zahl der Schüler einer Klasse gesetzlich beschränkt ist, die Zahl der Teilnehmer vom leitenden Seminardirektor oder Institutsvorsteher auf ein Maximum fixiert werden, damit es dem einzelnen Studenten ermöglicht würde sich intensiv zu beteiligen und dem Professor möglich wäre, jeden einzelnen heranzuholen und sich mit ihm zu beschäftigen. Voraussetzung dafür aber ist, namentlich für gewisse Fächer, eine erhebliche Vermehrung des Lehrkörpers: die Heranziehung von jüngeren Lehrkräften (Privatdozenten, Assistenten, Repetenten) kommt ja vor, müßte aber noch in viel größerem Umfange stattfinden, als es für gewöhnlich geschieht; und vor allem müßte eine Reihe neuer Stellen geschaffen oder neue Universitäten ins Leben gerufen werden: in diesem Sinn ist die Gründung von Universitäten in Frankfurt und in Hamburg nur zu begrüßen.

Wenig betont oder an der falschen Stelle moniert wird endlich auch der mir sehr häufig entgegentretende Mangel an Darstellungsgabe und Darstellungsgewandtheit bei den Studenten. Man klagt über die Schule, daß unsere Gymnasiasten nicht schreiben, sich nicht ausdrücken lernen; das gehe dem Referendär noch nach. Aber daran ist — mit Verlaub — nicht die Schule, sondern die Universität schuld. Der Gymnasiast schreibt von Tertia ab bis Prima jährlich seine zehn Aufsätze; das sollte neben allerlei anderen deutschen Arbeiten genügen. Aber wieviel schreibt denn der Student? Wenn er nicht will, in manchen Fächern wenigstens, gar nichts; und das ist zu wenig. Das zeigt sich dann schon bei der Examensarbeit und zeigt sich weiterhin noch lange in Referaten und Relationen, in Berichten und sonstigen stilistischen Leistungen. Sie erinnern sich, daß ich seinerzeit vorgeschlagen habe, Stipendienbewerber sollten sich durch eine schriftliche Arbeit über ihre „Würdigkeit" ausweisen; ich sagte das dort im Interesse der Anstandspflicht, sich nichts schenken zu lassen; ich wiederhole es heute im Interesse Ihrer wissenschaftlichen oder, wenn Sie lieber wollen, Ihrer sprachlichen Ausbildung, zu der vor allem auch die Kunst sich auszudrücken gehört: was nie gepflegt und geübt wird, wird auch nicht gelernt. Nun müßte freilich auch hierbei dem Studenten Freiheit gelassen werden, gewiß. Aber der Staat kann darum doch an den Eintritt in seine Ämter Bedingungen knüpfen. So gut die Mediziner beim Staatsexamen vom Kliniker Bescheinigungen über ihre praktische Betätigung vorweisen müssen, so gut würde ich es auch für berechtigt und für notwendig halten, daß bei den andern Staatsexamina für das vorgeschriebene Triennium drei, für das Quadriennium vier Bescheinigungen über gelieferte schriftliche Arbeiten größeren Umfangs mindestens mit der Note „genügend" aufgewiesen werden. Das wäre keine Verletzung der akademischen Studienfreiheit, der Student kann sich ja 10 und 20 Semester dazu Zeit lassen, auch die Gebiete, denen er die Arbeiten entnimmt, frei wählen; wohl aber läge darin ein heilsamer Zwang zu schriftlicher Ausarbeitung wissenschaftlicher Themata, den ich für absolut notwendig halte. In der juristischen Fakultät hat man ja diesen Weg einer besseren Ausbildung der jungen Juristen seit 1897 energisch und erfolgreich beschritten: hier müssen bei der ersten Prüfung „schriftliche Arbeiten" aufgewiesen werden, welche „vom Kandidaten angefertigt und vom Lehrer oder dessen Assistenten schriftlich zensiert werden". Mit dieser letzten Bestimmung ist zugleich auch der Klage vorgebaut, daß dadurch die Professoren übermäßig belastet und in ihrer wissenschaftlichen Arbeit gehemmt werden. Es müßten Stellen für junge Gelehrte und angehende Dozenten gegründet werden, welche die Durchsicht dieser schriftlichen Studentenarbeiten zu besorgen hätten; und daran ließe sich dann allerlei weitere Studienförderung anschließen. Denn daß das keine Utopien sind, zeigt das Tübinger „Stift" mit seiner so gestalteten Studientradition, seinen Repetenten und Stiftsaufsätzen, wodurch es ein wirkliches Bildungsgut innerhalb unseres deutschen Volkes repräsentiert; und in gewissem Sinn geschieht ja ähnliches auch anderswo jetzt schon bei unseren Seminararbeiten. So ist mein Vorschlag eigentlich nur eine Erweiterung der durch die Übungen notorisch bereits schulmäßiger und kontrollierter gewordenen Arbeit des Studenten seit Ende des vorigen Jahrhunderts. Das Vorbild der kontrollierten Arbeit auf den technischen Hochschulen wird in dieser Richtung weiterführen. Und für viele wäre das gewiß ein rechter Segen — nicht bloß für die Faulen ein Zwangsmittel zum Fleiß, obgleich auch das nicht zu verachten wäre, sondern namentlich auch für die dilettierenden und luxurierenden Geister ein Mittel der Konzentration, der Vertiefung und Beschränkung zugleich.

Nur so glaube ich endlich auch, können Sie und mit Ihnen wir der uns bedrohenden Gefahr der Zwischenexamina entgehen, von der ja auch schon die Rede war. Unsere Zeit legt übertriebenen Wert auf das Examinieren und auf Examenszeugnisse, darum sollen auch die Studenten — nicht bloß die medizinischen — zwischendurch damit beglückt werden. Examina aber sind stets vom Übel — zum Teil notwendige Übel, gewiß! aber Übel soll man nicht ohne drängende Not vermehren. Examensarbeit ist immer Drill, es wird dafür vieles auswendig gelernt, das wieder vergessen werden darf. Die Wissenschaft aber soll niemals zum Drill herabsinken. Deshalb erhebe ich meine Stimme gegen jenen Plan. Aber weil der Vorschlag dazu aus berechtigten Erwägungen hervorgeht und daher leider immer wieder Aussicht auf Verwirklichung hat, so komme ich mit diesem meinem den Mängeln abhelfenden und doch die freie wissenschaftliche Arbeit nicht gefährdenden und hemmenden Gegenvorschlag, der ja durch die eben erwähnte Neugestaltung der ersten juristischen Prüfung seit 1897 als ein möglicher und als ein vernünftiger anerkannt ist. Uns aber führt die Bemerkung über Examina hinüber zum letzten, was uns noch zu besprechen bleibt und was am Schluß des normalen Studentenlebens zu stehen pflegt, zu Promotion und Staatsexamen.

Neunzehnte Vorlesung.

Meine Herrn! Die wiederholt besprochene Doppelstellung der Universitäten zeigt sich auch in dem doppelten Abschluß, den das Universitätsstudium naturgemäß finden kann: der Promotion und dem Staatsexamen. Jene entspricht dem gelehrten Charakter der Universität, dieses ihrer Aufgabe, künftige Staatsdiener heranzuziehen.

Einst hatte das Doktorat eine reale und praktische Bedeutung, das Recht Vorlesungen zu halten war daran geknüpft. Doch wurde frühe schon dieser akademische Übergang vom Schüler zum Lehrer in Stufen zerlegt, das Baccalaureat ging der Lizenz voran und bei den Theologen wenigstens unterscheidet man noch heute den Lizentiaten vom Doktor. Da aber mit der Stellung eines akademischen Lehrers oder Magisters allerlei Privilegien verbunden waren, so erhielten durch Kaiser und Papst auch einzelne nicht rite promoti den Doktortitel mit den dazu gehörigen Ehrenrechten und strebten auch solche darnach, die nicht dozieren wollten; und auch die Fakultäten zeigten sich nicht spröde und streng genug bei Verleihung dieses Titels. So ist es allmählich gekommen, daß die venia legendi von ihm losgelöst wurde und durch die Habilitation noch besonders erworben werden muß. Und der Doktortitel ist dadurch immer mehr zum Titel geworden, der übrigens in den verschiedenen Fakultäten nicht von gleichem Gewicht ist: bei den Medizinern gehört er nach der Volksauffassung zum Beruf und muß deshalb leicht zu erwerben sein, er könnte ohne weiteres jedem gegeben werden, der die medizinische Staatsprüfung bestanden hat; bei den Theologen wird er fast nur honoris causa verliehen; bei den andern Fakultäten steht er zwischen diesen beiden Extremen in der Mitte. Notwendig ist er nur für den akademischen Dozenten, bei ihm ist die Promotion die unerläßliche Vorbedingung für die Habilitation. Im übrigen muß es dem einzelnen überlassen werden, wie hoch er ihn wertet: den einen wird er, weil er der einzige sozusagen direkt und durch eigene Kraft erworbene Titel ist, als ein mit Eifer zu erstrebendes Gut, den andern, weil er ein bloßer Titel ohne Inhalt ist, der überdies noch erheblichen Geldaufwand erfordert, als ein Wertloses erscheinen. Für diejenigen, welche kein Staatsexamen machen, wird die Promotion aber jedenfalls die Bedeutung eines geordneten Studienabschlusses behalten.

Doch nicht diese verschiedene Schätzung, die individuellem Geschmack und Urteil überlassen werden mag, soll uns hier beschäftigen, sondern der Wert der Promotion für das Studium selbst. Durch die Doktorarbeit beteiligt sich der junge Mann selbständig an der wissenschaftlichen Produktion, trägt wenn auch nur ein Sandkorn bei zum stolzen Bau des Ganzen der Wissenschaft. Das hat etwas Erhebendes, wenn es gelingt, und gibt Stachel und Sporn, daß es gelinge. Und so ist das Mühen um eine tüchtige Dissertation der Beweis dafür, daß der so Arbeitende berührt ist vom heiligen Geist der Wissenschaft, wirklich wissenschaftlichen Sinn und Kraft besitzt und betätigt. Daher ist es auch notwendig, daß diese Doktorarbeiten auf der Höhe gehalten werden; zu dem Ende und zur Kontrolle für die Fakultäten und ihre Referenten hat man überall auf deutschen Universitäten ihren Druck vorgeschrieben, wobei man freilich — Sie verzeihen meine Skepsis — doch oft fragen mag, ob es der Mühe wert gewesen sei, dieses specimen eruditionis der Nachwelt aufzubewahren; und angesichts der mehr als 4000 Dissertationen in einem Jahr darf man dabei wohl von einer erschreckenden Überproduktion, geradezu von Papier- und Geldverschwendung reden. Oder folgt daraus, daß man mit dem Doktortitel noch erheblich sparsamer sein und die Anforderungen an den Doktoranden noch beträchtlich höher steigern sollte?

Zugleich sieht man aber leicht, daß eine Arbeit, die die Wissenschaft selbständig an einem wenn auch noch so bescheidenen Punkte weiterführen soll, nur in den späteren Semestern mit Erfolg unternommen werden kann. Erst muß man in seiner Wissenschaft zu Haus sein, einen Überblick über das Ganze haben und wissen, was in ihr bereits geleistet ist, ehe man sie von dem Vorhandenen aus fördern kann. Daher ist es verfehlt, wenn der Student nicht frühe genug auf ein Thema für eine solche Arbeit bedacht sein zu können glaubt und alsbald mit ihr beginnt und immer ausschließlicher Zeit und Kraft ihr zuwendet. Darin liegt ein Hauptanlaß zu dem Tadel gegen unsern Unterrichtsbetrieb: wer sich vom zweiten oder dritten Semester an nur mit diesem einen Thema befaßt und darauf sich spezialisiert, der muß einseitig und eng werden; wer sich so borniert, der bringt sich um das Beste, was das Universitätsstudium geben kann und soll, um die Frucht der allgemeinen Bildung, der wird wirklich, was der Student einen Fachsimpel nennt. Und fürs zweite kann die Doktorarbeit nur dann für die geistige Entwicklung recht fruchtbar werden, wenn schon ihr Thema aus der Arbeit des Studenten selbst herauswächst, wenn er in seiner Wissenschaft auf eine Lücke stößt, die ihm zu denken gibt, auf ein Problem, das ihn interessiert und reizt. Daraus folgt, daß man sich das Thema zur Doktorarbeit nicht geben lassen, sondern daß man es nach eigener Wahl und freiem Interesse sich selber stellen soll, wobei natürlich eine Beratung mit dem Professor des Faches nicht ausgeschlossen, sondern im Gegenteil durchaus notwendig ist; denn ob an diesem Punkt „noch etwas zu machen" ist, ob bei diesem Thema „etwas herauskommt", das kann dieser, wenn auch meist nicht mit Sicherheit, so doch besser voraussehen und beurteilen als der Student.

Ganz besonders verwerflich aber ist jenes fabrikmäßige und handwerksmäßige Heranziehen von Doktoranden und Inslebenrufen von Doktorarbeiten, das ja seitens des Dozenten zwei Gründe haben kann: entweder den Wunsch, Ehre und Ruhm für einen so umfassenden Lehrbetrieb und dadurch meist auch eine Art von Machtstellung nach außen hin sich zu gewinnen; oder aber gewisse Einzelfragen, die er als Forscher für seine wissenschaftliche Arbeit untersucht haben möchte und braucht, zu denen er sich aber selber zu schade ist, durch Anfänger und Schüler bearbeiten zu lassen. In beiden Fällen kommen die Doktoranden schlecht weg: dort dienen sie der Eitelkeit und dem Herrenbewußtsein eines anderen, hier verrichten sie Kärrner- und Sklavendienste; ihre Selbständigkeit und allgemeine Bildung aber kommt dabei jedenfalls zu kurz, der Wert ihrer Arbeit ist für sie selbst verloren. Am allerschlimmsten aber ist, daß auch hieran wieder sich die leidige Geldfrage gehängt hat, wodurch der Doktortitel, zuweilen selbst der honoris causa verliehene, allmählich doch zu einem recht käuflichen Gut geworden ist. Dem allgemeinen Übergang von der Natural- zur Geldwirtschaft in der Welt entsprach die

Umwandlung des Doktorschmauses in eine Geldabgabe; doch wurden neben den Geschenken und Gastereien schon von Anfang an auch amtliche Gebühren erhoben. Wie man hier helfen und namentlich auch dem bösen Schein wehren kann, ist freilich schwer zu sagen. Hohe Gebühren schützen auch gegen die Überfüllung und das leichtfertige Herzudrängen ganz Unberufener zum Doktorat und schützen den Professor einigermaßen gegen die Überlast zu vieler Bewerber; denn mit den Dissertationen hat er wirklich recht viel Arbeit und Last, freilich zuweilen einmal durch sie auch eine ganz große innere Befriedigung. Eine energische Steigerung der Anforderungen wird wohl der beste Schutz sein, wird Unberufene fernhalten, die Zahl der Promotionen vermindern und damit den Schein einer in deren Vielheit liegenden erheblichen Einnahmequelle für den Professor beseitigen.

Ganz anders liegen in vieler Beziehung die Dinge beim Staatsexamen. Alle jene, welche mit dem Gedanken an ihren künftigen Beruf auf die Hochschule kommen, werden die Eingangspforte zu ihm, das Examen, von Anfang an mit ins Auge fassen. Aber auch nur als Eingangspforte, als Mittel zum Zweck; gelegentlich und je länger desto mehr werden sie es auf weite Strecken hin auch wieder aus den Augen verlieren, und erst wenn sie näher herankommen, direkt darauf hin- und losarbeiten. Sie kennen ja die Unterscheidung Schillers zwischen dem Brotgelehrten und dem philosophischen Kopf. Der Brotstudent ist der, der vom ersten Moment an nur an das Examen denkt und nur für das Examen arbeitet. Das verdirbt aber nicht bloß die Studien und die intellektuelle Bildung, sondern das verdirbt auch den Charakter und die Moral. Banausentum und Strebertum sind Charakterfehler, und leider kommen sie auch unter Studenten gar nicht selten vor.

Zutage kommt das teilweise schon in dem Verhalten des Studenten zu den Professoren. Statt zu fragen: Wen höre ich lieber? und bei wem kann ich gerade in diesem Augenblick mehr lernen? fragt der Student häufig: Wer ist — oder wird sein — Mitglied der Prüfungskommission, d. h. mein künftiger Examinator? Nun will ich zugeben, daß es ein ganz natürlicher und berechtigter Wunsch ist, daß man seine Examinatoren und ihre Art und Weise zuvor auch kennen lernen möchte; und leider muß ich auch zugeben, daß einzelne Examinatoren selber darauf sehen und halten, daß bei ihnen gehört worden ist, wodurch unter der Hand wieder eine Art von Zwangskollegia statuiert wird: manche fragen im Examen nur, was sie im Kolleg vorgetragen haben, und erwarten darauf die von ihnen gegebenen Formulierungen als Antwort. Sie sind die gefürchteten und doch wieder die bequemsten Examinatoren; denn da besteht die Präparation ja lediglich im Auswendiglernen. Das führt auf die Frage, ob man deshalb nicht besser täte, alle Dozenten von der Pflicht des Examinierens zu entbinden. Man könnte, da es sich um ein Staatsexamen handelt, ohnedies zweifeln, ob gerade die Professoren am besten wissen und beurteilen können, was zu einem Staatsamt an Wissen nötig sei; und falsch war es darum jedenfalls, wenn noch vor nicht allzu langer Zeit in der Prüfung für das Lehramt an höheren Schulen die Befähigung zur Erteilung des Unterrichts in den unteren oder mittleren oder obersten Klassen zuerkannt wurde; der Professor kann nur über das Wissen des Kandidaten, nicht aber über seine Lehrbefähigung auf den verschiedenen Stufen des Unterrichts, die nicht allein vom

Wissen abhängt, ein Urteil gewinnen und abgeben. Von unserem, dem Professorenstandpunkt, schiene mir aber fraglos auch das erstere, die völlige Entbindung von der Pflicht im Staatsexamen zu prüfen, das Wünschenswerte und Richtige zu sein; wir würden dadurch noch einmal unabhängiger von der Gunst oder Abgunst der Regierenden. Allein, ob es auch für Sie, meine Herrn, wünschenswert wäre, wenn die wissenschaftliche Seite des Examens — und um diese kann es sich am Schluß der vorzugsweise den Wissenschaften gewidmeten Studienzeit, außer etwa in der Medizin, allein handeln — von Praktikern abgehalten würde, die der Wissenschaft doch naturgemäß ferner gerückt nicht mehr mit allen Fragen und allen ihren möglichen Lösungen vertraut und daher auch beim Examinieren nicht versatil genug sind, um nötigenfalls auch auf ein Irrlichtelieren des Kandidaten eingehen zu können, das ist eine andere Frage. Ein Examinator, der sich auf das Examen präparieren muß, ist immer ein gefährlicher Examinator. Wir haben hier wieder einen jener Fälle, die uns zuletzt mehrfach begegnet sind, wo die wahren Interessen des Studenten mit denen des Professors nicht ganz genau zusammenfallen. Vielleicht wäre — zu Ihren Gunsten, meine Herren — am ehesten noch einem gemischten System der Vorzug zu geben, wobei in den rein wissenschaftlichen Fächern vom Professor, in den der Praxis näher liegenden vom Praktiker zu prüfen wäre. So wie heute die Dinge liegen, wird man den examinierenden Professor mahnen müssen, daß er seine Examensmacht nicht zu persönlichen Zwecken mißbrauche, und von dem zu examinierenden Studenten verlangen dürfen, daß er auch hier Mut zeige, in seinem Vorlesungsbesuch nicht haltlos und charakterlos von einem Prüfungskommissär zum andern herüber- und hinüberschwanke — dieses Ebben und Fluten nach dem Gravitationsgesetz der wechselnden Zusammensetzung der Prüfungskommissionen macht wirklich einen kläglichen und Ihrer ganz unwürdigen Eindruck —, sondern daß er nur seinem wissenschaftlichen Interesse und seiner persönlichen Neigung folge, auf daß man auch hier von ihm sagen könne: Frei ist der Bursch!

Allein just da zeigt sich häufig eine eigentümliche Antinomie, die auf das ganze studentische Treiben ein unerfreuliches Licht zurückwirft. Gerade die, die sich als Burschen am freiesten gebärden und fühlen, aber über dem lustigen Burschenleben die fleißige Arbeit versäumt haben, sind dann freilich genötigt, vor dem Examen recht unfreie und armselige Brotstudenten zu werden, der flotte Bursch wird so oft schon gegen das Ende seiner Studienzeit ein recht handwerksmäßiger Philister, in zwei scharf geschiedene Perioden fällt für ihn die Studienzeit auseinander; erst arbeitet er flott und forsch gar nichts, und dann utilitaristisch — vielleicht gar mit Hilfe eines Einpaukers und Repetitors — nur, was er zum Examen braucht, mechanisch auswendig lernend und darum geistlos und freudlos, unfrei und gezwungen. Ihm steht auch hier auf dem Boden der Arbeit der honorige Student schnurstracks gegenüber: er setzt seine Ehre darein, auch da nur als freier Mensch zu erscheinen, und sucht freiwillig und nicht unter dem Bann und Zwang des drohenden Examens seinem Namen Ehre zu machen; denn studieren heißt wissenschaftlich arbeiten. Erfüllt von der hohen Würde dieser Arbeit und der Wissenschaft, in deren Dienst er steht, und begeistert für den Beruf, den er in seinem künftigen Leben als ganzer Mann ausfüllen will, sieht er im Examen nur eine Episode, um die er sich so spät und so wenig als möglich kümmern möchte. Daß aber unter jenen ersten sich für ihr späteres Fortkommen manche zum Ersatz für fleißige eigene Arbeit sogar auf Konnexionen und auf studentische über die Universitätszeit hinausreichende Zusammenhänge verlassen, würde mehr lächerlich als verwerflich sein, wenn nur nicht gewisse Vorkommnisse in Staat und Gemeinden dem Glauben an solche Rücksichtnahme auf alte Bundes- und Korpsbrüderschaft im späteren Leben unliebsam Vorschub leisteten. Vielleicht erinnern Sie sich hierbei an das, was ich darüber früher im Anschluß an den über das Studentenleben hinausreichenden Verruf gesagt habe.

Der Segen des Examens aber liegt für alle darin, daß es zum Abschluß nötigt und eine feste Grenze zieht. Dem muß dann freilich auch die Handhabung der Prüfung durch die Examinatoren entsprechen: nicht auf Auswendigwissen und Auswendiggelernthaben darf der Nachdruck gelegt werden, sondern auf Verstehen und Können, auf wissenschaftlichen Sinn und methodisches Anfassen wissenschaftlicher Aufgaben. Auch das Examinieren ist eine Kunst, die nicht jeder versteht. Und eines wird auch dem besten Examinator jederzeit mehr oder weniger verborgen bleiben — das Maß der allgemeinen Bildung, das sich der Kandidat als Student erworben hat. Freilich hat man ja dazu, z. B. für den künftigen Gymnasiallehrer, eine besondere Prüfung in „allgemeiner Bildung", wie es früher hieß und jetzt noch gemeint ist, eingeführt, zu der leider auch mein Fach, die Philosophie, gehört. Zunächst habe ich nicht gefunden, daß durch dieses zwangsweise Examiniertwerden in Philosophie die Zahl der philosophischen Köpfe vermehrt würde. Und dann, kann man denn überhaupt in allgemeiner Bildung prüfen und sie durch ein Examen konstatieren? Und wenn ja, läßt sie sich nicht ebensogut oder weit besser an und in dem eigentlichen Wissens- und Fachgebiet des Examinanden selbst nachweisen? braucht es dazu und gibt es dafür besondere Fächer? Der Philologe oder der Germanist, der durch die Prüfung in seinem Fach nicht herausbekommt, ob der Kandidat ein philosophischer Kopf ist, sollte mich dauern. Aber es will mir auch scheinen, als sei es geradezu ein Glück, daß das Beste und Höchste, was sich der Mensch auf der Hochschule erwerben und womit er sein Fachstudium selbst durchdringen, krönen und erhöhen kann, das Maß der allgemeinen Bildung, dem Examiniertwerden für ewig entnommen ist und bei der Staats- und Doktorprüfung höchstens herausgefühlt, nicht konstatiert werden kann. Darin liegt sozusagen ein immanenter Protest gegen die Überschätzung der Examina: sie können nur erweisen, was einer gelernt hat und weiß, nicht aber, was einer ist und auf der Hochschule geworden ist; darum besteht so oft im Examen der ungebildete Lernkopf besser als der allgemein gebildete und philosophisch gerichtete Mensch. Examinatoren sind keine Herzenskündiger und Examenszeugnisse deshalb keine unfehlbaren Schriftstücke: darin liegt für manchen Mißerfolg der Trost, freilich auch für manchen selbstverschuldeten Mißerfolg der falsche Trost der Selbsttäuschung.

Will ich aber damit dem Dilettantismus das Wort reden? Wahrhaftig nicht! Der feste Kern aller Bildung ist und bleibt bei dem Studenten das Wissen, das solide Wissen in seinem Fach, das versteht sich sozusagen immer zuerst und von selber. Aber den Glauben möchte ich allerdings in Ihnen definitiv erschüttern, als ob dieses Wissen alles und demgemäß ein gutes Examen die Entscheidung sei über den Wert des ganzen Menschen. Wenn Sie die Hochschule verlassen, dann fängt das Lernen erst recht von neuem an; und dann muß sich herausstellen, ob der gelehrte zugleich auch ein gebildeter Mensch sei und ob der auf sein Wissen hin Geprüfte nun auch in der Prüfung des Lebens besteht als praktischer Mann und als sittlicher Charakter.

Und damit lassen Sie mich schließen, meine Herrn, nicht ohne daß ich noch einmal auf das Ganze dieser Vorlesungen einen Blick zurückwerfe. Was ich mit ihnen bezweckte, es ist mir heute vielleicht selbst klarer als im Augenblick, da ich damit begann: Ihnen zum Bewußtsein über sich selbst als Studenten, als Angehörige einer deutschen Hochschule zu Anfang des zwanzigsten Jahrhunderts zu verhelfen. Nicht um Sie zu bessern und zu bekehren, sondern um Sie zu belehren, also in meinem Beruf als Hochschullehrer habe ich zu Ihnen gesprochen. Aber wer sich über sich selber klar wird, der erkennt allerdings mit Notwendigkeit, daß vieles nicht so ist, wie es sein sollte. Und so habe ich vielfach Kritik geübt und dabei auch manches gesprochen, was gegen studentischen Brauch und studentische Anschauungen verstößt, manches, was Ihnen nicht gefallen, einzelne von Ihnen sogar ernstlich verdrossen und verletzt haben wird. Das durfte mich aber nicht abhalten, zu reden, wie ich denke: ich bin Professor, professus sum meam sententiam! Und ich habe es zugleich getan im Vertrauen auf die akademische Freiheit: stoßt an, freies Wort lebe! Zu ihr gehört auch das, daß man sich „die Meinung sagt" und sie zu sagen den Mut hat, und daß der andere, als gebildeter Mensch und als freier Mensch, das auch verträgt und hinnimmt. Daher fällt es mir nicht ein, mich zum Schluß bei Ihnen zu entschuldigen: das will ich nicht und das habe ich bei Ihnen — hoffentlich! — nicht nötig.

Wenn Sie sich aber mit mir doch vielfach auch von den Schäden Ihres Standes, des studentischen Lebens und Treibens, und im Zusammenhang damit auch von allerlei Mängeln unserer akademischen Einrichtungen überhaupt, überzeugt haben sollten, so hoffe ich allerdings auch von Ihnen und durch Sie auf des studentischen und akademischen Standes Besserung. Weit weniger unmittelbar! So im ersten Anlauf, wie manche von Ihnen gemeint haben, reformiert man überhaupt nicht und am allerwenigsten die konservative Institution deutscher Universitäten. Aber wenn durch diese Vorlesungen Ihre Kritik an Ihren eigenen Zuständen geweckt und geschärft, wenn Ihr Glaube an das unbedingte Recht des Bestehenden erschüttert worden ist, dann wird das nachwirken, und Sie werden, sei es noch als Studenten oder erst später als Beamte oder Geistliche, als Professoren oder Parlamentarier in Ihren Kreisen diesen kritischen Geist weiterpflanzen und pflegen und dadurch mit beitragen, daß es gut und immer besser werde auf unseren deutschen Hochschulen.

Eins aber, meine Herrn, wünsche ich, daß Sie alle aus diesem Hörsaal mit hinaustragen ins Leben, die Überzeugung, daß ohne die Luft der Freiheit die deutsche Universität als universitas magistrorum et scholarium nicht bestehen kann. Immer kehren sie wieder, die Angriffe auf diese unsere Lebensluft, auf dieses Palladium deutscher Wissenschaft und deutscher Hochschulen. Dagegen gilt es sich zu wehren und sein Haus zu schirmen: das ist nicht bloß unsere, der Professoren, das ist auch Ihre, unseres ganzen Volkes Sache. Deswegen rufe ich Ihnen noch einmal in allem Ernste zu: lassen Sie, soweit es auf Sie ankommt, nie in Ihrem Leben rütteln an der akademischen Freiheit; mit ihr stehen, mit ihr fallen die deutschen Hochschulen und, was noch viel mehr ist, die deutsche Wissenschaft selber!

Daß es aber etwas Stolzes und Großes ist um unsere deutschen Universitäten, etwas Schönes und Herrliches um das Leben des deutschen Studenten und — füge ich für mich hinzu — auch um den Beruf des deutschen Professors, das glauben wir doch alle hin und her, trotz aller Kritik, die wir in guter Absicht daran zu üben uns die Freiheit nehmen und das Recht uns wahren, und die von anderer Seite so vielfach in gehässiger Meinung und in der bösen Absicht zu schaden und zu zerstören an uns geübt wird. Darum lassen Sie uns gute Professoren und rechte Studenten sein, beide erfüllt von dem echten Geist deutscher Wissenschaft und immer mehr sich erfüllend mit dem neuen Geist, der seit Anfang des Jahrhunderts allen spürbar an die Stelle des müden und dekadenten Wesens getreten ist und als ein frischer und freier, als ein fröhlicher und tapferer, als ein sittlich-sozialer Geist immer energischer hineinwehen möge in das voranschreitende zwanzigste Jahrhundert! Daß dieser Geist komme, werde und wachse, das ist auf Ihre Schultern und auf Ihre Seelen gelegt; Sie sind die Männer der Zukunft, die Menschen, auf denen unsere Hoffnung für die Zukunft unseres deutschen Volkes ruht. Sorgen Sie daher schon jetzt als Studenten, daß Ihre Schultern stark und Ihre Seelen frei werden, damit Sie leisten können, was wir von Ihnen erwarten und fordern: werden Sie gelehrte, werden Sie gebildete, werden Sie charaktervolle Männer! Mit diesem Wunsche lassen Sie mich schließen.

FSC
www.fsc.org
MIX
Papier | Fördert
gute Waldnutzung
FSC® C083411

Kolibri 360 GmbH
Ferdinand-Jühlke-Straße 7
99095 Erfurt, Deutschland
produktsicherheit@kolibri360.de